DESIGN AND IMPLEMENTATION
OF REAL-TIME STREAM COMPUTING SYSTEM

# 实时流计算系统设计与实现

周爽 著

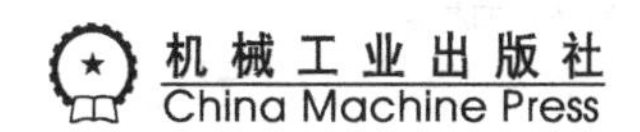
机械工业出版社
China Machine Press

图书在版编目（CIP）数据

实时流计算系统设计与实现 / 周爽著 . 一北京：机械工业出版社，2020.2（2021.1 重印）
（架构师书库）

ISBN 978-7-111-64580-1

I. 实… II. 周… III. 数据处理系统 IV. TP274

中国版本图书馆 CIP 数据核字（2020）第 001606 号

# 实时流计算系统设计与实现

出版发行：机械工业出版社（北京市西城区百万庄大街 22 号 邮政编码：100037）

责任编辑：高婧雅　　责任校对：殷 虹

印　　刷：北京捷迅佳彩印刷有限公司　　版　　次：2021 年 1 月第 1 版第 2 次印刷

开　　本：186mm×240mm 1/16　　印　　张：15

书　　号：ISBN 978-7-111-64580-1　　定　　价：79.00 元

客服电话：（010）88361066 88379833 68326294　　投稿热线：（010）88379604

华章网站：www.hzbook.com　　读者信箱：hzit@hzbook.com

# 前　言

## 为什么要写这本书

大概但凡写文章，都应该是在夜深人静的时候吧。

回顾来沪四年，思绪一下子回到了到沪的第一天。那是我第一次来上海。虽然没有小马哥勇闯上海滩的豪情万丈，但似乎也并未十分惆怅。拖着行李箱去新公司报到，当时住的地方尚未找好，新公司的名字竟也还未确定。报到的新公司，真的是一家“新”公司，刚刚成立不久，办公室在一个略显陈旧的大楼内，后来才知道那个办公室内还有另外一个公司的人员在那儿办公。当时辉哥接待了我，交给我一个 Mac 电脑，给我讲了一下公司的业务和系统现状。那是我第一次使用 Mac 电脑，操作还十分生疏。而现在，我正用着这台电脑，写着这篇自序（前言）。后来海阳到了，他给我展示和讲解了公司当时的产品。再后来，他还教了我怎样用 Mac 电脑。下午的时候我提前下班，拖着行李箱找住的地方去了。那天，当忙完一切躺到床上时，我意识到一切真的都是新的开始了。新的城市、新的公司、新的同事、新的业务、新的领域和新的工作内容。

之后就是正式的工作了。

因为是做 Java 开发的，所以花一天半时间学了 Django，之后接手了 Python 后台开发。

因为是做 Java 开发的，所以花一天时间装了 Android Studio，开始了 SDK 与后台的适配。

因为是做 Java 开发的，所以 Java 后台服务更是当仁不让了。

因为是做 Java 开发的，所以也要负责业务核心算法的开发。

因为是做 Java 开发的，所以 DevOps 也得负责推进吧。

因为是做 Java 开发的，所以……

那应该是我最专心地做开发的一段时间，甚至在一年之后的公司年会上，我还因此获得了一个“最佳沉默奖”。其实并非我不说话，而是每次市场部的同事看到我时，我都是在座位上写程序，好像我从来没离开过座位一样。是的，我一直在开发着，但是并不感到忙碌和紧迫，因为有充足的时间去思考问题、验证猜想并最终解决问题。

从 2015 年开始，公司因为业务需要，开始涉及实时流计算领域。当时流计算技术远非像现在这样普及，Flink 还没有在国内流行起来，Spark Streaming 处于“半吊子”状态，Storm 则还是简单的 TopologyBuilder。不过最主要的问题还是，虽然当时公司意识到要使用实时流计算技术，但没有人真正理解实时流计算系统到底该怎么用，应该怎样将流计算真正贴切地运用到我们的业务需求中。

在这种情况下，作为后台开发的我开始了自己的思考和探索。其实解决问题的思路非常简单，用最自然、最贴切、最实际、最节省资源的方式去解决真实的业务问题。最开始，我们选择 Akka 来作为流计算框架，但是因为对 Akka 的特性理解不到位，后来开发出的程序出现各种问题。例如，在 Actor 中光明正大地休眠（sleep）、对反向压力不管不顾，结果程序总是时不时宕掉、错误使用 Akka Cluster 导致集群脑裂等。

在程序开发过程中，我是一个谨小慎微的人，对于任何不确定性的因素，只要想到了就一定会尽力去避免，即使当时其他人不甚理解。所以从一开始，我就在自己负责的模块中，对 Akka 添加了反向压力的支持，就是为了避免执行步调不一致时导致的 OOM。从后来的结果看，当时的做法是非常正确的。虽然在 Akka 中添加了反向压力的支持，但回看起来，实现得过于复杂。虽然保证了反向压力带来的程序稳定性，可是在 50 行的代码中，只有 1 行代码是涉及业务处理的。这种解决方案显然非常不明智。

当时，我还在极力尝试尽可能提高程序的性能，希望充分“榨干”机器的 CPU 和 I/O 资源，以尽可能降低硬件成本。经过一段时间的调研和思考，我逐渐发现，NIO 和异步才是彻底“榨干”CPU 与 I/O 资源的关键所在。虽然纤程（或协程）也是一种充分利用资源的完美手段，但可惜当时 JVM 领域尚无一个公开好用的完美纤程实现方案。

那时候，我开始隐隐约约地意识到，似乎“流”是一种非常好的编程模式。

首先，“流”与“异步”不谋而合。“流”的各个节点通过队列传递消息，不同节点的执行正好就是完全异步的。另外，由于队列隔离，不同节点的执行完全不用考虑并发安全的问题。

其次，如果“流”的执行节点间使用的是阻塞队列，那么整个流的各个执行环节就天然地带有了反向压力能力，不需要像之前在 Akka 中那样非常复杂的实现。

再次，“流”能够非常自然地描述业务执行的流程。不管是大到整个产品线的各个服务模块，还是小到每个服务模块中的具体实现步骤，就像“分形”一样，“流”能够做任意细粒度的划分。这是一种非常普遍的描述事情发生过程的模式。

最后，通过 Kafka 这种消息中间件的隔离，我可以非常清晰地定义好自己负责开发模块的责任边界，与其他同事的程序隔离开来，避免纠缠不清。当然，这是一种自私的想法，但是从设计模式高内聚、低耦合的角度来看，这又何尝不是一种非常不错的实践呢？更何况 Kafka 这种好用到“爆”的消息队列，真的是让人爱不释手！

于是，说干就干，我花了一个周末的时间，编写了第一个版本的流计算框架。之后又经过几次大大小小的调整和改进，最终，这个流计算框架进入了公司所有产品的主要业务模块中。再后来，我又在这个流计算框架上开发了一个特征引擎，支持 DSL 和脚本，可以非常灵活、方便、快速地在流数据上即写即算地实现各种特征计算。所有特征计算都是并发处理，并且自动解析特征依赖与优化执行过程，可以说还是有一丁点儿小小的惊艳了。

4 年的时光转瞬即逝。其实这 4 年还有太多太多的事情，从后台到前端、从开发到运维、从数据到系统、从服务器到嵌入式，编写程序、负责项目、担任架构师，一路走来，我有太多的收获，也有太多的感触。所以，我希望赶在而立之年前，对自己的这些收获和感触做一个总结，一方面是给自己人生阶段的交代，另一方面希望这些经验能够给后来的开发者带来些许帮助。

## 读者对象

本书主要适合于以下读者：

- Java 软件开发人员；
- 实时计算工程师和架构师；
- 分布式系统工程师和架构师。

## 本书特色

本书总结了实时流计算系统的通用架构模式。通过从无到有构建一个流计算编程框架，让读者了解流计算应用计算的任务类型，学会解决计算过程遇到的各种问题和难点。本书希望让读者领会 Java 程序开发中“流”这种编程方式的优势和乐趣所在。另外，通过将单节点流计算应用扩展为分布式集群，让读者理解分布式系统的架构模式，并能准确看待开源社区中各种眼花缭乱的流计算框架，看透这些流计算框架的本质，避免选择恐惧症。本书还探讨了实时流计算能够与不能够解决的问题，让读者对流计算系统的能力了然于胸，不至于钻牛角尖。总而言之，读者在阅读本书后，能够对实时流计算系统有清晰的认识和理解，在架构设计、系统实现和具体应用方面都能做到心有丘壑，最终做出优秀的实时流计算应用产品。

## 如何阅读本书

首先需要澄清的是，本书的“非目标”是什么：

- 各种流计算框架实战，诸如教读者如何使用 Storm、Spark、Flink 等流计算框架。笔者相信，针对每一种具体的流计算框架已经有许多优秀的书籍了。如果笔者再讲，就是不自量力、班门弄斧、狗尾续貂了。

澄清了本书的“非目标”，就可以定义本书的“目标”了：

- 总结实时流计算系统的通用架构模式。所谓架构模式，是一种“形而上”的东西，也就是所谓的“道”。实时流计算系统体现出的软件设计之“道”，是笔者试图阐述的东西。
- 从无到有构建一个“麻雀虽小，五脏俱全”的单节点实时流计算框架。通过这个造轮子的过程，我们会深入理解流计算系统中最本质、最困难、最容易混淆的概念。之后通过在多种开源流计算框架中多次验证这些概念，实现“道”向“形而下”的具象，让我们以后面对各种流计算框架时，都能够做到胸有成竹。
- 通过将单节点的实时流计算框架扩展为分布式实时流计算框架，让读者理解多种不同的分布式系统构建模式。
- 通过“流”这种异步编程模式，让读者理解并掌握编写高性能程序的编程之道，领略 Java 高并发编程的乐趣。
- 不仅探讨实时流计算能够解决的问题，而且要明白当实在做不到“实时”时该如何进行架构设计。
- 尽可能全面覆盖一个完整的实时流计算系统，包括许多周边系统，如存储系统、服务治理和配置管理等。如果这些“绿叶”点缀得不好，有时也会给实时流计算系统带来不利影响。

整体而言，本书的内容按照“总分”的结构组织。全书分为 11 章。

**第 1 章**介绍实时流计算技术的产生背景、使用场景和通用架构。

**第 2 章**通过实时流计算数据的采集，详细分析 Java 平台 NIO 和异步编程的基础，并初步讨论了“异步”和“流”这两种编程模式之间的关系。

**第 3 ～ 5 章**通过从零开始构造分布式实时流计算应用，详细剖析了实时流计算系统的计算任务类型、核心概念和技术关键点。

**第 6 章**通过多种开源流计算框架，验证第 3 ～ 5 章所讨论的实时流计算系统核心概念和技术关键点。

**第 7 章**讨论当实在做不到“实时”时，我们应该做出的备选方案。

**第 8 ～ 10 章**讨论构建完整实时流计算系统时必要的周边辅助系统。

**第 11 章**详细讨论两个实时流计算应用的具体案例。

另外，本书包含许多示例代码，但由于篇幅有限，这些代码不能完全展现在书中。读者可从 GitHub 仓库（https://github.com/alain898/real_time_stream_computing_book_source_code）获取本书完整的配套源代码。

## 勘误和支持

由于笔者水平有限，编写时间仓促，书中难免有一些错误或者不准确的地方，恳请读者批评指正。大家可以通过电子邮箱 347041583@qq.com 联系笔者。期待得到大家的真挚反馈，在技术之路上互勉共进。

## 致谢

首先要感谢来沪四年遇到的许多同事，辉哥、海阳、克克、波叔、Lex、沛沛、亘哥、佳哥、牙膏、Kevin、军军、建军、叶晗、Mike、国聪、俊华、培良、凯哥、国圣、志源、顾大神、渊总、荣哥、君姐、Vivi 姐及其他更多同事，我从你们身上学到了太多太多，这些知识会让我受用终身！

感谢挚友飞哥、乔姐和 Lisa，是你们让我在沪四年不再有漂泊感。

感谢机械工业出版社华章公司的高婧雅编辑，给予这本书出版的机会，并在写作期间一直给予我支持和鼓励，并引导我顺利完成全部书稿。

最后感谢我的爸爸、妈妈、弟弟、三叔、四叔、小姨、爷爷和奶奶，感谢你们伴随我成长。虽然很多话我说不出口，但我是在乎你们的！

谨以此书献给我最亲爱的家人，以及众多热爱 Java 的朋友们！

周爽

2019 年 10 月

# •• 目　　录 ••

# 第 1 章　实时流计算

两千多年以前，孔老夫子站在大河边，望着奔流而去的河水，不禁感叹："逝者如斯夫，不舍昼夜。"老夫子是在叹惜着韶华白首，时光易逝！

两千多年以后的今天，当你我抱着手机读书、追剧、抢票、"剁手"、刷小视频、发红包的时候，一道道信息流正在以光速在世界范围内传递和传播。自从互联网和物联网诞生以来，人与人、人与物、物与物之间的互联和互动愈加紧密与频繁，大量各式各样的数据在互联和互动的过程中产生。海量的数据洪流将我们的时间和空间越占越满，以至于让我们开始疲于奔命，鲜有时间和能力再去感受与思考那些一瞬间的百万种可能。

## 1.1　大数据时代的新挑战：实时流计算

社会需求和科技进步是螺旋式相互促进和提升的。"大数据"一词最早由 Roger Mougalas 在 2005 年提出，所以我们姑且认为 2005 年是大数据时代的元年吧。大数据技术之所以出现，是因为社会发展的程度已经开始要求我们具备处理海量数据的能力。之后，大数据技术逐渐发展和日趋完善的过程又反过来进一步促进社会产生更多、更丰富的数据。随着大数据技术的普及，IBM 公司为我们总结了大数据的五大特点（也称为 5V 特点），即 Volume（大量）、Velocity（快速）、Variety（多样）、Veracity（真实）和 Value（价值），如图 1-1 所示。

大数据时代为人们带来了丰富多彩的生活方式，让人们充分享受着从大数据中挖掘而来的价值。但也正因为大数据产生得太多太快，让我们开始疲于对正在发生的事情做出及时反应。就像火灾已经爆发后才知道救火，交通已经阻塞后才知道疏通，羊毛已经被"羊毛党"薅光后才知道堵上漏洞，股价已经拉升后才知道后悔……为什么我们不能在这些事情发生之前，或者至少是刚刚发生的时候就提前收到预警和通知，并且及时采取应对措施呢？

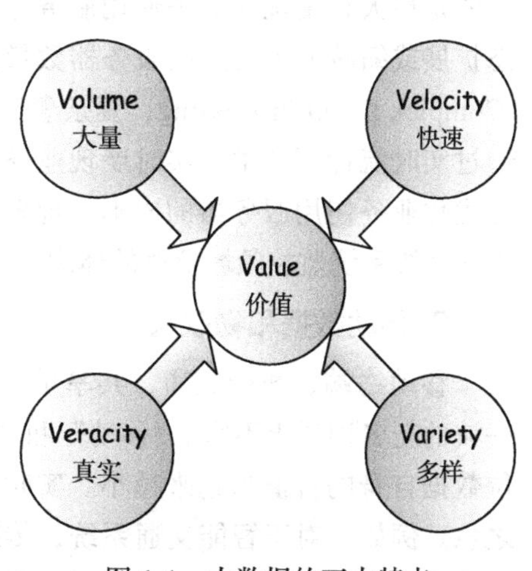

图 1-1　大数据的五大特点

是的，面对无穷无尽的数据洪流，我们急需一种手段来帮助我们抓住并思考那些一闪而逝的瞬间。在这样的背景下，实时流计算技术应运而生。虽然不能像电影《超体》中女主角直接用手抓住并分析电磁波信息那样，但至少实时流计算技术能够帮助我们抓住数据流的瞬间，分析并挖掘出数据的实时价值。千万不要小瞧了数据的实时价值。据说在很久以前的欧洲战场上，每次最先知道战争结果的不是后方的政府机构，而是股票交易所里的那些股票投资者。俗话说，时间就是金钱，效率就是生命。所有实时流计算的目的都是为了获得数据的实时价值。如果数据没有实时价值，那么实时流计算也就失去了它存在的意义。

## 1.2 实时流计算使用场景

话说有一句至理名言："天下武功，无坚不摧，唯快不破！"由此足可见"快"的重要性。更快、更完整地获取数据，更快、更充分地挖掘出数据价值，已成为大数据时代各行各业的共识。在线系统监控、移动数据和物联网、金融风控、推荐系统等，虽然行业各不相同，但是它们有个共同点——实时流计算技术在这些领域发挥着越来越重要的作用。

### 1. 在线系统监控

互联网行业蓬勃发展的背后，是各家企业机房里成千上万的服务器。服务器在 7×24 小时（传说中的 007 工作制）的作业过程中产生大量监控数据。这些数据包含着服务器本身的健康状况，如硬件状态、资源使用情况和负载压力等。第一时间知道服务器的健康状况是非常重要的，可以避免因为一台服务器宕机而后续造成的各种雪崩效应。除了服务器本身以外，复杂的线上业务系统产生着更多的数据。如今一个每天亿万级别访问量的系统已经司空见惯，产品花样更是层出不穷。业务系统产生日志的数量级由 GB 变 TB，再由 TB 变 PB。将线上日志导入实时流计算系统，我们可以实现一系列有实时价值的功能。最基本的功能是监控业务是否运营正常，如监控业务关键指标、发现故障模式等。高级些的功能是最大程度优化业务使用服务器的成本，如根据 CPU、内存和 I/O 等资源的使用率动态扩展或缩减业务使用的服务器数量。更高级的功能是挖掘和探索新的业务模式，如 CEP（Complex Event Processing，复杂事件处理）和在线统计学习或机器学习模型的各种运用等。通过实时流计算技术，实时展现业务系统的健康状况，提前避免可能的业务故障，最大程度优化业务使用服务器的成本，抢先发现新的业务模式和商机……这些都是实时流计算技术在在线系统监控领域价值的体现。

### 2. 移动数据和物联网

移动终端、智能交通、共享单车、5G、工业 4.0……如今在我们生活的时代，一波又一波的新名词层出不穷。"移动"和"物联"让数据变得随时随地可得。数据越来越多，单位数据自身的价值却越来越小。实时处理海量数据洪流，已成为移动和物联网领域的当务之急。例如，对于智能交通系统，传统智能交通系统采用离线方式对交通数据做分析，交通决策不能及时做出；而通过对交通数据流进行实时分析，实时展现交通热点路段、优化信号灯配时、指导行车线路，可实实在在减轻当前热点路段压力、缩减平均行车时间，如图 1-2 所示。像智能交通这样，优化生活环境，正是实时流计算技术在移动数据和物联网领域体现的价值之一。

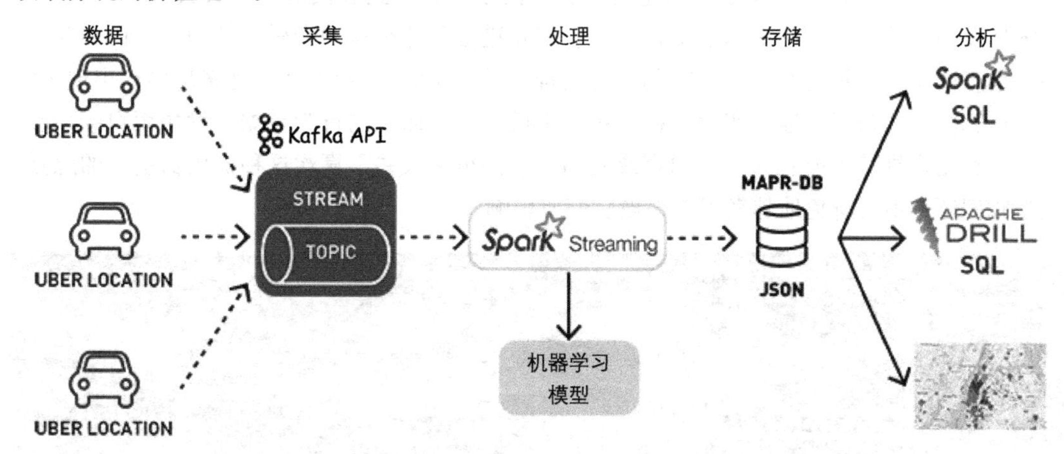


图 1-2　基于 Spark Streaming 的 Uber 交通热点路段分析及可视化系统[⊖]

### 3. 金融风控

**金融风控**是实时流计算技术又一常用领域，如图 1-3 所示。通常针对贷款的风控，可以分为贷前、贷中和贷后。在贷中和贷后，大多采用离线数据分析和数据可视化技术来实现风险控制。但是在贷前，特别是在许多现金贷产品中，为了给用户带来更好的产品体验，必须在很短的时间内对用户的信用、还款能力和还款意愿等做出评估。除了针对用户本身的信用风险作分析外，还需要防止金融欺诈问题，如“薅羊毛”和多头借贷。通过实时流计算技术，在秒级甚至亚秒级，对用户信用和欺诈风险做出判定，在保证可控风险的同时，提供良好的用户体验，进一步提高现金贷产品整体的竞争力。

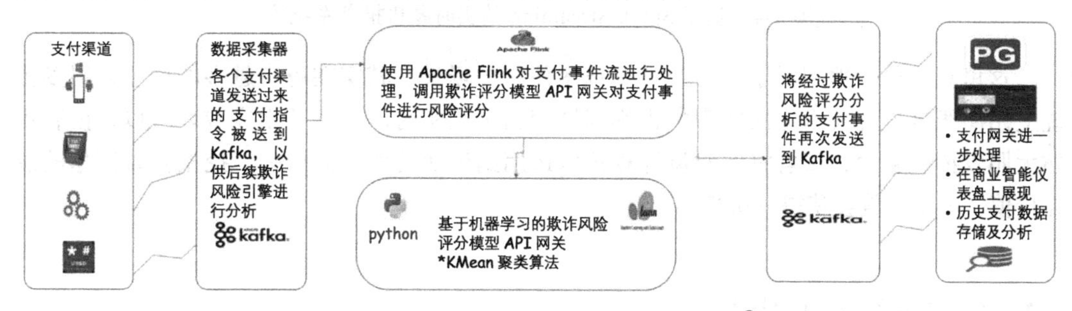


图 1-3　基于 Flink 的实时欺诈检测平台[⊜]

⊖ 图 1-2 源自 https://mapr.com/blog/real-time-analysis-popular-uber-locations-spark-structured-streaming-machine-learning-kafka-and-mapr-db，这篇博客详细讲解了使用 Kafka、Spark Streaming 和机器学习等技术实现 Uber 交通数据实时分析和展现的方法，感兴趣的读者可自行查阅。

⊜ 图 1-3 引用自 https://www.linkedin.com/pulse/fraud-detection-fintech-ecosystem-oluwaseyi-otun，这篇博客描述了使用 Flink 流计算平台实现实时欺诈检测的方法，对实时风控系统感兴趣的读者可自行查阅。

### 4. 实时推荐

实时推荐是实时流计算技术的另一个常见应用场景。如今手机几乎成为每一个年轻人的必备品。打开手机，听音乐、浏览新闻、阅读小说、看到心仪的东西买买买……有一天你突然发现，手机应用越来越了解自己。它们知道推荐什么样的音乐、新闻、小说和商品，并且推荐的东西大抵还是你所喜欢的。现代推荐系统（见图 1-4）背后越来越多地出现了实时流计算技术的影子，通过实时分析从用户手机上收集而来的行为数据，发掘用户的兴趣、偏好，给用户推荐可能感兴趣的内容或商品。或许很多人并不喜欢这种被机器引导的感觉，但是我们还是不可避免地越来越多地被它们所影响。

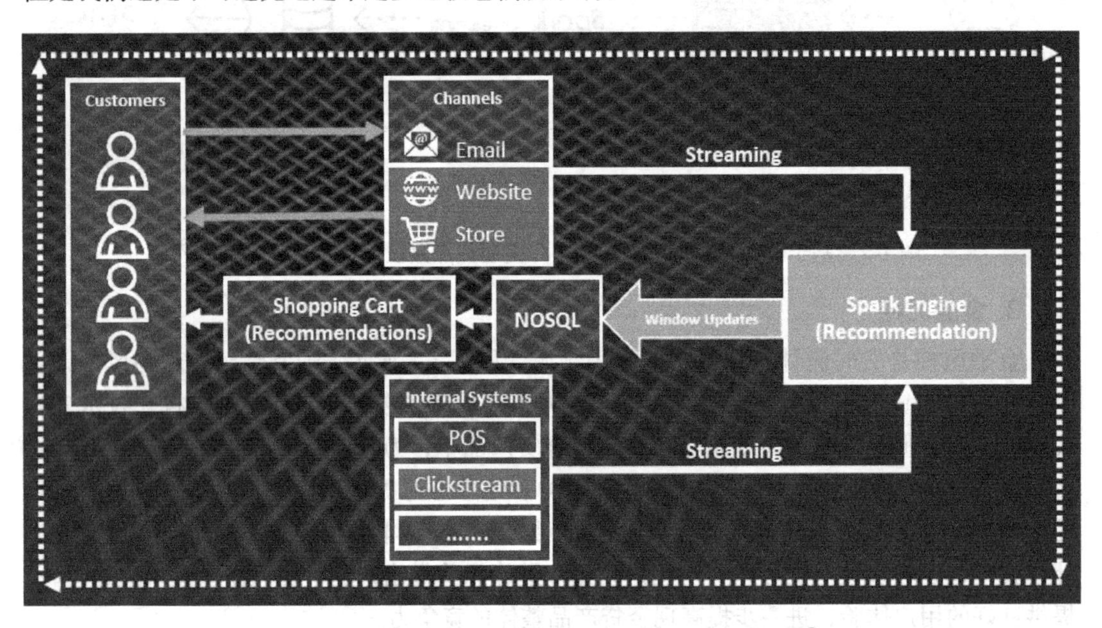


图 1-4　基于 Spark Streaming 的实时零售推荐系统[⊖]

这里只是简单地列举了几个流计算技术使用的场景。其实在越来越多的行业，很多传统上用离线批处理技术完成的事情也逐渐转变为采用实时流计算技术完成。所以，读者不妨大胆发挥想象力，试着将实时流计算技术运用到生活的各个方面去，挖掘实时信息的潜在价值，说不定就会获得一份惊喜。

## 1.3　实时流数据的特点

1.3 节介绍了实时流计算技术的使用场景。实时流计算技术的处理对象是实时流数据。

⊖ 图 1-4 引用自 https://www.talend.com/blog/2016/11/01/setting-up-an-apache-spark-powered-recommendation-engine，这篇博客介绍了一种基于 Spark Streaming 流计算平台的实时零售推荐系统，感兴趣的读者请自行查阅。

尽管实时流数据的来源千变万化、丰富多彩，但归纳起来，实时流数据通常具有实时性、随机性、无序性和无限性。

### 1. 实时性

之所以要采集实时流数据，并对其进行实时处理，是因为这些数据具有实时价值。例如，提前预警避免火灾，贷前反欺诈避免骗贷，量化交易抢得市场先机等。如果事后再分析这些数据，这个时候火灾已经发生，骗子已经卷款而逃，市场机会已经错过，分析数据带来的价值也只限于“前事不忘，后事之师”了。因此，对实时流数据的计算和分析一定要在其实时价值消退之前完成，这就要求计算的时延必须小。有时候数据量大、计算复杂的原因会导致实时计算无法完成，这时甚至会牺牲结果的准确性，在保证误差在可接受范围的前提下，优先满足计算的实时性。

### 2. 随机性

流数据是真实世界发生各种事件的体现。真实世界事件的随机发生，使得流数据的产生在时间和数量上具有随机性。有时候在很长一段时间内只产生少量数据，有时候又会在很短时间内产生大量数据。实时流数据的随机性对实时流计算系统在各种流量和突发情况下的处理能力与服务稳定性提出要求。我们可以从数据采样、数据缓冲、计算资源动态调整 3 个角度来解决实时流数据随机性的问题。有些情况下，流数据量很大，暂时超过了系统的处理能力，如果业务需求允许，则可以考虑丢弃部分数据，或者使用带采样性质的算法，减少计算压力。如果数据不允许丢失，则可以采用带缓冲和持久化能力的消息中间件来暂时缓冲数据，让系统平稳处理数据流，削平流量高峰。另外，在一些资源敏感的情况下，可能还需要实时流计算系统能够根据流量压力情况，动态增加或减少计算资源，使得在满足实时流计算的同时，最大化计算资源的使用效率。

### 3. 无序性

流数据是一个关于时间的事件序列。我们通常希望事件会按照它们发生的时刻依次到达系统，但由于异步、并发、网络延时、时间不同步和系统故障等诸多原因，严格意义上的全局有序是很难保证的，甚至几乎不可能。于是退而求其次，我们可以让数据在局部时间窗口内有序。在目前主流的实时流计算框架中，常见的做法是将接收到的事件，按时间戳分发到一个个的时间窗口分片中，在等待一段时候后，再触发时间窗口分片内数据的统一处理操作。流数据中的时间有两类：事件发生时间和事件处理时间。事件发生时间是指事件发生的时刻，而事件处理时间则是系统处理事件的时刻。这两种时间会导致流计算的过程和结果都有所不同，具体使用哪种时间因场景而异。

### 4. 无限性

流数据是一种随时间无限增长的数据序列。这是流数据和批数据最本质的区别。批数据在每次处理时数据量是有限的，而流数据没有“每次”的概念，它总在不断产生，无穷无尽。流数据和批数据的区别，导致它们在系统架构和算法实现上都有所不同。

**在系统架构上**，实时流数据的无限性要求系统必须具备高可用性和实时处理能力。一方面，当系统发生故障时，如果系统没有高可用性，则流数据会丢失，并会暂停流计算。这与实时流计算的目标（即在实时流数据上获取实时价值）是相违背的，因此不可容忍。另一方面，当系统处理能力不能跟上数据流产生的速度时，待处理的消息会越积越多。当积压数量超过阈值后，具有有限存储空间的系统必然会崩溃。为了消除已经存在的积压消息，系统处理能力必须超过数据流产生的速度，否则积压情况会一直存在。

**在算法实现上**，实时流数据的无限性对原本针对批数据设计的算法提出挑战。一方面，实时流计算过程中的可用空间和可用时间都有更严苛的限制；另一方面，流计算的输入数据随时间无限增加，这和批处理算法的输入是有限数据集有本质区别。因此，实时流计算使用的算法相比批处理算法，在算法实现和算法复杂度方面会有明显不同。

在实时流数据的四大特点中，无限性是流数据相比批数据最大的区别，这直接导致了流处理和批处理的查询模式有所不同。批处理是在固定数据集上进行不同的查询，而流处理是在无限数据集上进行固定的查询。实时性、随机性和无序性既是实时流计算系统的特点，也是我们要解决的问题。在 1.4 节中，我们将针对这些问题来分析实时流计算系统的架构特点。

## 1.4 实时流计算系统架构

1.2 节介绍了实时流计算系统的多种使用场景。仔细分析这些系统的组成，我们不难发现，虽然使用场景多种多样、不尽相同，但这些系统都包含了 5 个部分：数据采集、数据传输、数据处理、数据存储和数据展示。事实上，也正是这 5 个部分构成了一般通用的实时流计算系统，如图 1-5 所示。

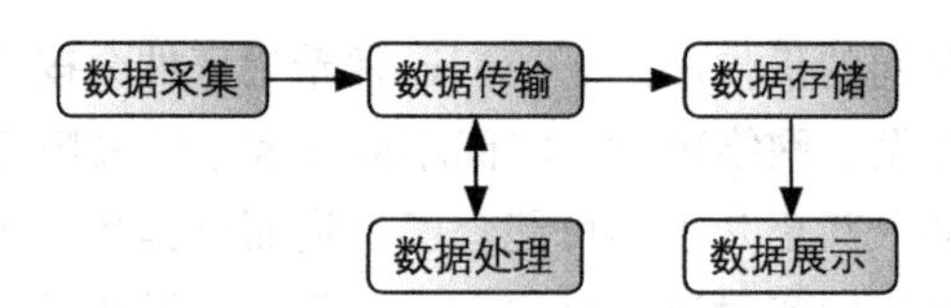


图 1-5 实时流计算系统的组成部分

### 1.4.1 数据采集

数据采集是接收来自于各种数据源的数据，并将这些数据经过初步的提取和转换后，发送到数据传输系统的过程。为了使数据接收的性能最优，在设计数据采集方案时，必须充分考虑所接收数据的特点。例如：

- 数据接收的性能要求如何？

- ❑ 数据是逐条发送还是批次发送？
- ❑ 客户端到服务器的连接是长连接还是短连接？
- ❑ 最大并发连接数是多少？

表 1-1 列举了部分数据特点及相应处理方案。

**表 1-1　部分数据特点及相应处理方案**

| 数据特点 | 方案选择 |
| --- | --- |
| 吞吐量大 / 吞吐量小 | TPS（Transactions Per Second，每秒处理事务数）用来描述系统的吞吐量。当吞吐量要求不高时，选择的余地更大，可以采用各种阻塞 I/O 或非阻塞 I/O 的编程框架。但是当吞吐量要求很高时，通常只能选择非阻塞 I/O 的编程框架。如果采用阻塞 I/O 方式需要开启数千个线程来使吞吐量最大化，就可以考虑换成非阻塞 I/O 的方案了 |
| 延时大 / 延时小 | 当吞吐量和延时同时有性能要求时，一定要先考虑满足延时要求，然后在满足延时要求的情况下，尽可能提高吞吐量。当单节点的吞吐量不足时，通过水平扩展的方式来提升吞吐量。相比局域网而言，互联网的延迟更大，延时抖动现象更明显，这对采集服务器本身的实现影响不大，但是对采集服务器的部署会产生影响。当延时要求很严格时，可能需要使用类似于 CDN 的部署方案 |
| 逐条 / 批次 | 相比逐条发送的消息而言，批次发送消息会让每次接收时的网络 I/O 耗时更多，因此为提升采集服务器的吞吐能力，通常采用非阻塞 I/O 编程框架，如 Netty |
| 长连接 / 短连接 | 使用长连接或短连接的需求更多来自于应用场景。但是这会影响采集服务器的方案选择。总体而言，当有大量连接需要维持时，就需要使用非阻塞 I/O 服务器框架，如 Netty |
| 数据源 IP 多 / 数据源 IP 少 | 如果源数据来自于固定的几个 IP，则可以采用长连接的方案，然后根据本表中另外 4 个方面的数据特点来选择数据采集方案。当数据源 IP 很多且不固定时，应该根据具体的业务场景将连接保持时间（keep alive timeout）设置为一个合理的值。另外，在做压力测试时，也一定要模拟数据源来自多 IP 的场景，不能简单地从少数 IP 发送压力数据 |

大多数情况下，数据采集服务器选择诸如 Netty 的非阻塞 I/O 方案会更加合适。数据被接收后，一般还需要对其做简单的处理，主要是一些字段提取和转化操作，最终将数据表示为统一的数据格式，如 JSON、AVRO、Protobuf 等。通常而言，数据组织的结构越简单越好，平坦的数据结构比嵌套式数据结构更好，嵌套浅的数据结构比嵌套深数据结构更好。最后，将整理好的数据序列化发往数据传输系统。

### 1.4.2　数据传输

数据传输是流数据在各个模块间流转的过程。数据传输系统的核心是消息中间件，常用的消息队列中间件有 Apache Kafka、RabbitMQ 等。数据传输系统就像人体的血管系统，承载着整个实时流计算系统的数传输工作。选择消息中间件时，需要考虑以下因素。

**1）吞吐量：**消息中间件每秒能够处理的消息数。消息中间件自身的吞吐量决定了实时流计算系统吞吐量的上限，所以选择消息中间件时，首先要确定消息中间件本身的吞吐量对业务没有明显的限制。

**2）延迟：**消息从发送端到消费端所消耗的时间。如同吞吐量一样，消息中间件自身的延迟决定了实时流计算系统延迟的下限。选择消息中间件时，需确定消息中间件本身延迟对业务没有明显限制。

**3）高可用**：消息中间件的一个或多个节点发生故障时，仍然能够持续提供正常服务。高可用消息中间件必须支持在转移故障并恢复服务后，客户端能自动重新连接并使用服务。千万不能让客户端进入僵死状态，否则即便消息中间件依然在提供服务，而上层的业务服务已然停止。

**4）持久化**：消息中间件中的消息写入日志或文件，在重启后消息不丢失。大部分业务场景下，支持持久化是一个可靠线上系统的必要条件。数据持久化从高可用角度看，还需要提供支持数据多副本存储功能。当一部分副本数据所在节点出现故障，或这部分副本数据本身被破坏时，可以通过剩余部分的副本数据恢复出来。

**5）水平扩展**：消息中间件的处理能力能够通过增加节点来提升。当业务量逐渐增加时，原先的消息中间件处理能力逐渐跟不上，这时需要增加新节点以提升消息中间件的处理能力。例如，Kafka 可以通过增加 Kafka 节点和 topic 分区数的方式水平扩展处理能力。

### 1.4.3 数据处理

数据处理是实时流计算系统的核心。从数据传输系统读取数据流后，需要对数据流做处理。数据处理的目标可以分为 4 类：数据转化、指标统计、模式匹配以及模型学习和预测。

- 数据转化包括数据抽取、清洗、转换和加载，如常见的流式函数 filter 和 map，分别用于完成数据抽取和转化的操作。
- 指标统计是在流数据上统计各种指标，如计数、求和、均值、标准差、极值、聚合、关联、直方图等。
- 模式匹配是在流数据上寻找预先设定的事件序列模式，我们常说的 CEP（复杂事件处理）就属于模式匹配。
- 模型学习和预测是数据挖掘和机器学习在流数据上的扩展应用，基于流的模型学习算法可以实时动态地训练或更新模型参数，进而根据模型做出预测，更加准确地描述数据背后当时正在发生的事情。

我们通常使用 DAG（Directed Acyclic Graph，有向无环图）来描述流计算过程。常见的开源流处理框架有 Apache Storm、Apache Spark、Apache Flink、Apache Samza 和 Akka Streams 等。在这些流处理框架中，都会使用 DAG 或类似的概念来表示流计算应用。

### 1.4.4 数据存储

数据存储方案的选型要充分考虑计算类型和查询目标。由于实时流数据的无限性和实时性特点，针对流处理的算法经常需要专门设计。

例如，针对“过去一天同一设备上登录的不同用户数”这种查询目标，在数据量较小时，传统关系型数据库（RBDMS）和结构化查询语言（SQL）是不错选择。但当数据量变得很大后，基于关系型数据库的方案会变得越来越吃力，直到最后根本不可能在实时级别的时延内完成查询。

相同的查询目标，采用NoSQL数据库不仅能够做到实时查询，而且能获得更高的吞吐能力。相比传统SQL数据库，实时流计算中会更多地使用NoSQL数据库。越来越多的NoSQL数据库开始提供类似于SQL的查询语言，但查询语言不是数据库的本质所在，数据库的本质是底层的查询执行和数据存储。选择数据存储方案时，上层查询语言的通用性和易用性是重要的考虑因素。但更重要的是，所选数据库的查询和存储本身能够贴合所要进行查询的计算复杂度。

除了在实时流计算过程中需要使用数据库外，数据本身和计算结果通常需要保存起来，以做数据备份、离线报表或离线分析等。离线数据存储一般选择诸如HDFS或S3这样的分布式文件系统。特别是如今Hadoop已经非常成熟，构建在其上的查询和分析工具多种多样，如MapReduce、Hive和Spark等都是非常好的分析工具。这些工具统一在Hadoop生态体系内，为以后的工具选择留下很大的余地。

如果需要针对实时流计算结果构建实时点查询服务，即根据一个或多个键来查询一条特定的实时流计算结果记录，则可以选择NoSQL数据库并配置缓存的方案。

有时候实时流计算的结果使用UI呈现。很多UI会提供交互式查询体验，这就涉及Ad-Hoc查询。设计用于Ad-Hoc查询的存储方案时，一定要考虑UI可能的需求变化，而不能选择一个“僵硬”的数据存储方案，否则当未来UI需求变化、各种查询条件调整时，后端数据库的变更将是一个巨大而且痛苦的挑战。这种情况下，使用搜索引擎一类的存储方案（如ElasticSearch）会是一个明智的选择。

综合而言，在相对复杂的业务场景下，实时流计算只是系统中的一个环节。针对不同计算类型和查询目的，要合理选择相应的数据存储方案。更有甚者，很多时候必须将相同内容的数据根据不同的需求，同时存入多种不同功能的存储方案中。至少目前为止，还没有一种称之为“银弹”的数据库。在本书第9章中，我们将详细讨论各种数据存储方案。

### 1.4.5 数据展示

数据展示是将数据呈现给最终用户的过程。数据呈现的形式可以是API，也可以是UI。API的方式通常以REST服务形式提供。大多数UI是以Web UI的方式实现的，在移动终端大行其道的今天，诸如手机的客户端应用程序也是常用的数据呈现方式。对于Web UI而言，基于Web的数据展示方式有很多优点。一方面，Web服务实现和部署都非常简单，只需提供Web服务器就可以在浏览器中进行访问了。另一方面，各种丰富的前端框架和数据可视化框架为开发提供了更多的便利和选择，如前端常用的框架有React、Vue、Angular等，常用的数据可视化框架有ECharts、D3.js等。

数据可视化是数据展示的核心所在，数据可视化的内容也很丰富、精彩。本书会讨论如何为数据展示选择最合适的数据存储方案。但因为数据可视化部分更加偏向于前端（包括JS、CSS、HTML和UI设计等），这与实时流计算的主体并无太强关联，所以除了部分涉及针对数据展示该如何设计数据存储方案的内容以外，本书不会再用专门的章节讨论数据展示的有关内容。感兴趣的读者可以自行参考前端和数据可视化的有关资料和书籍。

## 1.5 本章小结

整体而言，本书内容按照“总分”的结构组织。阅读本章，我们对实时流计算系统的使用场景和通用架构组成有了一个整体的了解。在后续的章节中，我们将对实时流计算系统的各个部分进行具体的分析和讨论。

# 第2章 数据采集

从本章开始，我们将逐一讨论实时流计算系统各方面的内容。为了更加方便和清楚地阐述问题，本书将以互联网金融风控为场景，构建一个实时流计算风控系统。虽然是以互联网金融风控为场景，但大多数情形下实时流计算系统在架构上是大同小异的，或者具有异曲同工之妙。所以，本书在互联网金融风控场景下讨论的有关实时流计算系统的各种概念、问题和解决方法也能推广应用到其他使用场景。

常言道“巧妇难为无米之炊”，没有数据，我们就没有了讨论的基础。大多数情况下，数据采集是我们构建实时流计算系统的起点，所以本书将首先从数据采集讲起。事实上，我们不能小瞧数据采集的过程。数据采集通常涉及对外提供服务，涵盖许多I/O、网络、异步和并发的技术，在性能、可靠和安全等方面都不容大意。

本章将讨论实时流计算系统的数据采集部分，不过我们会将重心放在讲解有关BIO和NIO、同步和异步、异步和流之间的关联关系等内容。这些内容不仅有助于我们在实际生产中构建高性能数据采集服务器，而且有助于我们加深对异步和高并发编程的理解，并为后续章节对“流”的讨论和理解打下坚实基础。

## 2.1 设计数据采集的接口

在本书中，我们以互联网金融风控场景来展开对实时流计算系统的讨论。在金融风控场景下，分析的风险总体上可以分成两类：一类是贷款对象信用风险，另一类是贷款对象欺诈风险。两类风险的风控因素和模型不同。

贷款对象信用风险关注的是贷款对象自身的信用状况、还款意愿和还款能力。信用风险评估常用的分析因素有四要素认证和征信报告，使用的风控模型主要是可解释性强的逻辑回归评分卡。

贷款对象欺诈风险关注的则是贷款对象是不是在骗贷。在欺诈情形下，贷款对象提供的所有征信信息可能都是正常的，但是这些信息是通过伪造或“黑产”渠道得来的，贷款对象以大量具有良好信用的不同身份获得贷款后，欺诈成功，卷款而逃。欺诈风险评估使用的分析因素多种多样。例如，网络因素（如IP是否集中），用户属性因素（如年龄和职业），用户行为因素（如是否在某个时间段集中贷款），社会信用因素（如社保缴纳情况），第三方征信（如芝麻信用得分），还有各种渠道而来的黑名单等。总体而言，欺诈风险评估使用的因素来源更多，使用的模型也更加多样，如决策树、聚类分析等。

互联网金融风控的一般流程如下所述。用户在手机或网页等客户端发出注册、贷款申请等事件时，客户端将用户属性、行为、生物识别、终端设备信息、网络状况、TCP/IP 协议栈等信息发送到数据采集服务器；数据采集服务器收到数据后，进行字段提取和转化，发送给特征提取模块；特征提取模块按照预先设定的特征清单进行特征提取，然后以提取出来的特征清单作为模型或规则系统的输入；最终依据模型或规则系统的评估结果做出决策。

根据上面描述的业务流程，完整的互联网金融风控系统架构设计如图 2-1 所示。

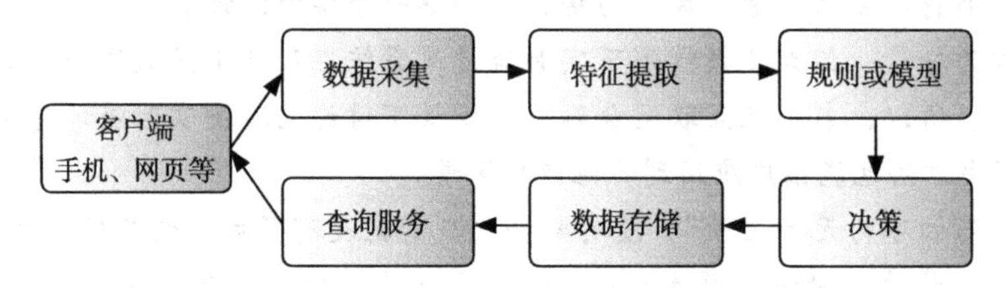


图 2-1　完整的互联网金融风控系统架构设计

从手机或网页等客户端，通过互联网发送事件到采集服务器，是金融风控场景下常用的数据采集方式之一。客户端发送的事件包含用户属性、行为、生物识别、终端设备信息、网络状况、TCP/IP 协议栈等信息。HTTP/HTTPS 协议筑造了整个互联网的基石，也是当前最主要的应用层通信协议。没有特别必要，我们采用 HTTP/HTTPS 协议来进行客户端和数据采集服务器之间的数据通信。

确定数据通信协议后，还需要制定事件上报 API。以 REST 风格为代表的 API 设计方式提供了相对标准的 API 设计准则。依照 REST 风格，设计事件上报 API 如下。

```
POST event/
{
    "user_id": "u200710918",
    "client_timestamp": "1524646221000",
    "event_type": "loan",
    "amount": 1000,
    "……": "……"
}
```

上面的 REST API 表示向服务器上报一个事件，其中：用户账号“user_id”是“u200710918”，发送时间戳“client_timestamp”是“1524646221000”，事件类型“event_type”是“loan”，金额“amount”是“1000”，其他信息用“……”表示。

至此通信协议和 API 都确定了，接下来实现采集服务器。

## 2.2　使用 Spring Boot 实现数据采集服务器

说到 REST 风格 Web 服务器开发，大部分 Java 编程开发者首先想到的是 Spring 系列中的Spring Boot。毫无疑问，Spring Boot使得用Java做Web服务开发的体验相比过去有了极大的提升。几乎在数分钟之内，一个可用的Web服务就可以开发完毕。所以，我们也用Spring Boot来实现数据采集服务器，具体实现如下。

```
@Controller
@EnableAutoConfiguration
public class SpringDataCollector {
    private static final Logger logger = LoggerFactory.getLogger
    (SpringDataCollector.class);

    private JSONObject doExtractCleanTransform(JSONObject event) {
        // TODO: 实现抽取、清洗、转化的具体逻辑
        return event;
    }

    private final String kafkaBroker = "127.0.0.1:9092";
    private final String topic = "collector_event";
    private final KafkaSender kafkaSender = new KafkaSender(kafkaBroker);

    @PostMapping(path = "/event", produces = MediaType.APPLICATION_JSON_UTF8_
    VALUE)
    @ResponseBody()
    public String uploadEvent(@RequestBody byte[] body) {
        // step1: 对消息进行解码
        JSONObject bodyJson = JSONObject.parseObject(new String(body, Charsets.
        UTF_8));

        // step2: 对消息进行抽取、清洗、转化
        JSONObject normEvent = doExtractCleanTransform(bodyJson);

        // step3: 将格式规整化的消息发到消息中间件Kafka
        kafkaSender.send(topic, normEvent.toJSONString().getBytes(Charsets.
        UTF_8));

        // 通知客户端数据采集成功
        return RestHelper.genResponse(200, "ok").toJSONString();
    }

    public static void main(String[] args) throws Exception {
        SpringApplication.run(SpringDataCollector.class, args);
    }
}
```

**注意：**为了节省篇幅，本书中的样例代码均只保留了主要逻辑以阐述问题，大部分略去了异常处理和日志打印。如需将这些代码用于真实产品环境，则需要读者自行添加异常处理和日志打印相关内容。异常处理和日志打印是可靠软件的重要因素，在编程开发时务必重视这两点。

在上面的示例代码中，uploadEvent 实现了事件上报接口。收到上报事件后，首先对数据进行解码，解码结果用 FastJson 中的通用 JSON 类 JSONObject 表示；然后在 JSONObject 对象基础上进行抽取、清洗和转化，规整为统一格式数据；最后将规整好的数据发往数据传输系统 Kafka。这个程序在实现功能上并没有特别的地方，我们只是感觉到基于 Spring Boot 的服务开发体验是如此轻松、愉快。

## 2.3 BIO 与 NIO

我们使用 Spring Boot 非常迅速地开发好了数据采集服务器，之后的测试和上线工作也一帆风顺。客户开始接入流量，服务运转良好，似乎一切都预示着程序员的工作就是这样轻松、美好。但好景不长，随着业务流量的增加，晴朗天空不知不觉飘来两朵“乌云”。

- 随着用户越来越多，采集服务器连接数逐渐增加，甚至在高峰时出现成千上万并发连接的情况。每个连接的服务质量急剧下降，不时返回 408 或 503 错误。
- 监控显示，客户请求响应的时延非常大，进一步分析发现是 doExtractCleanTransform 函数比较耗时。这个函数耗时的原因可能是计算比较复杂，也可能是有较多的 I/O 操作，还可能是有较多的外部请求调用。数据采集服务器的性能表现很差，但是看系统监控又发现 CPU 和 I/O 的使用效率并不高，似乎它们都在“偷懒”不干活。

基本上，当我们初次开始认真关注程序的性能问题时，都会碰到上面的问题。根据笔者经验，如果此时能够深入地钻研下去，我们将从此掌握编写高性能程序的高级技能点，将在以后的程序开发过程中受益良多。

我们先看采集服务器的连接问题。当使用 Spring Boot 做 Web 服务开发时，默认情况下 Spring Boot 使用 Tomcat 容器。早期版本的 Tomcat 默认使用 BIO 连接器。虽然现在的版本已经去掉 BIO 连接器，并默认采用 NIO 连接器，但是我们还是来比较下 BIO 和 NIO 连接器的区别，这样对理解 BIO 和 NIO、同步和异步的原理，以及编写高性能程序都有很大的帮助。

### 2.3.1 BIO 连接器

在 Java 中，最基础的 I/O 方式是 BIO（Blocking I/O，阻塞式 I/O）。BIO 是一种同步并且阻塞式的 I/O 方式。图 2-2 描述了 BIO 连接器的工作原理，当接收器（acceptor）线程接收到新的请求连接套接字（socket）时，从工作线程栈（worker stack）中取出一个空闲的工作线程（worker），用于处理新接收的连接套接字。如果工作线程栈没有空闲工作线程，且创建的工作线程数量没有达到设置的上限值，则新建一个工作线程用于处理连接套接字。而如果工作线程栈没有空闲工作线程，且创建的工作线程数量已达到设置上限值，则接收器被阻塞，它将暂停接收新的连接请求。只有当某个工作线程处理完其对应的请求后，它会被重新放入工作线程栈，成为空闲线程之后，接收器才能继续接收新的请求，并交由工作线程栈中的空闲工作线程处理。工作线程从连接套接字中读取请求数据并进行处理，处理完成后再将结果通过连接套接字发送回客户端。

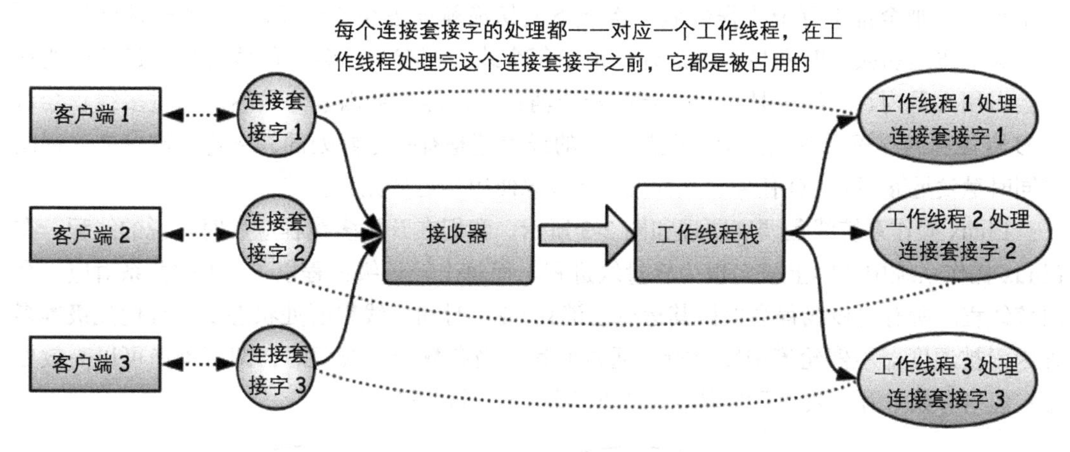


图 2-2　BIO 连接器的工作原理

在请求连接数比较小、请求处理逻辑比较简单、工作线程请求处理时延很短的场景下，使用 BIO 连接器是很合适的。但很显然，在实际工作中的大多数场景下，这些前提条件都是可遇而不可求的。就如在互联网金融风控系统中，上报数据的客户端是分布在全世界各地的成千上万，甚至数十万、数百万的手机、平板和个人电脑，这些终端平均下来每秒发送到数据采集服务器的请求少则数千，多则上万。

再考虑工作线程处理较慢的情况，如计算逻辑较复杂或外部 I/O 较多。当所有工作线程都在工作时，可用工作线程耗尽，这时请求接收器将阻塞，等待工作线程可用，而不能接收新的请求套接字。当工作线程处理完请求后，由于没有立即可用的新请求需要处理，它必须等到请求接收器接收新的请求之后，才能继续工作。经过以上分析就会发现，这种处理方案的性能比较低下。一方面请求接收线程和工作线程都很忙碌，另一方面请求接收线程和工作线程却要时不时地相互等待，这就导致请求接收器和工作线程时不时处于空闲状态。进一步深入到操作系统层面，表现在 CPU 和网络 I/O 很多时候处于空闲状态。操作系统资源大量空闲，造成资源浪费，性能却还十分低下。很显然，这是我们不能接受的情况，必须对其做出改进和提升。

为了在使用 BIO 连接器时提高资源的使用效率，一种行之有效的方法是增加工作线程数量。理想情况下，如果有成千上万甚至上百万个工作线程来处理连接套接字，那么请求接收器不用担心工作线程不够用，因为任何时候总会有工作线程可用。这样，数据采集服务器的并发连接数也能够达到成千上万。当然，如果要支持百万并发连接，还需要专门配置一些操作系统参数，这里不做详细讨论，感兴趣的读者可以自行搜索相关资料。

当前大多数操作系统在处理上万个甚至只需几千个线程时，性能就会明显下降。这是因为，当需要调度的线程变得非常多后，操作系统在进行线程调度和上下文切换时，需要占用大量 CPU 时间，使得真正用于有效任务计算的 CPU 时间变少。以 Linux 操作系统为例，在现代处理器上一次线程上下文切换的典型时延为数微秒（microsecond）。如果以 5 微秒来计算，则全部 1 万个线程各做一次上下文切换就要占用 50 毫秒，这个时延已相当明显。除了线程切换的时间显著增加外，由于每个线程拥有自己独立的线程栈，过多的线程还会占用大量内存，这也是一个主要的资源消耗和性能损耗因素。虽然启用过多线程会对 CPU 资源和内存资源造成浪费，但是充足的线程还是有一定好处的，毕竟足够多的线程能够同时触发足够多的 I/O 任务，从而使 I/O 资源使用得更加充分。

Linux 操作系统线程调度原理如图 2-3 所示。我们在开发多线程应用时常说的线程，在 Linux 操作系统中实际上被实现为轻量级进程。而每个轻量级进程以 1 ∶ 1 的关系对应一个内核线程。所有内核线程会根据其运行已消耗 CPU 时间、线程所处状态及线程优先级等多种因素被调度器不停轮流调度执行。通常而言，当有数千个线程时，调度器尚可以高效处理；但当有数十万、数百万线程时，调度器就会“累趴下”了。

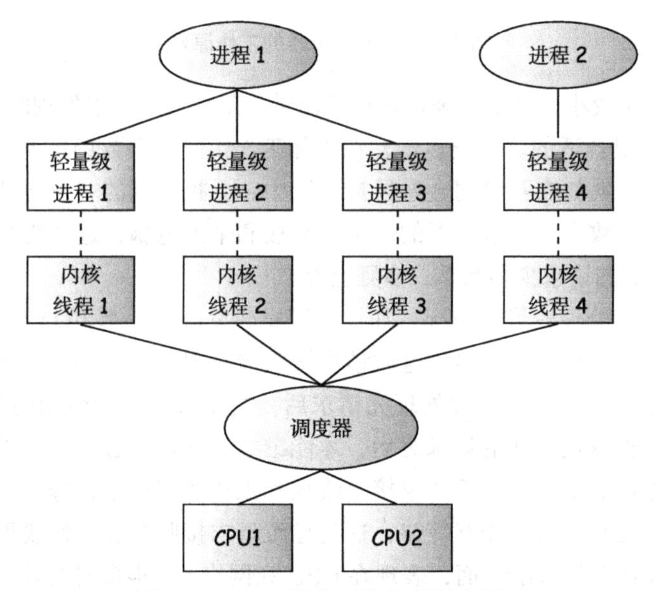


图 2-3　Linux 操作系统线程调度原理

既然不能在一台机器上运行太多线程，我们很自然地想到可以用多台机器来分担计算任务。不错，这是一个很好的办法。在多个对等的服务节点之前，架设一个负载均衡器（如 Nginx），可以有效地将请求分发到多台服务器，这既可以提高服务整体的吞吐能力，也能在一定程度上降低因为请求积压造成的服务响应时延。但除非是线上情况紧急，需要立刻提升服务处理能力以应对突发的流量高峰冲击，否则我们不应该立刻这样做！作为有极客精神的程序员，同时为了降低成本着想，在将一台机器的资源充分利用前，我们不能简单地寄希望于通过横向增加机器数量来提高服务的性能。

既不能运行太多线程，也不愿意水平扩展机器数量，那怎样才能提升程序的性能呢？

我们不妨这样思考，接收器无阻塞地接收连接套接字，并将新接收的连接套接字暂存到一个缓冲区。当工作线程在处理完一个连接套接字后，从缓冲区取出暂存的连接套接字进行处理。如此一来，接收器可以不停地接收新的连接套接字，而工作线程的任务也被安排得满满当当。

因此，BIO 连接器的本质缺陷是接收器和工作线程执行步调耦合太紧。如果将接收器和工作线程通过缓冲区隔离开来，让它们互不干扰地独立运行，那么接收器和工作线程的工作效率都会得到提高，进而提升程序性能。图 2-4 展示了改进 BIO 的方法，在接收器接收到新的连接套接字时，不再需要获取一个处于空闲状态的工作线程，而是只需将其放入连接套接字队列即可。而工作线程则完全不需要理会接收器在做什么，它只需要看队列有没有待处理的连接套接字即可：如果有，就将连接套接字取出来处理；如果没有，说明暂时没有请求，它可以休息一会儿了。接下来我们将看到，Tomcat 的 NIO 连接器正是按照类似的思路做的。

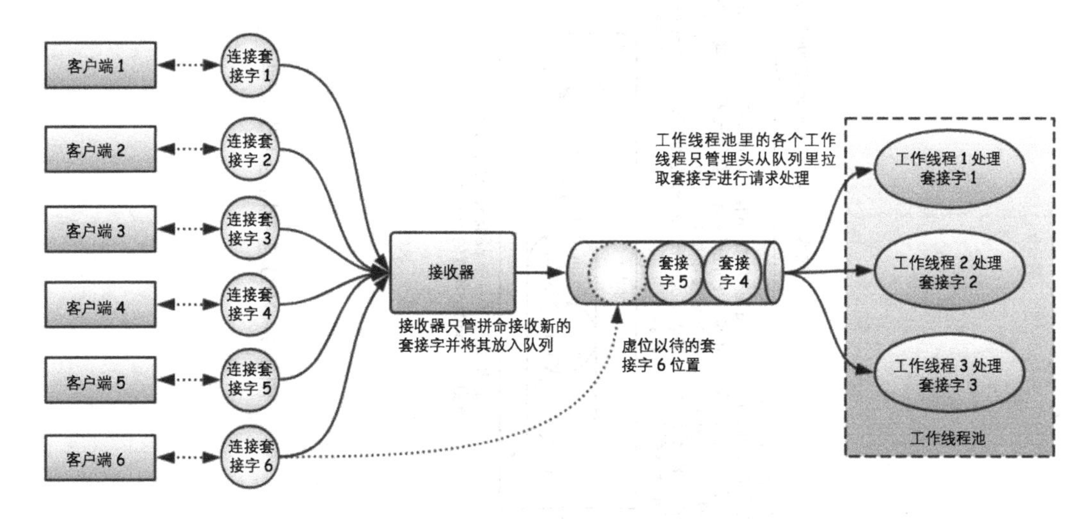


图 2-4　改进 BIO 的方法

### 2.3.2　NIO 连接器

在编写本书时，最新版本的 Tomcat 已经将 NIO 作为默认连接器。图 2-5 描述了 NIO 连接器的工作原理，当接收器接收新的连接套接字时，先将其依次封装成 NioChannel 对象和 PollerEvent 对象，再将 PollerEvent 对象放入 PollerEvent 队列。与此同时，轮询器不断从其 PollerEvent 队列中取出新的 PollerEvent 对象，获得代表连接套接字的 NioChannel，再将其 SocketChannel 注册到选择器。选择器从注册在其上的 SocketChannel 中挑选出处于 Read Ready 状态的 SocketChannel，再将其交到工作线程池的队列。工作线程池中的各个工作线程从队列中取出连接套接字，并读取请求数据进行处理，在处理完成时再将结果通过连接套接字发送回客户端。

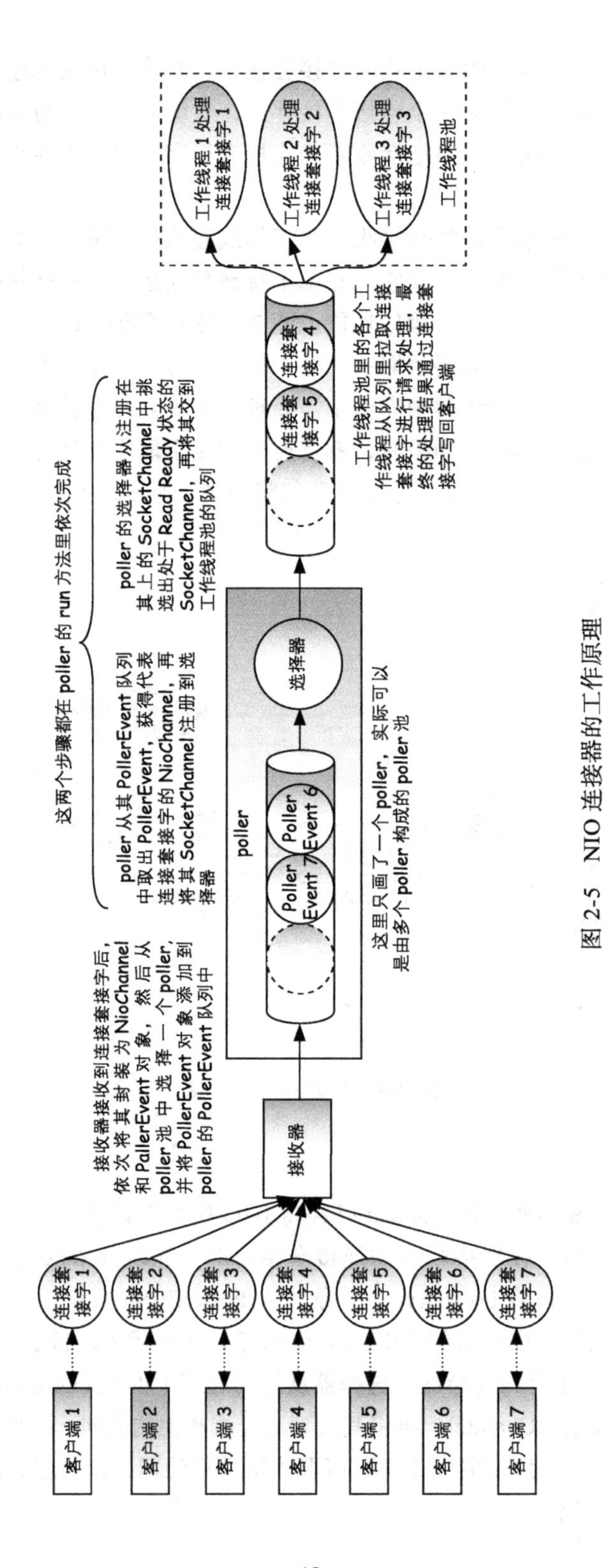


图 2-5 NIO 连接器的工作原理

从 NIO 连接器的工作过程可以看出，Tomcat 的 NIO 连接器相比 BIO 连接器，主要做出了两大改进。除了类似于我们在图 2-4 中提到的使用“队列”将接收器和工作线程隔离开的改进方法之外，Tomcat 的 NIO 连接器还引入选择器（包含在轮询器中）来更加精细地管理连接套接字，也就是说，选择器只有在连接套接字中的数据处于可读（Read Ready）状态时，才将其交由工作线程来处理，避免了工作线程等待连接套接字准备数据的过程。NIO 连接器的这两点改进带来了两种好处。

1）接收器和工作线程隔离开，让它们彼此之间不会因为对方阻塞而影响自己的连续运行。这样接收器和工作线程都能尽其所能地工作，从而更加充分地使用 I/O 和 CPU 资源。

2）因为有了队列缓存待处理的连接套接字，NIO 连接器能够保持的并发连接数也就不再受限于工作线程数量，而只受限于系统设置的上限值（由 LimitLatch 指定）。这样，无须分配大量线程，数据采集服务器就能支持大量并发连接了。

## 2.4　NIO 和异步

晴朗天空上的第一朵“乌云”终于被我们驱散了，但还有另外一朵“乌云”在悠悠然地飘着，它仿佛正眯着眼俯视着我们，幸灾乐祸地等待着发生什么事情。于是我们小心翼翼地查看了在线监控系统。不看不知道，一看吓一跳。我们注意到，虽然并发处理的连接数增加了，但是请求的平均响应时间依然很高，数据采集服务器的吞吐能力还是很低，这可与我们的预想相差甚远！于是，我们进一步使用 JVisualVM（参见 3.4.2 节）这个“神器”连接到运行着的数据采集服务器，希望能够找到造成程序性能依旧低下的“元凶”。在对 JVM 的运行时状态进行采样后，我们立刻发现原来是 doExtractCleanTransform( ) 函数的执行耗时占用了整个请求处理用时的 90% 以上，处理时延明显过高！现在我们就来仔细分析下 doExtractCleanTransform( ) 可能耗时的原因。

### 2.4.1　CPU 密集型任务

CPU 密集型（CPU-intensive）任务也叫 CPU 受限型（CPU-bound）任务，是指处理过程中主要依靠 CPU（这里不考虑协处理器，如 GPU、FPGA 或其他各种定制型处理器）运算来完成的任务。这种任务的执行速度会受限于 CPU 本身的处理能力。当用单核执行 CPU 密集型任务时，如果此时用 top 命令查看系统状态，则会发现 CPU 负载接近 100%。

图 2-6 所示的冯 · 诺依曼结构是最常见的计算机系统结构，在冯 · 诺依曼结构的计算机系统中，CPU 密集型任务主要发生在 CPU 和内存之间。所以，针对 CPU 密集型任务的优化，主要是提高 CPU 和内存的使用效率。具体实施起来，CPU 密集型任务优化的方向有两个：一是优化算法本身，二是将 CPU 的多核充分利用起来。算法优化包括降低算法复杂度、优化内存使用率、使用 GPU 或 FPGA 等协处理器、针对 JVM 和 CPU 的执行机制做特

定的编程优化等[⊖]。除了优化算法本身以外，充分利用 CPU 的多核也是提升 CPU 密集型任务性能的有效方法，表现在代码编写上，就是利用多线程或多进程执行 CPU 密集型任务。但需要注意的是，CPU 密集型任务中的线程或进程的数量应该与 CPU 的核数相当，否则过多的线程上下文切换反倒会减少有效计算时间，降低程序性能。通常而言，当任务是 CPU 密集型任务时，比较合适的线程数应该介于 CPU 核数至两倍的 CPU 核数之间。

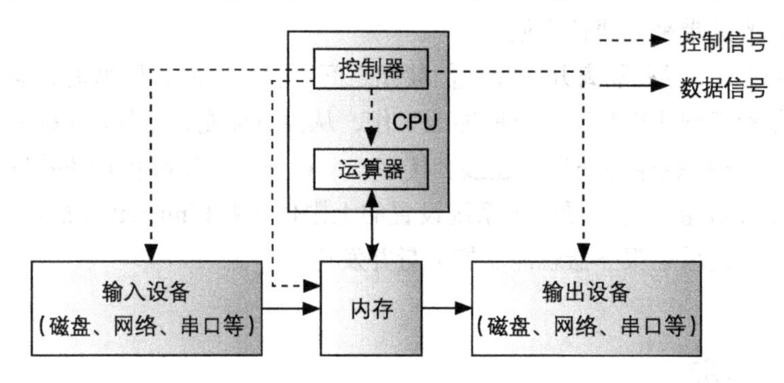


图 2-6　冯·诺依曼结构的计算机系统

## 2.4.2　I/O 密集型任务

I/O 密集型（I/O-intensive）任务也叫 I/O 受限型（I/O-bound）任务，是指在处理过程中有很多 I/O 操作的任务，这种任务的执行速度会受限于 I/O 的吞吐能力。通常情况下，我们在编写服务端程序时，涉及的 I/O 操作主要有磁盘 I/O 操作和网络 I/O 操作。常见的磁盘 I/O 一般发生在诸如日志输出、数据持久化等与本地文件读写相关的地方。常见的网络 I/O 则主要发生在诸如消息中间件收发消息、调用外部服务、访问数据库等涉及远程服务交互的地方。相比 CPU 密集型任务而言，I/O 密集型任务是大多数 Java 开发者面临更多、更现实的问题。因为大部分业务系统和基础框架都涉及文件读写、数据库访问、远程方法调用等与 I/O 相关的操作。

在讨论 I/O 时，我们需要明白一个很重要的事实。引起 I/O 耗时的原因，既可能确实是因为硬件资源有限，I/O 的数据量已经达到了磁盘或者网络吞吐能力的上限，但也可能是因为 I/O 调用的远程服务本身时延比较大。在做整体系统优化时，我们需要仔细区分究竟是哪种原因引起了 I/O 的高时延。在编写代码时，我们却不需要做这种区分，只需要认定 I/O 具有较大时延即可。

对于计算逻辑简单、计算量不大的 I/O 密集型任务，提高程序性能最方便、最有效的

⊖ 针对 JVM 和 CPU 的执行机制做编程优化的理论基础是编译原理，读者们可以参考 Steven S. Muchnick 所著的《高级编译器设计与实现》一书，该书的第 11 章到第 20 章详细讲解了代码优化的内容，非常值得阅读。另外，针对 JVM 算法优化的一个非常漂亮的例子是高性能消息框架 LMAX Disruptor，感兴趣的读者可以自行查阅相关资料，如 https://itnext.io/understanding-the-lmax-disruptor-caaaa2721496?gi=105f0a884e6a 这篇博客。

方法是增加线程数。让大量的线程同时触发更多的 I/O 请求，可以将 I/O 资源充分利用起来。为什么这时可以简单、粗暴地使用大量线程呢？这是因为，操作系统调度线程时占用的是 CPU 资源。如果计算逻辑本身比较简单，对 CPU 资源要求不高，那么将更多的 CPU 资源留给操作系统做线程调度也未尝不可。对于 I/O 密集型任务，比较合适的线程数可以设置在 10 倍的 CPU 核数到百倍的 CPU 核数之间。当然，由于相比 CPU 密集型任务而言，I/O 密集型任务的场景会更多、更复杂，所以最合适的线程数还是需要通过实际的一系列压力测试来最终确定。比如笔者在工作中就曾经遇到过在 8 核 16GB 内存的云主机上，需要将线程数量调整到 1400 才达到最佳性能（QPS 和 latency 都满足要求且比较稳定）的情况，而且测试过程中还发现更多或更少的线程数都会降低程序性能。当时笔者获得这个测试结果后，着实觉得有些出乎意料，因为测试前确实没有想到会需要这么多线程，也没想到 Linux 操作系统在支持千级别的线程调度时，也并非像之前所想的那么不堪。这里举出这个实际开发和测试的例子，也是为了让读者了解压力测试对程序优化的重要性。

### 2.4.3　I/O 和 CPU 都密集型任务

当 I/O 和 CPU 都比较密集时，问题就复杂了很多。而且不幸的是，这又是我们在平时软件开发时最常遇见的情况。以微服务系统为例，每个微服务模块都不是孤立存在的，除了自己特有的计算逻辑需要由 CPU 计算完成以外，在实现业务功能过程中，还需要时不时访问其他微服务模块提供的 REST 或 RPC 服务，或者时不时需要访问数据库或消息中间件等。因此，在这类程序执行的过程中，会频繁地在 CPU 计算和等待 I/O 完成这两种状态之间切换，图 2-7 正描述了这种情况的程序流程图。

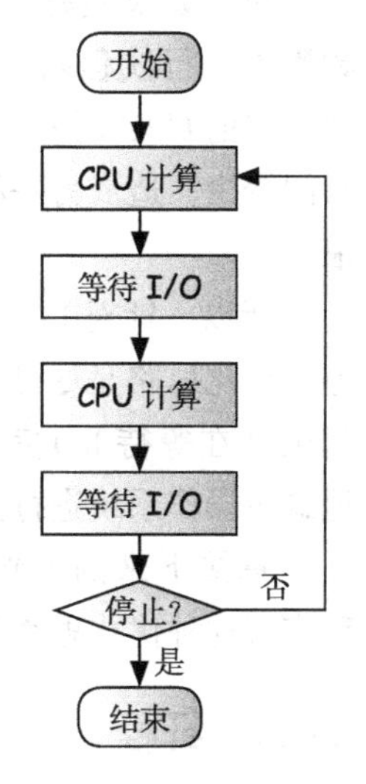


图 2-7　CPU 和 I/O 都密集型任务

下面我们来分析在 I/O 和 CPU 都比较密集时，该如何提升程序的性能。前边提到，使用大量线程可以提高 I/O 利用率。这是因为当进程执行到涉及 I/O 操作或 sleep 之类的函数时，会引发系统调用。进程执行系统调用操作，会从用户态进入内核态，之后在其准备从内核态返回用户态时，操作系统会提供一次进程调度的机会。对于正在执行 I/O 操作的进程，操作系统很有可能将其调度出去。这是因为触发 I/O 请求的进程通常需要等待 I/O 操作完成，操作系统就让其晾在一旁等着，先调度其他进程。当 I/O 请求数据准备好的时候，进程再次获得被调度执行的机会，然后继续之前的执行流程。

图 2-8 描述了进程在进行 I/O 操作时触发进程调度的过程，具体如下。

```
步骤 1：进程 A 调用 read，进入内核态。
步骤 2.1：处于内核态的进程 A 触发 DMA 后继续执行，DMA 开始从磁盘读数据到内存。
步骤 2.2：处于内核态的进程 A 在准备返回用户态前，会触发一次进程调度，结果调度器选择了进程 B，于是
```

返回用户态时，CPU 执行的不是进程 A，而是进程 B。

步骤 3.1：当 DMA 完成数据传送时，给 CPU 发出中断信号，从而让正在运行的进程 B 停止，并陷入内核态。

步骤 3.2：进程 B 因为 DMA 中断而陷入内核态。

步骤 4： CPU 在处理完 DMA 中断后准备返回进程 B 的用户态时，再次触发一次进程调度，这一次被选中的是进程 A，进程 A 返回用户态继续运行。

步骤 5：进程 A 在处理完 read 返回的数据后，调用 write 函数将结果写入磁盘，此时再次进入内核态。

之后，步骤 6.1~ 步骤 8 的过程就与 2.1~ 步骤 8 的过程类似了。

从上面线程执行 I/O 系统调用的过程可以看出，当线程执行 I/O 操作时，线程本身并不会因等待 I/O 返回而阻塞，而是由操作系统将其暂时调度出去，让其他线程使用 CPU。因此，当大量线程进行 I/O 请求时，这些 I/O 请求都会被触发，使 I/O 任务被安排得满满的，从而尽可能充分地利用了 I/O 资源。操作系统采取这种调度策略的主要考虑是能更加充分地使用 CPU 资源，同时如果 I/O 请求较多，则 I/O 资源也会被充分利用，所以操作系统这样做是非常合理的。只不过，如果线程过多，则操作系统将频繁地进行线程调度和上下文切换，耗费过多的 CPU 时间，而执行有效计算的时间变少，造成另一种形式的 CPU 资源浪费。

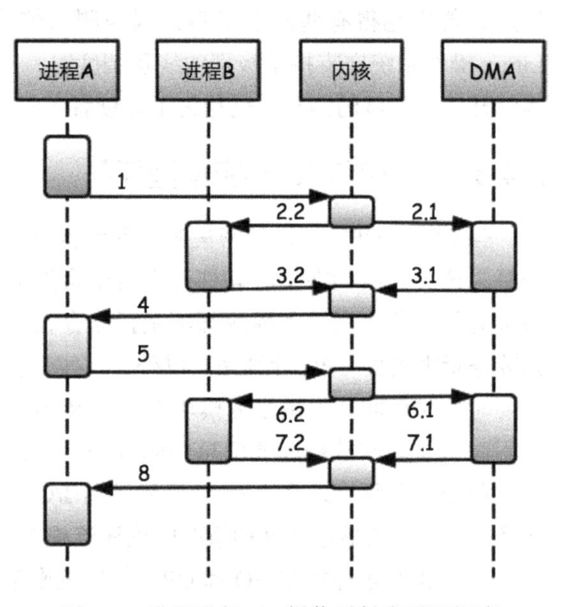

图 2-8　进程进行 I/O 操作时触发进程调度

所以，针对 I/O 和 CPU 都密集型任务的优化思路是尽可能地让 CPU 不把时间浪费在等待 I/O 完成上，同时尽可能地减少操作系统进行上下文切换的耗时。在本章接下来的 3 节中，我们将讨论 3 种实现这种优化思路的方法。

### 2.4.4　纤程

前面提到，使用更多的线程可以让 CPU 尽可能地不把时间浪费在等待 I/O 完成上，但过多的线程又会引起更频繁的上下文切换。那有没有一种类似于线程，在碰到 I/O 调用时不会阻塞，能够让出 CPU 执行其他计算，等 I/O 数据准备好了再继续执行，同时还不占用过多 CPU 在线程调度和上下文切换的办法呢？

有！这就是纤程（fiber），也叫作协程（coroutine）。图 2-9 是纤程的工作原理，纤程是一种用户态的线程，其调度逻辑在用户态实现，从而避免了过多地进出内核态进行进程调度和上下文切换。事实上，纤程才是最理想的线程！那纤程是怎样实现的呢？就像线程一样，关键是要在执行过程中，能够在恰当的时刻和恰当的地方被中断，然后调度出去，

CPU 让给其他线程使用。先来考虑 I/O，前面说到进程执行 I/O 操作时，一定会不可避免地提供给操作系统一次调度它的机会，但问题的关键不是避免 I/O 操作，而是避免过多的线程调度和上下文切换。我们可以将 I/O 操作委托给少量固定线程，使用其他少量线程负责 I/O 状态检查和纤程调度，再用适量线程执行纤程，这样就可以大量创建纤程，而且只需要少量线程即可。

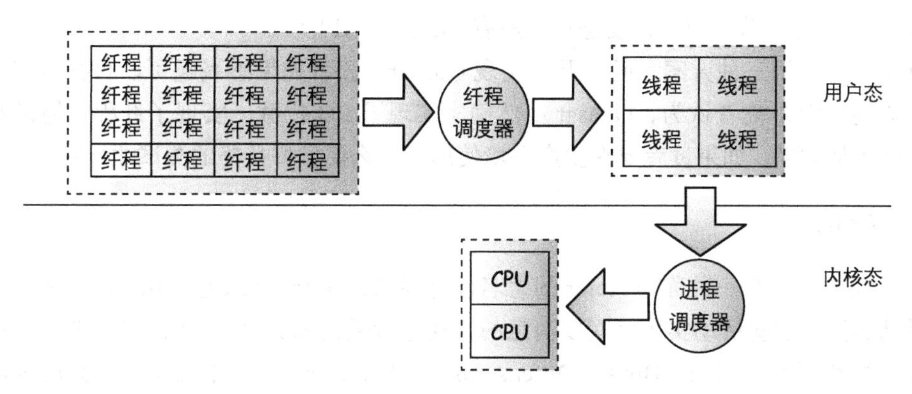


图 2-9　纤程的工作原理

回想下之前 Tomcat NIO 连接器的实现机制，是不是这种纤程的实现机制和 Tomcat NIO 连接器的工作机制有异曲同工之妙？事实上正是如此，理论上讲，纤程才是将异步执行过程封装得最好的方案。因为它封装了所有异步复杂性，在提供同步 API 便利性的同时，还拥有非阻塞 I/O 的一切优势！

更进一步讲，最理想的纤程应该完全像线程那样，连 CPU 的执行都不阻塞。也就是说，纤程在执行非 I/O 操作的时候，也能够随时被调度出去，让 CPU 执行其他纤程。这样做是可能的，但需要 CPU 中断支持，或者通过特殊手段在程序的特定地方安插调度点。线程的调度在内核态完成，可以直接得到 CPU 中断支持。但位于用户态的纤程要得到中断支持相对会更加烦琐，需要进出内核态，这就再次需要频繁进出内核，严重降低了性能。所以，通常而言，用户态的纤程只会做到 I/O 执行非阻塞，CPU 执行依旧阻塞。当然，有些纤程的实现方案（如 Python 中的绿色线程）提供了主动让出 CPU 给其他程序片段执行的方法。这种在程序逻辑中主动让出 CPU 调度其他程序片段执行的方案，虽然只是由开发人员在编写代码时自行控制的，但也算是对实现 CPU 非阻塞执行的尝试了。

既然纤程有这么多好处，提供同步 API 的同时拥有非阻塞 I/O 的性能，可以大量创建而不用增加操作系统调度开销，这样不管多么复杂的逻辑只需要放在纤程里，然后起个几十万甚至上百万个纤程，不就可以轻松做到高并发、高性能了？一切都很美好是不是？可是为什么到现在为止，我们大多数 Java 开发人员还没有用上纤程呢？或者说，为什么至少在 Java 的世界里，时至今日纤程还没有大行其道呢？这是一个比较尴尬的现状。从前面的分析中我们知道，实现纤程的关键在于进程执行 I/O 操作时拦截住 CPU 的执行流程。那怎样拦截呢？这就用到我们常说的AOP（Aspect Oriented Programming，面向切面编程）技术了。在纤程上对所有与I/O操作相关的函数进行AOP拦截，给调度器提供调度纤程的机会。在JVM平台上，可以在3个层面进行拦截。

- 修改JVM源码，在JVM层面拦截所有I/O操作API。
- 修改JDK源码，在JDK层面拦截所有I/O操作API。
- 采用动态字节码技术，动态拦截所有I/O操作API。

其中，对于第三种方案，已有开源实现Quasar，读者如果感兴趣可以自行研究，在此不展开叙述。但是笔者认为，Quasar虽然确实实现了I/O拦截，实现了纤程，但是对代码的侵入性还是太强，如果读者要在生产环境使用，那么要做好严格的测试才行。

### 2.4.5 Actor

在纤程之上，有一种称为Actor的著名设计模式。Actor模式是指用Actor来表示一个个的活动实体，这些活动实体之间以消息的方式进行通信和交互。Actor模式非常适用的一种场景是游戏开发。例如，DotA（Defense of the Ancients）游戏中的每个小兵就可以用一个个的Actor表示。如果要小兵去攻击防御塔，就给这个小兵Actor发送一条消息，让其移动到塔下，再发送一条消息，让其攻击塔。当然Actor设计模式本身不只是为了游戏开发而诞生，它是一种通用、应对大规模并发场景的系统设计方案。最有名的Actor系统非Erlang莫属，而Erlang系统正是构建在纤程之上。再如Quasar也有自己的Actor系统。

并非所有的Actor系统都构建在纤程之上，如JVM平台的Actor系统实现Akka。由于Akka不是构建在纤程上，它在I/O阻塞时也只能依靠线程调度出去，所以Akka使用的线程也不宜过多。虽然在Akka里面能够创建上万甚至上百万个Actor，但这些Actor被分配在少数线程里面执行。如果Akka Actor的I/O操作较多，则势必分配在同一个线程中的Actor会出现排队和等待现象。排在后面的Actor只能等前面的Actor完成I/O操作和计算后才能被执行，这极大地影响了程序的性能。虽然Akka采用ForkJoinPool的work-stealing工作机制，可以让一个线程从其他线程的Actor队列获取任务执行，对Actor的阻塞问题有一定缓解，但这并没有从本质上解决问题。究其原因，正是因为Akka使用的是线程而非纤程。线程过多造成性能下降，限制了Akka系统不能像基于纤程的Actor系统那样给每个Actor分配

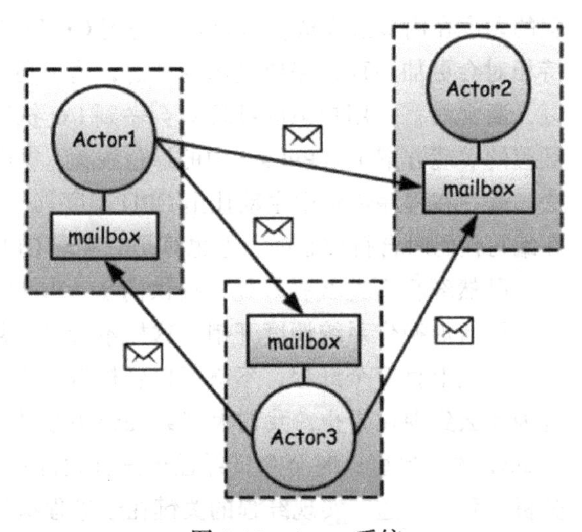


图2-10　Actor系统

一个纤程，而只能是多个 Actor 共用同一个线程。不过如果 Actor 较少，每个 Actor 都能分配到一个线程的话，那么使用线程和使用纤程的差别就不是非常明显了。

必须强调的是，如果 Actor 是基于线程构建的，那么在存在大量 Actor 时，Actor 的代码逻辑就不宜做过多 I/O，甚至是 sleep 操作。当然大多数情况下，I/O 操作是难以避免的。为了减少 I/O 对其他 Actor 的影响，应尽量将涉及 I/O 操作的 Actor 与其他非 I/O 操作的 Actor 隔离开。给涉及 I/O 操作的 Actor 分配专门的线程，不让这些 Actor 和其他非 I/O 操作的 Actor 分配到相同的线程。

### 2.4.6 NIO 配合异步编程

除了纤程外，还有没有方法能够同时保证 CPU 资源和 I/O 资源都能高效使用呢？当然有。前面说到纤程是封装得最好的非阻塞 I/O 方案。所以，如果不用纤程，那就直接使用非阻塞 I/O，再结合异步编程，可以充分发挥出 CPU 和 I/O 的能力。

何为异步呢？举一个生活中的例子。当我们做饭时，在把米和水放到电饭锅并按下电源开关后，我们不会傻乎乎地站在一旁等着米饭煮熟，而是会利用这段时间去做一些其他事情，如洗菜、炒菜。当米饭煮熟后，电饭锅会发出嘟嘟的声音——通知我们米饭已经煮好，我们这才会去开锅盛饭。同时，这个时候我们的菜肴也差不多做好了。在这个例子中，我们没有等待电饭锅煮饭，而是让其在饭熟后提醒我们，这种做事方式就是“异步”的。反过来，如果我们一直等到米饭煮熟后再做菜，这就是“同步”的做事方式。如果对应到程序中，我们的角色就相当于 CPU，电饭锅煮饭的过程就相当于一次耗时的 I/O 操作，而炒菜的过程就相当于在执行一段算法。很显然，异步的方式能更加有效地使用 CPU 资源。

针对异步编程，在 Java 8 之前，ExecutorService 类提供了初步的异步编程支持。在 ExecutorService 的接口方法中，execute( ) 用于异步执行任务且无须等待执行返回，属于完全异步方案。submit( ) 则用于异步执行任务但同步等待执行结果，属于半异步半同步方案。图 2-11 演示了 submit( ) 和 execute( ) 的执行原理。submit( ) 从单个线程中一次性提交多个任务，每个任务分别被一个线程执行，从而实现了任务的多核并行执行。execute( ) 则将任务分成多个步骤后，依次提交给负责每个步骤的线程执行，将执行的过程流水线化。从图 2-11 中可以很直观地发现，流水线化后的 CPU 被使用得更加充分，因为代表任务执行的线段更加密集。

来自 Google 的第三方 Java 库 Guava 提供了更好的异步编程方案。特别是其中的 SettableFuture 类，在 Future 基础上提供了回调机制，初步实现了方便、好用的链式异步编程 API。

受到诸多优秀异步编程方案的启发和刺激后，在 Java 8 中 JVM 平台迎来了全新的异步编程方法，即 CompletableFuture 类。可以说，CompletableFuture 类汇集了各种异步编程的场景和需求，是异步编程 API 的集大成者，而且还在继续完善中。强烈建议读者仔细阅读 CompletableFuture 类的 API 文档，这会对理解和编写高性能程序有极大帮助。本书后面的章节也会讲解并运用到 CompletableFuture 类。

除了这些偏底层的异步编程方案外，还有很多更高级和抽象的异步编程框架，如 Akka、Vert.x、Reactive、Netty 等。这些框架大多基于事件或消息驱动，抛开各种不同的表现形式，从某种意义上来讲，异步和事件（或消息）驱动这两个概念是等同的。

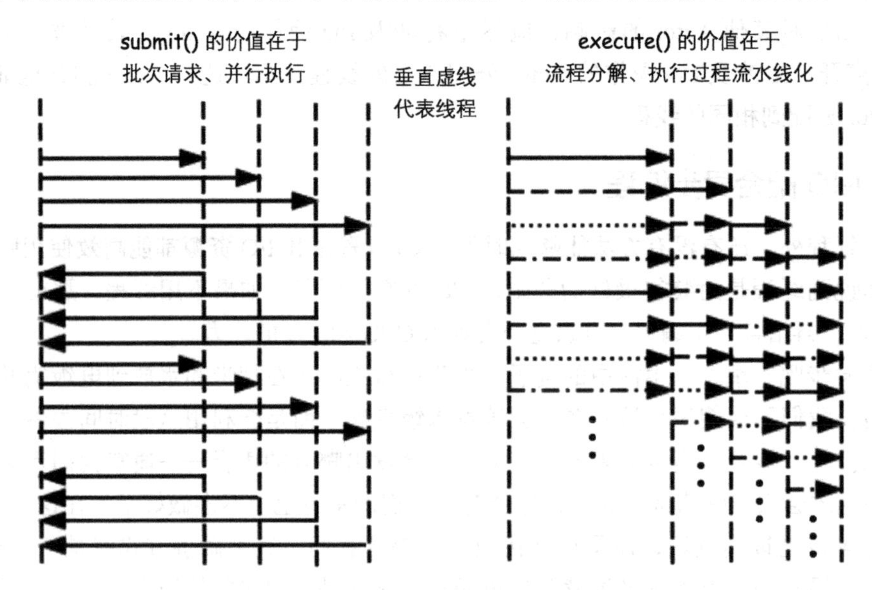


图 2-11　submit( ) 和 execute( ) 的执行原理

## 2.5　使用 Netty 实现数据采集服务器

为了更好地讲解如何结合 NIO 和异步编程以实现支持高并发、高性能的数据采集服务器，本节采用 Netty 框架重构数据采集服务器。Netty 是一个基于 NIO 的异步事件驱动网络应用框架，用于快速开发具有可维护性的高性能协议服务器和客户端。Netty 中的一些概念和设计模式有些复杂，但是非常有用，初次接触 Netty 的读者还是需要对其有所了解。

可以说，Netty 把 NIO 和异步编程的哲学发挥到了淋漓尽致。在 Netty 中，几乎所有涉及网络操作的地方均采用异步回调的方式。图 2-12 展示了 Netty 的工作原理。首先，Netty 用 reactor 线程监听 ServerSocketChannel，每个 ServerSocketChannel 对应一个实际的端口。如果需要监听多个端口，则需要为 reactor 线程池配置多个线程。当 reactor 线程监听的 ServerSocketChannel 监测到连接请求事件（OP_ACCEPT）时，就为接收到的连接套接字建立一个 SocketChannel，并将该 SocketChannel 委托给工作线程池中的某个工作线程做后续处理。之后，当工作线程监测到 SocketChannel 上有数据可读（OP_READ）时，就调用相关的回调句柄（handler）对数据进行读取和处理，并返回最终的处理结果。另外，在 Netty 相关代码中，通常将 reactor 线程池称为 boss group，而将工作线程池称为 work group，大家在阅读 Netty 相关代码时知晓这两个概念即可。

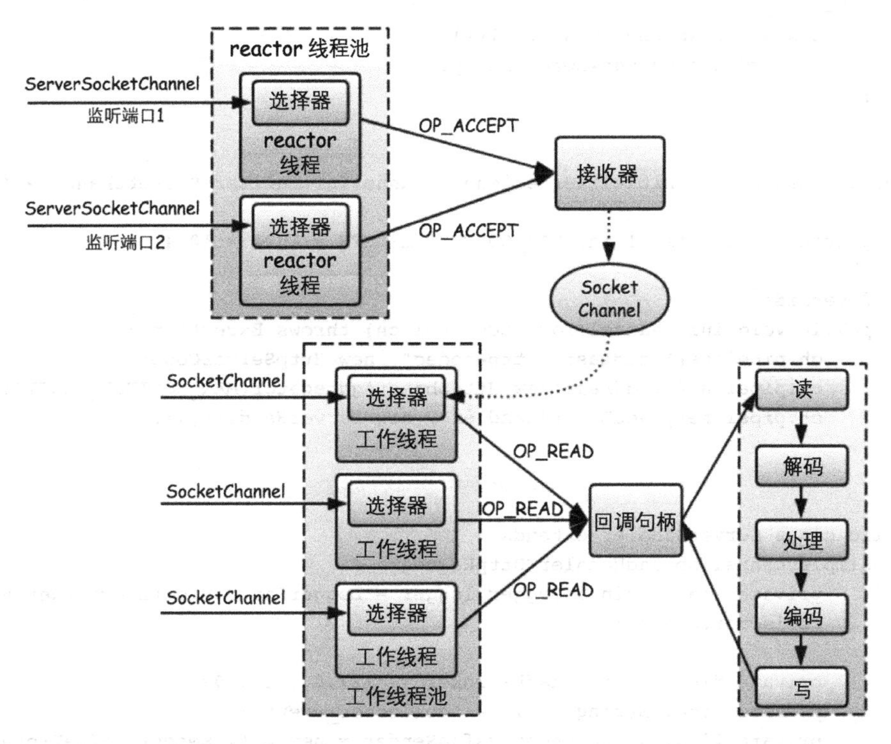


图 2-12　Netty 的工作原理

## 2.5.1　使用 Netty 实现数据采集 API

下面我们使用 Netty 来实现数据采集服务器。

```
public static void main(String[] args) {
    final int port = 8081;
    final EventLoopGroup bossGroup = new NioEventLoopGroup(1);
    final EventLoopGroup workerGroup = new NioEventLoopGroup();
    try {
        final ServerBootstrap bootstrap = new ServerBootstrap()
                .group(bossGroup, workerGroup)
                .channel(NioServerSocketChannel.class)
                .childHandler(new ServerInitializer())
                .option(ChannelOption.SO_BACKLOG, 1024);

        final ChannelFuture f = bootstrap.bind(port).sync();
        logger.info(String.format("NettyDataCollector: running on port[%d]",
        port));

        f.channel().closeFuture().sync();
    } catch (final InterruptedException e) {
```

```
        logger.error("NettyDataCollector: an error occurred while running", e);
    } finally {
        bossGroup.shutdownGracefully();
        workerGroup.shutdownGracefully();
    }
}

public class ServerInitializer extends ChannelInitializer<SocketChannel> {

    private static final int MAX_CONTENT_LENGTH = 1024 * 1024;

    @Override
    public void initChannel(SocketChannel ch) throws Exception {
        ch.pipeline().addLast("http-codec", new HttpServerCodec());
        ch.pipeline().addLast(new HttpObjectAggregator(MAX_CONTENT_LENGTH));
        ch.pipeline().addLast("handler", new ServerHandler());
    }
}

public class ServerHandler extends
    SimpleChannelInboundHandler<HttpRequest> {
        private static final Logger logger = LoggerFactory.getLogger(NettyData
        Collector.class);

        private final String kafkaBroker = "127.0.0.1:9092";
        private final String topic = "collector_event";
        private final KafkaSender kafkaSender = new KafkaSender(kafkaBroker);

        private JSONObject doExtractCleanTransform(JSONObject event) {
        // TODO: 实现抽取、清洗、转化具体逻辑
        return event;
    }

    @Override
    protected void channelRead0(ChannelHandlerContext ctx, HttpRequest req)
            throws Exception {

        byte[] body = readRequestBodyAsString((HttpContent) req);
        // step1: 对消息进行解码
        JSONObject bodyJson = JSONObject.parseObject(new String(body, Charsets.
        UTF_8));

        // step2: 对消息进行抽取、清洗、转化
        JSONObject normEvent = doExtractCleanTransform(bodyJson);

        // step3: 将格式规整化的消息发送到消息中间件Kafka
        kafkaSender.send(topic, normEvent.toJSONString().getBytes(Charsets.
        UTF_8));

        // 通知客户端数据采集成功
```

```
        sendResponse(ctx, OK, RestHelper.genResponse(200, "ok").toJSONString());
    }
}
```

在上面的代码中，我们分别在 boss group 和 work group 中设置了一个和两倍 CPU 核数的线程数。在 Netty 服务器只监听一个端口时，启用一个 ServerBootstrap 实例即可，这时 boss group 也只需配置一个线程，更多的线程并不会提升性能。而如果 Netty 服务器启动多个端口，则需要为每一个端口启动一个 ServerBootstrap 实例，并最好给 boss group 配置与端口数相同的线程数，更多的线程不会提升性能，更少的线程则会降低性能。

在工作线程的回调处理过程中，我们使用 HttpServerCodec 将接收的数据按照 HTTP 格式解码，解码后的数据再交由 ServerHandler 处理，之后的处理逻辑就与用 Spring Boot 实现数据采集服务器的处理逻辑相同了。

### 2.5.2　异步编程

Netty 实现的数据采集服务器在处理网络 I/O 时，充分发挥出了异步的潜力，但是不是这样就让 CPU 和 I/O 的能力彻底释放出来了呢？这可不一定。仔细查看前面的实现过程会发现，虽然采用 NIO 使请求的接收和请求的处理隔离开了，但是在处理请求的时候依然使用的是同步方式。也就是说，对消息读取、解码、ECT、发送至消息中间件及最终将结果返回给客户端这全部的步骤都是在工作线程中依次执行完成的，并且我们只给 work group 分配了两倍于 CPU 核心数的线程数。很明显，这种处理逻辑还是将网络 I/O 数据读取的过程与具体请求处理的过程耦合起来了。我们可以通过增加 work group 线程数的方式来提升服务器的处理能力，但显然这不是正确的方法。毕竟 Netty 花了九牛二虎之力为我们构建了异步处理网络 I/O 事件的完整框架，但到最后我们依旧用耗时的同步处理逻辑阻塞了本应该用于快速处理网络读写事件的工作线程，严重影响工作线程处理网络读写事件的效率，实在是暴殄天物了！

所以，我们应该将请求处理的逻辑从工作线程的职责中剥离出来，让工作线程专心于处理网络读写事件，而用其他线程来执行请求的处理逻辑。图 2-13 就说明了这种异步方案。

下面我们就来看看如何将请求处理改造成异步执行的方式。

```
private static class RefController {
    private final ChannelHandlerContext ctx;
    private final HttpRequest req;

    public RefController(ChannelHandlerContext ctx, HttpRequest req) {
        this.ctx = ctx;
        this.req = req;
    }

    public void retain() {
```

```
        ReferenceCountUtil.retain(ctx);
        ReferenceCountUtil.retain(req);
    }

    public void release() {
        ReferenceCountUtil.release(req);
        ReferenceCountUtil.release(ctx);
    }
}

protected void channelRead0(ChannelHandlerContext ctx, HttpRequest req)
        throws Exception {
    logger.info(String.format("current thread[%s]", Thread.currentThread().
    toString()));
    final RefController refController = new RefController(ctx, req);
    refController.retain();
    CompletableFuture
            .supplyAsync(() -> this.decode(ctx, req), this.decoderExecutor)
            .thenApplyAsync(e -> this.doExtractCleanTransform(ctx, req, e),
            this.ectExecutor)
            .thenApplyAsync(e -> this.send(ctx, req, e), this.senderExecutor)
            .thenAccept(v -> refController.release())
            .exceptionally(e -> {
                try {
                    logger.error("exception caught", e);
                    sendResponse(ctx, INTERNAL_SERVER_ERROR,
                            RestHelper.genResponseString(500, "服务器内部错误"));
                    return null;
                } finally {
                    refController.release();
                }
            });
}
```

在上面的代码中，channelRead0 函数的输入参数是一个 ChannelHandlerContext 对象和一个 HttpRequest 对象，它们针对每次的请求处理而创建，所以并非全局的，可以在不同线程间自由地传递和使用它们，并且不用担心并发安全的问题。

虽然 channelRead0 函数依旧在工作线程中被执行，但是这个函数是将具体的处理逻辑委托给其他线程后就立刻返回了。channelRead0 函数执行的耗时极短，不会影响工作线程继续快速处理其他的网络读写事件。

我们将请求的处理逻辑细分为解码、ECT 和发送到消息队列 3 个步骤，然后使用 CompletableFuture 的各种异步执行 API 将这 3 个步骤构造成异步执行链。具体来说，首先使用 supplyAsync 方法将解码过程委托给专门的解码执行器 decoderExecutor。然后连续使用两次 thenApplyAsync 指定当解码和 ECT 结束之后，分别委托给 ectExecutor 和 senderExecutor 执行器进行 ETL 和发送。最后由 thenAccept 指定当 ETL 完成时，由发送执行器将数据发送给消息中间件。以上整个过程都只是在制订异步执行的计划，不涉及真实的执行过程，所以 channelRead0 耗时极少，可以立刻返回。

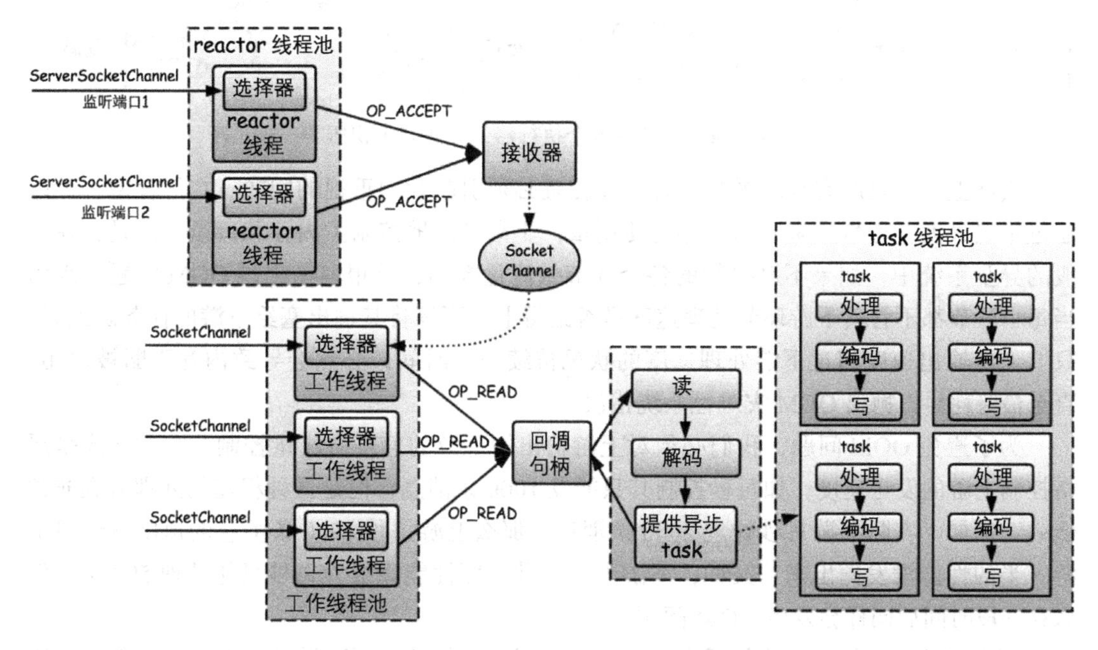


图 2-13 将回调句柄由同步改成异步执行

由于 Netty 会对其使用的部分对象进行分配和回收管理，在 channelRead0 方法返回时，Netty 框架会立刻释放 HttpRequest 对象。而 channelRead0 方法将请求提交异步处理后立刻返回，此时请求处理可能尚未结束。因此，在将请求提交异步处理之前，必须先调用 refController.retain( ) 来保持对象，而在请求处理完后，再调用 refController.release( ) 来释放 HttpRequest 对象。

## 2.5.3 流量控制和反向压力

上面的改造已经将请求处理的过程彻底异步化，至此 CPU 和 I/O 才可以毫无阻碍地尽情“干活”，它们的生产力得到充分解放。但是，有关异步的问题还没有彻底解决。

由于请求处理使用了异步执行方案，请求的具体逻辑实际上交由各个步骤的执行器（executor）进行处理。这个过程中没有任何阻塞的地方，只不过各个步骤待处理的任务都被隐式地存放在了各个执行器的任务队列中。如果各执行器处理得足够快，那么它们的任务队列都能被及时消费，这样不会存在问题。但是，一旦某个步骤的处理速度比不上请求接收线程接收新请求的速度，那么必定有部分执行器任务队列中的任务会不停增长。由于执行器任务队列默认是非阻塞且不限容量的，这样当任务队列积压的任务越来越多时，终有一刻，JVM 的内存会被耗尽，抛出 OOM 系统错误后程序异常退出。图 2-14 说明了这种问题。

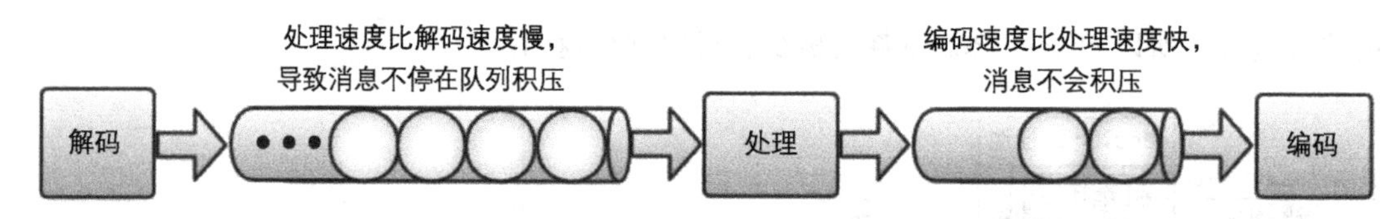


图 2-14　任务在各个执行器任务队列中积压

实际上，这是所有异步系统都普遍存在且必须引起我们重视的问题。在纤程中，可以通过指定最大纤程数量来限制内存的使用量，非常自然地控制了内存和流量。但是，在一般的异步系统中，如果不对执行的各个环节做流量控制，就很容易出现 OOM 问题。因为当每个环节都不管其下游环节处理速度是否跟得上，不停将其输出塞给下游的任务队列时，只要上游输出速度超过下游处理速度的状况持续一段时间，必然会导致内存不断被占用，直至最终耗尽，抛出 OOM 灾难性系统错误。

为了避免 OOM 问题，我们必须对上游输出给下游的速度做流量控制。一种方式是严格控制上游的发送速度，如每秒控制其只能发 1000 条消息，但是这种粗糙的处理方案非常低效。例如，实际下游每秒处理 2000 条消息，那么上游每秒 1000 条消息的速度就使得下游一半的性能没发挥出来。又如，下游因为某种原因性能降级为每秒只能处理 500 条，那么在一段时间后同样会发生 OOM 问题。

更优雅的一种解决方法是反向压力方案，即上游能够根据下游的处理能力动态调整输出速度。当下游处理不过来时，上游就减慢发送速度；当下游处理能力提高时，上游就加快发送速度。反向压力方案的思想实际上正逐渐成为流计算领域的共识，如与反向压力相关的标准 Reactive Streams 正在形成过程中。图 2-15 演示了 Reactive Streams 的工作原理，下游的消息订阅者从上游的消息发布者接收消息前，会先通知消息发布者自己能够接收多少消息，消息发布者之后就按照这个数量向下游的消息订阅者发送消息。这样，整个消息传递的过程都是量力而行的，不存在上下游处理能力不匹配造成的 OOM 问题了。

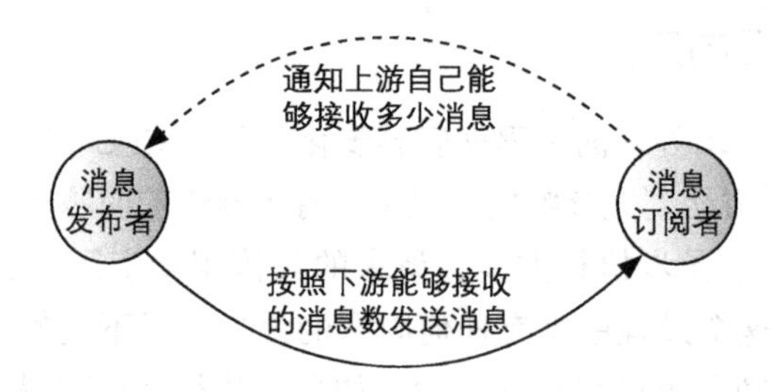


图 2-15　Reactive Streams 的工作原理

## 2.5.4　实现反向压力

回到 Netty 数据采集服务器的实现问题，那该怎样加上反向压力功能呢？

由于请求接收线程接收的新请求及其触发的各项任务被隐式地存放在各步骤的执行器

任务队列中，并且执行器默认使用的任务队列是非阻塞和不限容量的，因此要加上反向压力功能，只需要从以下两个方面来控制。

- ❑ 执行器任务队列容量必须有限。
- ❑ 当执行器任务队列中的任务已满时，就阻塞上游继续向其提交新的任务，直到任务队列重新有空间可用为止。

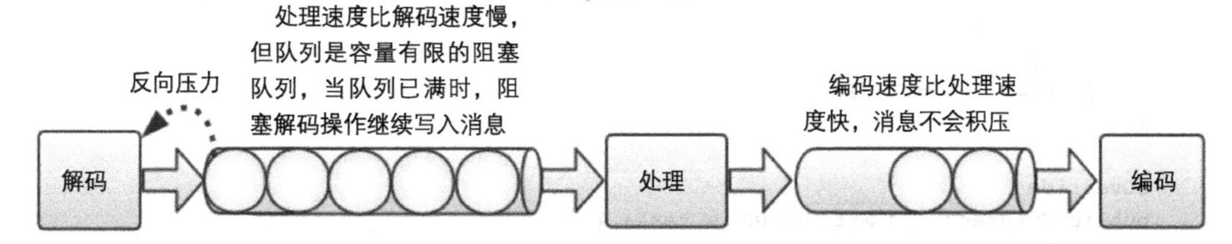


图 2-16　使用容量有限的阻塞队列实现反向压力

按照上面这种思路，我们可以很容易地实现反向压力。图 2-16 展示了使用容量有限的阻塞队列实现反向压力的过程，当“处理”这个步骤比“解码”步骤慢时，位于“处理”前的容量有限的阻塞队列会被塞满。当“解码”操作继续要往其写入消息时，就会被阻塞，直到“处理”操作从队列中取走消息为止。下面是一个具备反向压力能力的 ExecutorService 的具体实现细节。

```
private final List<ExecutorService> executors;
private final Partitioner partitioner;
private Long rejectSleepMills = 1L;

public BackPressureExecutor (String name, int executorNumber, int coreSize, int
maxSize, int capacity, long rejectSleepMills) {
    this.rejectSleepMills = rejectSleepMills;
    this.executors = new ArrayList<>(executorNumber);
    for (int i = 0; i < executorNumber; i++) {
        ArrayBlockingQueue<Runnable> queue = new ArrayBlockingQueue<>(capacity);
        this.executors.add(new ThreadPoolExecutor(
                coreSize, maxSize, 0L, TimeUnit.MILLISECONDS,
                queue,
                new ThreadFactoryBuilder().setNameFormat(name + "-" + i + "-%d").
                build(),
                new ThreadPoolExecutor.AbortPolicy()));
    }
    this.partitioner = new RoundRobinPartitionSelector(executorNumber);
}

@Override
public void execute(Runnable command) {
    boolean rejected;
    do {
        try {
```

```
                rejected = false;
                executors.get(partitioner.getPartition()).execute(command);
            } catch (RejectedExecutionException e) {
                rejected = true;
                try {
                    TimeUnit.MILLISECONDS.sleep(rejectSleepMills);
                } catch (InterruptedException e1) {
                    logger.warn("Reject sleep has been interrupted.", e1);
                }
            }
        } while (rejected);
    }

    @Override
    public Future<?> submit(Runnable task) {
        boolean rejected;
        Future<?> future = null;
        do {
            try {
                rejected = false;
                future = executors.get(partitioner.getPartition()).submit(task);
            } catch (RejectedExecutionException e) {
                rejected = true;
                try {
                    TimeUnit.MILLISECONDS.sleep(rejectSleepMills);
                } catch (InterruptedException e1) {
                    logger.warn("Reject sleep has been interrupted.", e1);
                }
            }
        } while (rejected);
        return future;
    }
```

在上面的代码中，BackPressureExecutor类在初始化时新建ThreadPoolExecutor对象作为实际执行任务的执行器。创建ThreadPoolExecutor对象时采用ArrayBlockingQueue，这是实现反向压力的关键之一。将ThreadPoolExecutor拒绝任务时采取的策略设置为AbortPolicy，这样在任务队列已满再执行execute或submit方法时会抛出RejectedExecutionException异常。在execute和submit方法中，通过一个do... while循环，循环体内捕获表示任务队列已满的RejectedExecutionException异常，直到新任务提交成功才退出，这是实现反向压力的关键之二。

接下来就可以在数据采集服务器中使用这个带有反向压力功能的MultiQueueExecutor-Service了。

```
final private Executor decoderExecutor = new BackPressureExecutor("decoderExec
utor",
        1, 2, 1024, 1024, 1);
final private Executor ectExecutor = new BackPressureExecutor("ectExecutor",
```

```
        1, 8, 1024, 1024, 1);
final private Executor senderExecutor = new BackPressureExecutor("senderExec
utor",
        1, 2, 1024, 1024, 1);


@Override
protected void channelRead0(ChannelHandlerContext ctx, HttpRequest req)
        throws Exception {
    logger.info(String.format("current thread[%s]", Thread.currentThread().
    toString()));
    final RefController refController = new RefController(ctx, req);
    refController.retain();
    CompletableFuture
            .supplyAsync(() -> this.decode(ctx, req), this.decoderExecutor)
            .thenApplyAsync(e -> this.doExtractCleanTransform(ctx, req, e),
            this.ectExecutor)
            .thenApplyAsync(e -> this.send(ctx, req, e), this.senderExecutor)
            .thenAccept(v -> refController.release())
            .exceptionally(e -> {
                try {
                    logger.error("exception caught", e);
                    if (RequestException.class.isInstance(e.getCause())) {
                        RequestException re = (RequestException) e.getCause();
                        sendResponse(ctx, HttpResponseStatus.valueOf(re.
                        getCode()), re.getResponse());
                    } else {
                        sendResponse(ctx, INTERNAL_SERVER_ERROR,
                                RestHelper.genResponseString(500, "服务器内部错误"));
                    }
                    return null;
                } finally {
                    refController.release();
                }
            });

}
```

从上面的代码可以看出，我们只需把 decode、doExtractCleanTransform 和 send 等各个步骤用到的执行器替换成 BackPressureExecutor，即可实现反向压力功能，其他部分的代码不需要做任何改变。

通过以上改造，当上游步骤往下游步骤提交新任务时，如果下游处理较慢，则上游会停下来等待，直到下游将执行器队列中的任务取走，上游才能继续提交新任务。如此一来，上游自动匹配下游的处理速度，最终实现了反向压力功能。

在 BackPressureExecutor 的实现中，之所以采用封装多个执行器的方式，是考虑到要使用 M × N 个线程，有下面 3 种不同的使用场景。

- 每个执行器使用 1 个线程，使用 M × N 个执行器；

- ❑ 每个执行器使用 M×N 个线程，使用 1 个执行器；
- ❑ 每个执行器使用 M 个线程，使用 *N* 个执行器。

在不同场景下，3 种使用方式的性能表现也会稍有不同。读者如果需要使用这个类，请根据实际场景做出合理设置和必要测试。

### 2.5.5 异步的不足之处

在前面有关异步的讨论中，我们总在“鼓吹”异步比同步更好，能够更有效地使用 CPU 和 I/O 资源，提高程序性能。那是不是同步就一无是处，而异步毫无缺点呢？其实不然。从一开始我们就说过，理论上讲纤程是最完美的线程。纤程虽然在内部使用异步机制实现，但基于纤程开发程序只需采用同步的方式，完全不需要考虑异步问题。这说明我们在程序开发的时候，并不是为了异步而异步，而是为了提高资源使用效率、提升程序性能才使用异步的。如果有纤程这种提供同步编程方式，而且保留非阻塞 I/O 优势的方案，那么我们大可不必选择异步编程方式。毕竟通常情况下，异步编程相比同步编程复杂太多，稍有不慎就会出现各种问题，如资源泄漏和反向压力等。

除了编程更复杂外，异步方式相比同步方式，对同一个请求的处理也会有更多的额外开销。这些开销包括任务在不同步骤（也就是不同线程）之间的辗转、在任务队列中的排队和等待等。所以，对于一次请求的完整处理过程，异步方式相比同步方式通常会花费更多的时间。

还有些时候，系统会更加强调请求处理的时延。这时一定要注意，应该先保证处理的时延能够达到性能指标要求，在满足时延要求的情况下，再尽可能提升每秒处理请求数。这是因为，在 CPU 和 I/O 等资源有限的情况下，为了提升每秒处理请求数，CPU 和 I/O 都应尽可能处于忙碌状态，这就需要用到类似于异步编程中用任务队列缓存未完成任务的方法。这样做的结果是，系统每秒处理的请求数可能通过拼命“压榨”CPU 和 I/O 得到了提升，但同时各个环节任务队列中的任务过多，增加了请求处理的时延。因此，如果系统强调的是请求处理的时延，那么异步方式几乎不会对降低请求处理时延带来任何好处。这时只能先通过优化算法和 I/O 操作来降低请求处理时延，然后通过提高并行度以提升系统每秒处理的请求数。提高并行度既可以在 JVM 内实现，也可以在 JVM 外实现。在 JVM 内增加线程数，直到再增加线程时处理时延满足不了时延指标要求为止；在 JVM 外，在多个主机上部署多个 JVM 进程，直到整个系统的每秒请求处理数满足 TPS 指标要求为止。需要注意的是，在提高并行度的整个过程中，任何时候都必须保证请求处理的时延是满足时延指标要求的。

## 2.6 本章小结

本章围绕着数据采集模块，详细分析了 NIO 和异步编程相关的问题。当读者读到这里的时候可能会感到疑惑，本书的主题是实时流计算，但到目前为止，讨论最多的却是异步和 NIO，是不是跑题了？其实不然，“流”与“异步”之间存在千丝万缕的关系，“流”是“异步”的一种重要表现方式，“异步”则是“流”在执行时的内禀性质。现在流式编程越来越流行，一方面是因为“流”本身是对真实世界事件发生过程的自然表示，另一方面则是由于“流”在内部执行时是异步和并行的，能最大限度提高资源使用效率，提高程序执行性能。在前面讲解有关异步编程的内容时，我们已经非常自然地使用诸如“上游”“下游”这些很明显有关“流”的概念了。可以说，理解透彻 NIO 和异步是编写高性能程序的基础，即使不实现流计算系统，这些知识也会非常有用。以上正是本章如此着重讨论 NIO 和异步的原因所在。

在接下来的章节中，我们将详细地讲解如何以流的方式来设计和实现金融风控系统中的特征提取模块。在此过程中，我们会更加真切地体会到流和异步这两种编程方式的异曲同工之妙！

# 第 3 章　实现单节点流计算应用

在第 2 章中，我们实现了互联网金融风控系统的数据采集模块。在本章中，我们接着实现风控场景下的特征提取模块。我们先以“流”的方式来实现，然后采用 Java 8 中的 CompletableFuture 异步编程框架实现同样的逻辑。通过对比这两种实现方式在本质上的一致性，我们将更加深刻地理解“流”和“异步”的相通之处。

常言道，万丈高楼平地起。在开始研究分布式流计算应用前，我们先从最基本的单节点流计算应用分析开始，这将让我们更加聚焦于分析和讨论“流”这种计算模式的本质。所以，本章将围绕怎样构造一个单节点的实时流计算应用展开，在后续的章节中，我们再继续讨论如何将单节点的实时流计算应用扩展为分布式系统。在基于我们自己构造的流计算框架实现特征提取模块后，本章还将讨论如何对这样一个实时流计算应用进行针对性的性能优化。性能调优一方面可以提升实时流计算系统的性能，另一方面能够让我们更加深刻地理解高性能编程之道。

## 3.1　自己动手写实时流计算框架

互联网金融风控系统的一个重要目标是判断贷款对象的信用风险和欺诈风险。评估信用风险和欺诈风险会用到风控模型，如评分卡、统计学习模型和机器学习模型等。风控模型的输入是各种各样的特征，如年龄、性别、学历、登入时间频率、登入空间频率、借款金额、修改个人信息的次数等。因此，在进行风险判断前，我们需要进行特征提取。在笔者曾经参与的一个风控系统项目中，模型的输入特征就有十几个到数十个甚至上百个不等。

如果考虑特征的来源，那么风控模型使用的原始特征可以从以下 3 个地方提取。

- 从上报事件的原始字段直接或间接转化而来。这类特征常见的有借贷金额、还款时间等。
- 从过往的事件历史中推衍而来。这类特征常见的有用户登入频率、登入的不同地点数、登入的不同设备数等。
- 从已有知识库查询而来。这类特征有各种第三方征信库提供的用户年龄、性别、黑白名单等信息。

### 3.1.1　用 DAG 描述流计算过程

确定了风控系统的特征提取模块要实现的功能之后，接下来我们使用“流”的方式来实现特征提取模块。通常在流计算系统中，我们采用 DAG（有向无环图）来描述流的执行过程，如图 3-1 所示。

DAG 有两种不同的表达含义。

- 如果不考虑并行度，那么每个节点表示的是计算步骤，每条边表示的是数据在计算步骤间的流动。
- 如果考虑并行度，那么每个节点表示的是计算单元，每条边表示的是数据在计算单元间的流动。

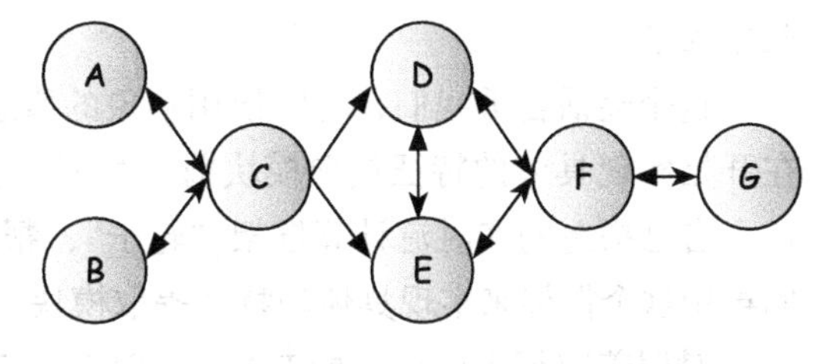


图 3-1　DAG

在第 2 章的数据采集服务器实现中，我们将规整好的事件发送到了消息中间件 Kafka。因此，现在我们要实现特征提取模块，首先需要从 Kafka 中将事件拉取出来，然后解码为 JSON 对象，再进行特征提取，最后重新发送到 Kafka。在风控场景下，一个事件通常需要提取数十个甚至上百个特征，而采用串行逐个计算每个特征的方式，必然导致每个事件的处理时延很大。为了降低事件处理时延，我们需要将特征计算方式设计成并行计算的方式。也就是说，同时计算所有不同的特征，之后再将这些特征汇总起来，这样就完成了一个事件的所有特征计算。根据上面的流程，我们可以设计特征提取模块的 DAG，如图 3-2 所示。

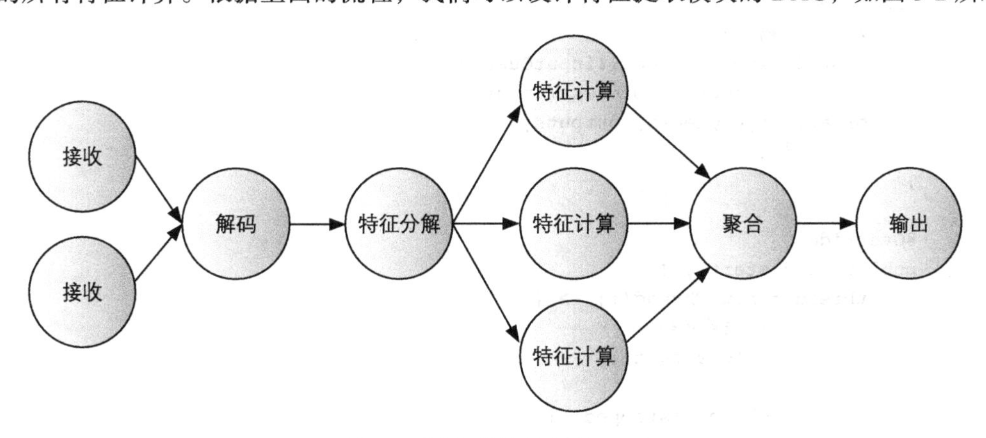


图 3-2　特征提取模块的 DAG

在图 3-2 中，接收节点从 Kafka 拉取事件，然后发送给解码节点。解码节点将事件解码为 JSON 对象，并交由特征分解节点。特征分解节点在将事件需要提取的特征分解后，将其分发给多个特征计算节点。特征计算节点在计算完特征后，将结果发送给聚合节点。当聚合节点收集完一个事件要计算的所有特征后，将这些特征合并起来，并最后将提取了特征的事件再次发往 Kafka。

### 3.1.2　造一个流计算框架的轮子

有一天，物理学家和数学家参加一场有关超弦理论的讲座。结果一场讲座下来，物理学家一脸茫然，而数学家显得意犹未尽。于是物理学家问数学家：“你是怎么想象一个11维空间的啊？”结果数学家得意地说：“我先想象一个$N$维的空间，然后再将$N$替换为11就可以了。”

这个笑话告诉我们，有时候用抽象的概念更能帮助我们理解和解决具体的问题。所以，在开始实现具体的特征提取模块前，我们先实现一个更加抽象的实时流计算框架。我们用这个自己构造的实时流计算框架“轮子”，帮助我们理解更一般的实时流计算模式。之后我们再用这个框架来实现具体的特征提取模块。

对照着特征提取模块的DAG，我们很容易想到，图3-2中的每个节点是一个完成特定功能的计算单元，不妨将每个节点抽象为一个服务类。在节点之间，用有向边来描述节点间的事件传递，因此很容易想到用队列Queue来作为服务类之间事件传递的载体。比较难实现的是特征分解计算后再聚合的步骤，这里我们对问题稍微做些转化，即借用Future类来实现这种类似于Map/Reduce或Fork/Join的计算模式。

我们先来实现服务类接口ServiceInterface。

```
public abstract class AbstractStreamService<I, O> implements ServiceInterface {
    // 省略代码……
    private boolean pipeline(boolean checkStop, boolean exitWhenNoInput) throws
    Exception {
        // 省略代码……
        List<I> inputs = poll(inputQueues);
        List<O> outputs = process(inputs);
        offer(outputQueues, outputs)
        // 省略代码……
    }

    @Override
    public void start() {
        thread = new Thread(() -> {
                // 省略代码……
                beforeStart();

                while (!stopped) {
                        if (pipeline(true, false)) {
                            break;
                        }
                }
                // 省略代码……
                beforeShutdown();
        });
        // 省略代码……
        thread.start();
    }
}

public abstract class SimpleStreamService<I, O> extends AbstractStreamService<I,
```

```
O> {
    //省略代码……
    @Override
    protected List<I> poll(List<Pipe<I>> inputQueues) throws Exception {
        inputsList.clear();
        Pipe<I> inputPipe = inputQueues.get(0);

        I event = inputPipe.poll(inputTimeout, TimeUnit.MILLISECONDS);
        if (event != null) {
            inputsList.add(event);
            return inputsList;
        } else {
            return null;
        }
    }

    @Override
    protected boolean offer(List<Pipe<O>> outputQueues, List<O> outputs) throws
    Exception {
        Pipe<O> outputQueue = outputQueues.get(0);
        O event = outputs.get(0);
        return outputQueue.offer(event, outputTimeout, TimeUnit.MILLISECONDS);
    }
}
```

在上面的代码中，我们定义了一个抽象类AbstractStreamService和它的一个子类SimpleStreamService。它们的功能是从其输入队列inputQueues中不断读取（poll）消息，经过处理（process）后，再发送到下游的输入队列outputQueues中去。

在实现服务类的时候，我们还定义了消息传递的载体Queue接口，以及它的实现类BackPressureQueue。

```
public interface Queue<E> {
    E poll(long timeout, TimeUnit unit) throws InterruptedException;
    boolean offer(E e, long timeout, TimeUnit unit) throws InterruptedException;
}

public class BackPressureQueue<E> extends ArrayBlockingQueue<E> implements
Queue<E>{
    public ArrayBlockingQueuePipe(int capacity) {
        super(capacity);
    }
}
```

可以看出，我们实现的BackPressureQueue是基于ArrayBlockingQueue的，也就是说，它的容量是有限的，而且是一个阻塞队列。这有助于实现我们在第2章谈到的反向压力功能。

### 3.1.3 实现特征提取 DAG 节点

现在我们已经实现了节点和节点之间消息传递的机制。接下来，我们就用它们来实现特征提取的 DAG。按照图 3-2 的 DAG，我们用代码来“画”出这个 DAG 拓扑图。

首先实现 Receiver 节点，Receiver 的功能是从 Kafka 拉取数据。

```
public class Receiver extends SimpleStreamService<byte[], byte[]> {
    // 省略代码……
    @Override
    protected List<byte[]> poll(List<Pipe<byte[]>> inputQueues) throws
    Exception {
        if (stopped) return null;

        inputsList.clear();
        if (kafkaReader.hasNext()) {
            byte[] event = kafkaReader.next();

            inputsList.add(event);
            return inputsList;
        } else {
            return null;
        }
    }
}
```

在上面的实现中，Receiver 的 poll 方法在 Kafka 中有数据可读时，就将其读取出来，并发送到其输出队列，也就是其下游 Decoder 的输入队列。

再来看 Decoder 节点。Decoder 节点的功能是将从 Kafka 中读取的数据解码为 JSON 对象。

```
public class Decoder extends SimpleStreamService<byte[], JSONObject> {
    // 省略代码……
    @Override
    protected List<JSONObject> process(List<byte[]> inputs) throws Exception {
        // 省略代码……
        byte[] event = inputs.get(0);
        JSONObject eventJson = JSONObject.parseObject(new String(event,
        Charsets.UTF_8));
        outputsList.clear();
        outputsList.add(eventJson);
        return outputsList;
    }
}
```

在 Decoder 的实现中，process 方法从其输入队列中读取 byte[] 类型的消息后，解析为 JSON 对象，然后发送到其输出队列，也就是其下游 FeatureForker 的输入队列。

数据解析为 JSON 对象后，就可以进行特征提取了。前文已经提到，为了减小特征提取的时延，需要让所有特征的计算并行起来。因此，在FeatureForker节点中，我们对特征提取进行了分解。

```
public class FeatureForker extends SimpleStreamService<JSONObject,
EventFutureWrapper> {
    //省略代码……
    private JSONObject doFeatureExtract(JSONObject event, String feature) {
        // TODO：实现具体的特征提取
        JSONObject result = new JSONObject();
        result.put(feature, feature);
        return result;
    }

    private class ExtractorRunnable implements Runnable {
        @Override
        public void run() {
            //省略代码……
            JSONObject result = doFeatureExtract(event, feature);
            future.set(result);
        }
    }

    private List<SettableFuture<JSONObject>> fork(final JSONObject event) {
        List<SettableFuture<JSONObject>> futures = new ArrayList<>();
        final String[] features = {"feature1", "feature2", "feature3"};
        for (String feature : features) {
            SettableFuture<JSONObject> future = SettableFuture.create();
            executorService.execute(new ExtractorRunnable(event, feature,
            future));
            futures.add(future);
        }
        return futures;
    }

    @Override
    protected List<EventFutureWrapper> process(List<JSONObject> inputs) throws
    Exception {
       //省略代码……
       JSONObject event = inputs.get(0);
       List<SettableFuture<JSONObject>> featureFutures = fork(event);
       ListenableFuture<List<JSONObject>> resultFuture = Futures.
       allAsList(featureFutures);
       EventFutureWrapper result = new EventFutureWrapper(event, resultFuture);
       outputsList.clear();
       outputsList.add(result);
       return outputsList;
    }
}
```

在上述代码FeatureForker的process方法中，使用fork方法将事件需要提取的特征分解为多个任务（用 ExtractorRunnable 类表示），并提交给专门进行特征提取的执行器（ExecutorService）执行。执行的结果用一个 List<SettableFuture<JSONObject>> 对象来表示，然后通过 Futures.allAsList 将这些 SettableFuture 对象封装为一个包含了所有特征计算结果的 ListenableFuture<List<JSONObject>> 对象。至此完成了特征的分解和并行计算，并且得到了一个用于将来获取所有特征计算结果的 ListenableFuture 对象。

Fork 完成了，接下来当然就是 Join。FeatureJoiner 节点的功能是将所有并行计算的特征计算结果合并起来。

```
public class FeatureJoiner extends SimplePipeService<EventFutureWrapper,
JSONObject> {
    //省略代码……
    @Override
    protected List<JSONObject> process(List<EventFutureWrapper> inputs) throws
    Exception {
        //省略代码……
        EventFutureWrapper eventFutureWrapper = inputs.get(0);
        Future<List<JSONObject>> future = eventFutureWrapper.getFuture();
        JSONObject event = eventFutureWrapper.getEvent();
        List<JSONObject> features = future.get(extractTimeout, TimeUnit.
        MILLISECONDS);
        JSONObject featureJson = new JSONObject();
        for (JSONObject feature : features) {
                featureJson.putAll(feature);
            }
        event.put("features", featureJson);
        outputsList.clear();
        outputsList.add(event);
        return outputsList;
    }
}
```

由于在 FeatureForker 中已经将所有特征计算的结果用 ListenableFuture<List<JSONObject>> 封装起来，故而在 FeatureJoiner 的 process 方法中，用 future.get( ) 即可获取所有特征计算结果。另外，为了保证能够在一定的时间内结束对这条消息的处理，还指定了超时时间（用 extractTimeout 表示）。当收集了所有的特征后，将其添加到消息 JSON 对象的 features 字段。至此，完成了特征的合并操作。

最后，Sender 节点负责将提取了所有特征的消息再次发送到 Kafka，供下游的规则模型系统进行风险评分。

```
public class Sender extends SimplePipeService<JSONObject, JSONObject> {
    //省略代码……
    @Override
    protected boolean offer(List<Pipe<JSONObject>> outputQueues, List<JSONObject>
        outputs) throws Exception {
        JSONObject event = outputs.get(0);
```

```
        kafkaSender.send(topic, event.toString().getBytes(Charset.
        forName("UTF-8")));
        return true;
    }
}
```

至此，特征提取DAG的各个节点均已实现。接下来我们会将这些节点整合起来，形成完整的特征提取模块DAG。

### 3.1.4 实现特征提取DAG拓扑

虽然已经实现了所有的节点，但是只有用“管道”把这些节点连通起来，才能实现完整的DAG。具体实现如下。

```
List<ServiceInterface> services = new ArrayList<>();

int decoderInputQueueCapacity = 1024;
Queue<byte[]> decoderInputQueue = new BackPressureQueue<>(decoderInputQueueCapa
city);
Receiver receiver1 = new Receiver("receiver-1", decoderInputQueue);
services.add(receiver1);
Receiver receiver2 = new Receiver("receiver-2", decoderInputQueue);
services.add(receiver2);

int featureForkerInputQueueCapacity = 1024;
Queue<JSONObject> featureForkerInputQueue = new BackPressureQueue<>(featureForker-
                                            InputQueueCapacity);
Decoder decoder = new Decoder("decoder-1",
                Lists.newArrayList(receiver1, receiver2), decoderInputQueue,
                featureForkerInputQueue);
services.add(decoder);

int featureJoinerInputQueueCapacity = 1024;
Queue<EventFutureWrapper> featureJoinerInputQueue = new BackPressureQueue<>(fe
                                                    atureJoinerInputQueueCapa
                                                    city);
FeatureForker featureForker = new FeatureForker("featureforker-1",
    Lists.newArrayList(decoder), featureForkerInputQueue,
    featureJoinerInputQueue);
services.add(featureForker);

int senderInputQueueCapacity = 1024;
Queue<JSONObject> senderInputQueue = new BackPressureQueue<>(senderInputQueueCap
acity);
FeatureJoiner featureJoiner = new FeatureJoiner("featurejoiner-1",
    Lists.newArrayList(featureForker), featureJoinerInputQueue, senderInputQueue);
services.add(featureJoiner);

Sender sender = new Sender("sender-1",
```

```
    Lists.newArrayList(featureJoiner), senderInputQueue);
services.add(sender);
```

在上面的代码实现中，我们先创建了两个 Receiver 从 Kafka 拉取数据，然后将数据发送给 Decoder 进行解码。解码后的数据用 JSON 对象表示。FeatureForker 则将需要计算的特征分发给多个特征计算节点进行计算，多个特征计算的结果由 FeatureJoiner 合并起来，然后添加到 JSON 对象中，最后通过 Sender 发送出去。

至此，一个完整的特征提取 DAG 就实现了。

## 3.2 CompletableFuture 方法与原理

在 3.1 节中，我们用最基础的线程（Thread）和阻塞队列（ArrayBlockingQueue）实现了一个简单的流计算框架。“麻雀虽小，五脏俱全”，虽然它很简陋，但我们从中能够了解一个流计算框架的基本骨架，即用于传输流数据的队列及用于处理流数据的线程。这个框架足够我们做一些业务逻辑不太复杂的功能模块，但是它存在以下问题。

- 能够实现的 DAG 拓扑结构有限。例如，在实现 Fork/Join 功能时，我们借助了 SettableFuture/ListenableFuture 的功能。这对 DAG 拓扑的实现并不纯粹。
- 给每个节点的计算资源只能静态配置，不能根据实际运行状况动态分配计算资源。

为了解决这些问题，在接下来的章节中，我们将采用 CompletableFuture 类来对这个流计算框架进行改造。但在开始改造之前，需要先彻底理解 CompletableFuture 的工作原理。

Java 8 新增了许多非常有趣的功能，如 Labmda 表达式、流式 API（Stream API）等。这些语法糖或 API 让 Java 这门“古老”的编程语言开始具备“现代”的气息。但是，在所有这些新功能中最让笔者觉得耳目一新，并认为其将 Java 平台提高到一个新境界的功能是异步执行框架 CompletableFuture。

在 Java 8 之前，我们都知道用于异步执行的 ExecutorService 类和代表异步执行结果的 Future 类。Future 类的 get 方法用于在任务完成时获取任务的结果。但是，Future 类的 get 方法有一个缺点，即它是阻塞的。具体而言，虽然我们将任务提交给 ExecutorService 异步执行了，但还是需要使用 get 方法来同步等待任务结果。这在事实上导致原本异步执行的方案重新退化成了同步执行方案，失去了原本异步方案的意义。

为了避免这种问题，不同的第三方 Java 库或框架提供了不同的解决方案，如 Guava 库中的 SettableFuture/ListenableFuture、Netty 中的 Future 和 ChannelFuture 等。这些解决方案均通过注册监听或回调的方式，形成回调链，从而实现了真正意义上的异步执行方案。

在借鉴了诸多第三方异步编程方案后，Java 8 带来了自己的异步编程方案——CompletableFuture 类。CompletableFuture 类也采用回调的方式实现异步执行，但除了提供基本的回调执行机制外，CompletableFuture 类还提供了大量有关异步回调链构造的 API，这些 API 使 Java 异步编程变得无比灵活和方便，极大程度地解放了 Java 异步编程的生产力。下面我们就来看看部分常用的 CompletableFuture 类方法。

### 3.2.1 常用的 CompletableFuture 类方法

在第 2 章讲解开发数据采集服务器相关内容时，我们已经用到了部分 CompletableFuture 类方法。下面我们介绍部分常用的 CompletableFuture 类方法。

（1）将产品放到流水线起点上

```
public static <U> CompletableFuture<U> supplyAsync(
    Supplier<U> supplier, Executor executor)
```

CompletableFuture.supplyAsync 是开启 CompletableFuture 异步调用链的方法之一。这个方法会将 supplier 封装为一个任务提交给 executor 执行，并返回一个记录这个任务执行状态和执行结果的 CompletableFuture 对象。之后可以在 CompletableFuture 对象上挂接各种回调动作。所以说它是流水线的起点，将产品原料放在了流水线上。

（2）产品在流水线上的加工

```
public <U> CompletableFuture<U> thenApplyAsync(
    Function<? super T,? extends U> fn, Executor executor)
```

thenApplyAsync 用于在 CompletableFuture 对象上挂接一个转化函数。当 Completable-Future 对象完成时，以其结果作为输入参数调用转化函数。转化函数内部执行各种逻辑后，返回另一种类型的数据作为输出。该方法返回一个新的 CompletableFuture 对象，用于记录转化函数的执行状态和执行结果等信息。thenApplyAsync 的 fn 参数用于将一种类型数据转化为另外一种类型数据，就像流水线上生产工人对半成产品进行加工、处理的过程。

（3）产品在流水线上完成加工后装入仓库

```
public CompletableFuture<Void> thenAcceptAsync(
    Consumer<? super T> action, Executor executor)
```

thenAcceptAsync 用于在 CompletableFuture 对象上挂接一个接收函数。当 Completable-Future 对象完成时，以其结果作为输入参数调用接收函数。与 thenApplyAsync 类似，接收函数在其内部可以执行各种逻辑，但不同的是，接收函数不会返回任何类型数据，或者说返回类型是 void。因此，thenAcceptAsync 通常用于接收并消化任务链的最终输出结果。这就像产品在流水线上完成所有加工后，从流水线上拿下来装进仓库的过程。

（4）在流水线上插入一条新流水线

```
public <U> CompletableFuture<U> thenComposeAsync(
    Function<? super T, ? extends CompletionStage<U>> fn, Executor executor)
```

thenComposeAsync 理解起来会复杂些，但它是一个非常有用的方法。thenCompose-

Async 在 API 形式上与 thenApplyAsync 类似，但是它的转化函数返回的不是一般类型的对象，而是一个 CompletionStage 对象，或者更具体点，它在实际使用中通常是一个 CompletableFuture 对象。这意味着，我们可以在原来的 CompletableFuture 调用链上插入另一个调用链，从而形成一个新的调用链。这正是 compose（组成、构成）的含义所在。这个过程就像是在流水线的某个环节插入了另一条流水线。不过需要注意的是，“插入”这个词带有“已有”和“原来”的意思，但是实际在程序设计和开发时，这个过程并非一定是对旧物的改造，而是说如果某个步骤内部有另外的异步执行过程，则可以直接将这条独立的异步调用链加入当前调用链中来，从而成为整体调用链的一部分。

（5）谁先完成谁执行

```
public <U> CompletableFuture<U> applyToEither(
    CompletionStage<? extends T> other, Function<? super T, U> fn)
```

使用 applyToEither 可以实现两个 CompletableFuture 谁先完成就由谁执行回调函数的功能。例如，可以用该方法实现定时超期的功能。具体而言，用一个 CompletableFuture 表示目标任务，用另一个 CompletableFuture 表示定时任务，这样如果目标任务在定时任务完成前尚未完成，就由定时任务做善后处理。这里只是列举了一个使用场景，读者可根据自己的需要任意发挥 applyToEither 的用法。

（6）一起完成后再执行

```
public static CompletableFuture<Void> allOf(CompletableFuture<?>... cfs)
```

CompletableFuture.allOf 的功能是将多个 CompletableFuture 合并成一个 CompletableFuture。这又是一个非常有用而且有趣的方法，因为我们可以用它实现类似于 Map/Reduce 或 Fork/Join 的功能。在多核和并行计算大行其道的今天，诸如 Map/Reduce 或 Fork/Join 这类先分散再汇聚的执行流结构是非常普遍的，CompletableFuture.allOf 为我们编写这类模式的执行逻辑提供了非常方便的方法。在 3.2.2 节中，我们会介绍这个方法的实际案例。

（7）异常处理

```
public CompletableFuture<T> exceptionally(
    Function<Throwable, ? extends T> fn)
```

在 Java 的世界里，异常无处不在。在 CompletableFuture 中发生异常了会怎样？实际上，如果没有 CompletableFuture 提供的 exceptionally 等异常处理方法，而是由我们自己在回调函数里做异常处理的话，会非常受限和不方便。稍有不注意，我们就会写出不合理甚至错误的代码。例如，你认为捕获了的异常，实际上根本不是在那个地方或那个线程上抛出的。出现这种情况的原因在于，在异步的世界里，即使是同一份代码，实际上在运行起来后，其调用链生成、回调的执行时刻、回调所在线程和回调的上下文环境都是灵活多变的。相比以前同步或半异步半同步的编程方式，使用 CompletableFuture 开发的程序的运行状况会更加复杂、多变。CompletableFuture 的 exceptionally 方法为我们提供了相对较好的异常处理方案。使用 exceptionally 方法，可以对指定 CompletableFuture 抛出的异常进行处理。例如，捕获异常并返回一个特定的值，或者继续抛出异常。

### 3.2.2 CompletableFuture 的工作原理

前面对 CompletableFuture 的几个常用 API 做了讲解，但是光知道这些 API 还是不能真正体会 CompletableFuture 的奥义和乐趣所在。下面我们通过一个实验程序来具体分析 CompletableFuture 的工作原理。考虑下面的实验程序片段：

```
CompletableFuture<String> cf1 = CompletableFuture.supplyAsync(Tests::source,
executor1);
CompletableFuture<String> cf2 = cf1.thenApplyAsync(Tests::echo, executor2);
CompletableFuture<String> cf3_1 = cf2.thenApplyAsync(Tests::echo1, executor3);
CompletableFuture<String> cf3_2 = cf2.thenApplyAsync(Tests::echo2, executor3);
CompletableFuture<String> cf3_3 = cf2.thenApplyAsync(Tests::echo3, executor3);
CompletableFuture<Void> cf3 = CompletableFuture.allOf(cf3_1, cf3_2, cf3_3);
CompletableFuture<Void> cf4 = cf3.thenAcceptAsync(x -> print("world"),
executor4);
```

调试跟踪并分析以上实验程序，CompletableFuture 的执行过程如图 3-3 所示。

图 3-3 描述了实验程序整体的执行过程。

1）通过 CompletableFuture.supplyAsync 创建一个任务 Tests::source，并交由 executor1 异步执行。用 cf1 来记录该任务在执行过程中的状态和结果等信息。

2）通过 cf1.thenApplyAsync，指定当 cf1(Tests::source) 完成时，需要回调的任务 Tests::echo。cf1 使用 stack 来管理这个后续要回调的任务。与 cf1 类似，用 cf2 来记录任务 Tests::echo 的执行状态和执行结果等信息。

3）通过连续 3 次调用 cf2.thenApplyAsync，指定当 cf2(Tests::echo) 完成时，需要回调后续 3 个任务：Tests::echo1、Tests::echo2 和 Tests::echo3。与 cf1 一样，cf2 也是用 stack 来管理其后续要执行的这 3 个任务。

4）通过 CompletableFuture.allOf，创建一个合并了 cf3_1、cf3_2、cf3_3 的 cf3，cf3 只有在其合并的所有 cf 完成时才能完成。在 cf3 内部，用一个二叉树（tree）来记录其和 cf3_1、cf3_2、cf3_3 的依赖关系。这点后续会详细描述。

5）通过 cf3.thenAcceptAsync，指定当 cf3 完成时，需要回调的任务（print）。用 cf4 来记录 print 任务的状态和结果等信息。

**总结：**

1）CompletableFuture 用 stack 来管理其在完成（complete）时后续需要回调的任务（Completion）。

2）在 AsyncRun、Completion 中，通过依赖（dep）指针，指向后续需要处理的 CompletableFuture，这样在任务完成后，就可以通过 dep 指针找到后续处理的 CompletableFuture，从而继续执行。

3）通过 1）和 2）形成一个调用链，所有任务按照调用链执行。

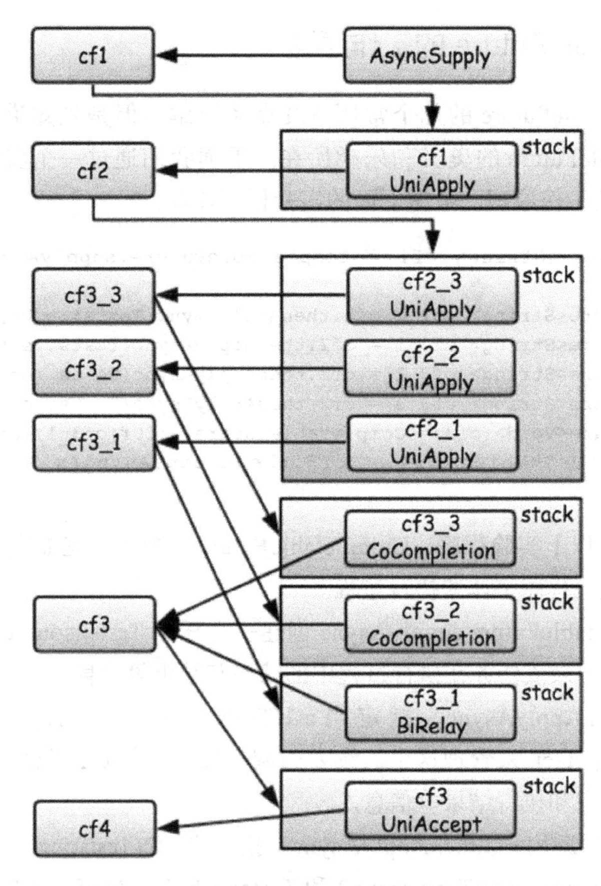


图 3-3　CompletableFuture 的执行过程

图 3-4 描述了 CompletableFuture 链是如何组织和执行的。总体来说，每个 CompletableFuture 可以存在 3 种类型的指针：src、snd 和 dep。其中，dep 指向这个 CompletableFuture 在完成（completed）时，后续继续调用的 CompletableFuture。src 和 snd 则指向其链接的另外两个 CompletableFuture，用于决定是否在 CompletableFuture 完成时触发 dep。CompletableFuture 内部用这 3 个指针巧妙地管理 CompletableFuture 之间各种复杂的依赖和调用关系。对于每个 CompletableFuture 节点，当其被触发执行时，如果其 src 和 snd（如果存在 snd）都是 completed 状态（src 或 snd 指向自己时也算 completed 状态），就触发其 dep，否则就不触发其 dep。但不管这个 CompletableFuture 是否触发了其 dep，在 tryFire(ASYNC)，这个 CompletableFuture 本身已经是 completed 状态了。如果它没有触发 dep，就会由该 CompletableFuture 的 src 或 snd 在被触发时按照同样的方式做处理。

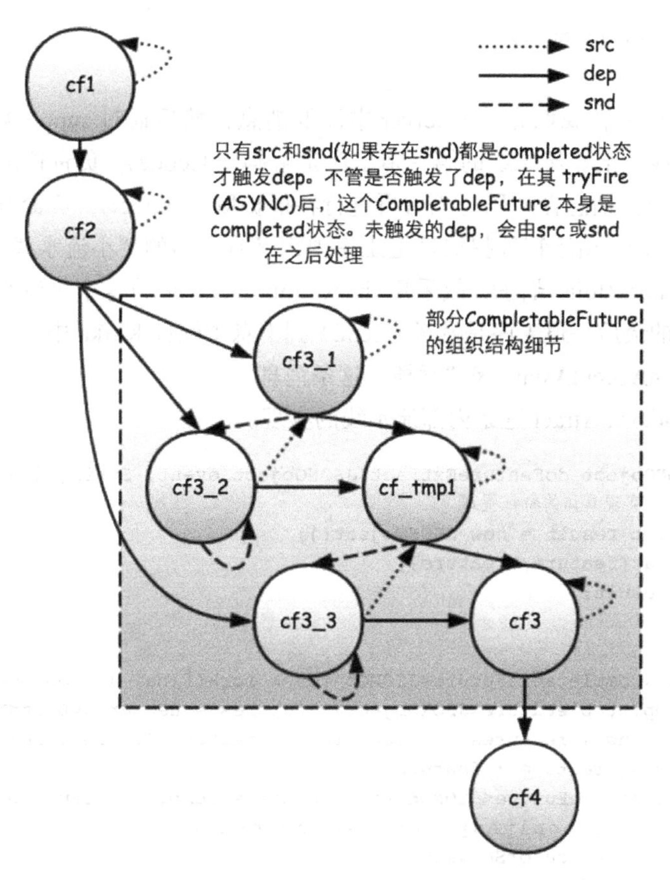


图 3-4 CompletableFuture 的工作原理

## 3.3 采用 CompletableFuture 实现单节点流处理

在理解了 CompletableFuture 的工作原理后，我们就可以开始对特征提取模块进行改造了。事实上，在 CompletableFuture 框架的支持下，新的特征提取模块实现起来非常简单。

### 3.3.1 基于 CompletableFuture 实现流计算应用

代码如下：

```
byte[] event = receiver.receive();
CompletableFuture
        .supplyAsync(() -> decoder.decode(event), decoderExecutor)
        .thenComposeAsync(extractor::extract, extractExecutor)
        .thenAcceptAsync(sender::send, senderExecutor)
        .exceptionally(e -> {
            logger.error("unexpected exception", e);
```

```
            return null;
        });
```

在上面的代码中，我们先从 receiver 中读取消息，然后通过 supplyAsync 方法将这条消息放到“流水线”上。流水线的第一道工序是解码（decode），负责这道工序的工作小组是 decoderExecutor。消息在解码完成后再进行特征提取（extract），负责特征提取的工作小组是 extractExecutor。由于特征提取这道工序内部又有自己的“小流水线”（即实现特征并行计算时使用的 Fork/Join 结构），故采用 thenComposeAsync 将这个小流水线嵌入整体的流水线中。流水线的最后一道工序是发送（send）到消息中间件 Kafka 中，因为不需要后续处理，所以使用 thenAcceptAsync 来“吞掉”这条消息。

下面是 extractor::extract 这条内部流水线的实现。

```
private JSONObject doFeatureExtract(JSONObject event, String feature) {
    // TODO: 实现具体的特征提取
    JSONObject result = new JSONObject();
    result.put(feature, feature);
    return result;
}

private List<CompletableFuture<JSONObject>> fork(final JSONObject event) {
    List<CompletableFuture<JSONObject>> futures = new ArrayList<>();
    final String[] features = {"feature1", "feature2", "feature3"};
    for (String feature : features) {
        CompletableFuture<JSONObject> future = CompletableFuture
                .supplyAsync(() -> doFeatureExtract(event, feature),
                executorService);
        futures.add(future);
    }
    return futures;
}

public CompletableFuture<JSONObject> extract(JSONObject event) {
    Preconditions.checkNotNull(event, "event is null");

    List<CompletableFuture<JSONObject>> featuresFutures = fork(event);

    return CompletableFuture
            .allOf(featuresFutures.toArray(new CompletableFuture[0]))
            .thenApply(v -> {
                featuresFutures.forEach(f -> event.putAll(f.join()));
                return event;
            });
}
```

与在 3.1.3 节中实现特征并行计算的方法非常相似，使用 fork 方法将事件需要提取的特征分解为多个任务后，提交给专门负责特征提取的执行器（ExecutorService）执行。但这次，我们不依赖于第三方的 SettableFuture 和 ListenableFuture，而是直接使用 Completable-

Future 框架内部的 allOf 方法实现 Fork/Join 的计算模式。

至此，使用 CompletableFuture 框架实现的流数据特征提取模块就完成了。可以看出，CompletableFuture 框架本身是一个非常好用的流计算框架。

相比之前我们自己造的流计算轮子，使用 CompletableFuture 的流计算实现具有以下优点：

- 在构建 DAG 拓扑时，仅需选择合适的 CompletableFuture 方法。相比在前面我们自己实现的流计算框架中，构建 DAG 的过程就像是在逐点逐线地“龟速”画画，这种方法要简洁和方便得多。
- 在实现 DAG 节点时，仅需将相关逻辑实现为回调函数。而我们自己实现的流计算框架在实现回调时，或多或少还需要处理框架内部的逻辑，对回调实现者并不直观。
- 能够静态或动态地控制 DAG 节点并发度和资源使用量，要实现这点只需要设置相应的执行器即可，参数选择也更加灵活。
- 更方便地实现流的优雅关闭（graceful shutdown）。

我们已经用 CompletableFuture 框架非常方便地实现了一个流计算的过程，但是很多时候，这个世界上并没有“简单”的事情，使用 CompletableFuture 框架也需要注意很多问题。

## 3.3.2 反向压力

有关反向压力的问题，我们在第 2 章已经讲解过，但是这里还要再次强调下，因为这是流计算系统和异步系统的重中之重。在实际生产环境，不考虑反向压力的流计算或异步系统毫无用处。考虑我们前面的演示代码片段，如果特征提取较慢，而数据接收和解码很快，则会出现什么情况？毫无疑问，如果没有反向压力，数据就会不断地在 JVM 内积累起来，直到最终 JVM 抛出 OOM 灾难性错误，崩溃退出。这种上下游之间速度不一致的情况随处可见，所以不处理好反向压力的问题，系统时刻面临着 OOM 的危险。

那怎样为 CompletableFuture 框架加入反向压力能力呢？其实很简单，只需在使用 CompletableFuture 的各种异步（以 Async 结尾）API 时，使用的执行器（由 ExecutorService 类表示）具备反向压力功能即可。也就是说，执行器的 execute( ) 方法能够在资源不足时阻塞执行，直到资源可用为止。

在第 2 章中，我们实现的 BackPressureExecutor 类就是实现了反向压力的执行器，具体实现方法可以参见第 2 章，这里不再详述。在本节使用 CompletableFuture 框架实现流计算应用的过程中，使用的执行器就是 BackPressureExecutor 类。

```
private final ExecutorService decoderExecutor = new BackPressureExecutor(
    "decoderExecutor", 1, 2, 1024, 1024, 1);
private final ExecutorService extractExecutor = new BackPressureExecutor(
    "extractExecutor", 1, 4, 1024, 1024, 1);
private final ExecutorService senderExecutor = new BackPressureExecutor(
    "senderExecutor", 1, 2, 1024, 1024, 1);
private final ExecutorService extractService = new BackPressureExecutor(
    "extractService", 1, 16, 1024, 1024, 1);
```

如此，我们就实现了流计算的反向压力功能。

### 3.3.3 死锁

从某种意义上来说，流（或异步）这种方式是最好的并发方式，因为采用这种方式编写程序，会自然地避免使用“锁”。当使用流时，被处理的对象依次从上游流到下游。当对象在某个步骤被处理时，它被这个步骤的线程池中的某个线程唯一持有，因此不存在对象竞争的问题。

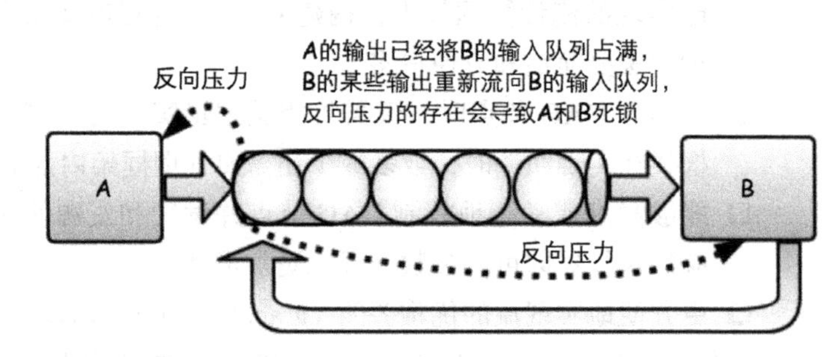


图 3-5　流计算死锁之输出变输入

但是，这是不是意味着不会出现死锁问题呢？不是的。图 3-5 就描绘了一种在流计算应用中死锁的场景。考虑某个流计算应用依次有 A 和 B 这两个步骤，并且具备反向压力能力。如果 A 的输出已经将 B 的输入队列占满，而 B 的某些输出又需要重新流向 B 的输入队列，那么由于反向压力的存在，B 会一直等待其输入队列有空间可用，而 B 的输入队列又因为 B 在等待，永远也不会有空间被释放。这样，就形成了一个死锁，程序会一直因为等待而卡死。

当然，真实的场景下不大会出现这种 B 的输出重新作为 B 的输入的问题，但是会有另外一种类似的情况，就是给多个不同的步骤分配同一个 executor，这样同样会出现死锁问题。图 3-6 就描绘了在多个步骤使用同一个执行器时死锁的情景。

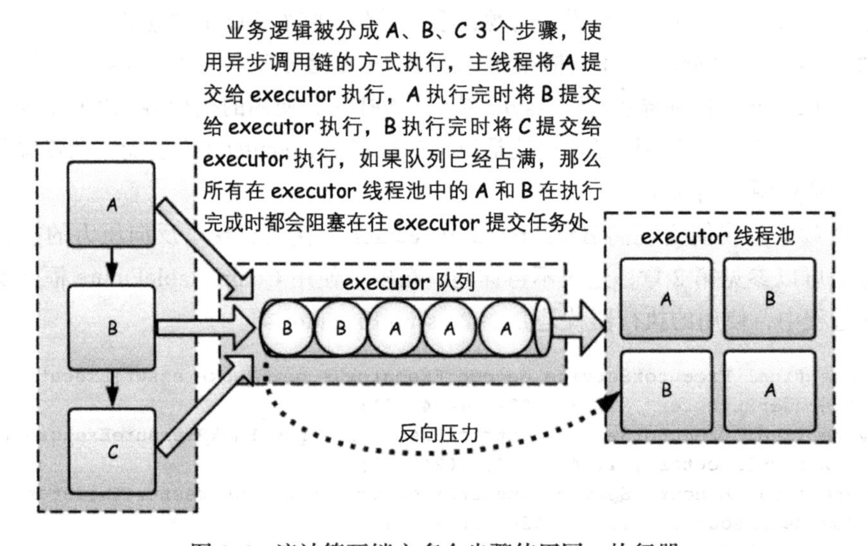


图 3-6　流计算死锁之多个步骤使用同一执行器

不过话说回来，只要我们避免输出重新流回输入及不同步骤使用相同执行器的问题，就可以开开心心地使用“流”这种方式构建应用，而不用考虑“ 锁”的问题了。这一方面简化了我们的程序设计，即无须考虑竞态（race condition），另一方面也给程序带来了性能的提升。

## 3.3.4　再论流与异步的关系

在第 2 章的结尾处，我们简单地提及流与异步的相似性。“异步”和“流”本质上是相通的，即“异步”是“流”的本质，而“流”是“异步”的一种表现形式。在本节，我们完全使用 CompletableFuture 这个原本为异步编程而生的框架实现一个流计算应用。

在 3.1 节中，我们自行实现的流计算框架的主要工作机制是由服务线程从其输入队列中读取数据进行处理，然后输出到下游服务线程的输入队列。而在本节中，我们使用 CompletableFuture 异步框架，选择阻塞队列做执行器的任务队列。这两种实现的工作原理在本质上不是完全一致吗？正如图 3-7 所描绘的流计算运作模式，它们都是一组线程从其输入队列中取出消息进行处理，然后输出给下游的输入队列，供下游的线程继续读取并处理。

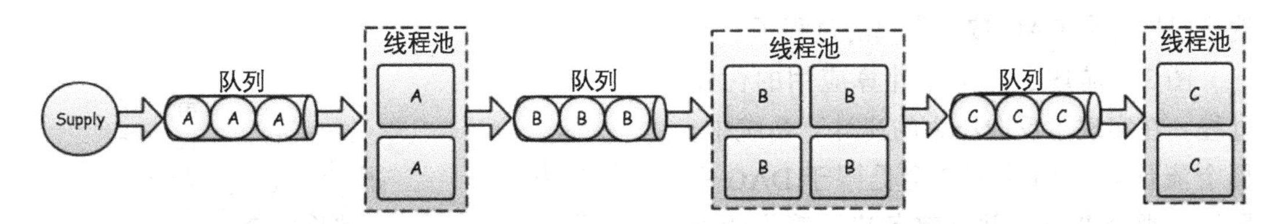


图 3-7　流计算的执行模式

当然，CompletableFuture 异步框架也可以选择其他类型的执行器。例如，使用栈管理线程，每次执行器的 execute( ) 方法被调用时，就从栈中取出一个线程来执行任务。当使用这种不带任务队列的执行器时，CompletableFuture 异步框架就和我们的流计算模式相差较远了。这也是笔者为什么说“流”是“异步”的一种表现形式的原因。

不过，从应用开发的层面上来看，“异步”和“流”有着非常重要的区别，甚至有时候这些区别会直接影响程序设计的思路和方案选择。这是因为，当我们谈论“异步”的时候，更多的着重点在异步执行之后的回调逻辑。当业务逻辑较多时，不可避免地会使回调嵌套层次很深，所形成的异步调用链也会变得很长，这使得程序设计和实现都会变得复杂。而如果我们从“流”的角度看问题，我们的着重点会更多地放在业务执行流程本身，即使业务流程再多，也无非是在“流水线”上多加几个步骤而已。“异步”和“流”是两种不同的问题思考方式。大多数情况下，面对复杂的业务流程设计时，使用“流”这种思路会使得设计和实现都更加清晰和明确。

总而言之，“异步”会让事情变得复杂，而“流”会让事情变得简单。当再次碰到程序设计问题时，读者不妨试着按照“流”这种方式来考量一番，说不定就会有意外惊喜。

## 3.4 流计算应用的性能调优

优化是软件开发过程中非常重要的事情。一方面，它可以帮助我们改善系统设计、提升软件性能；另一方面，它有助于我们更加深刻地理解系统和技术本身。所以，在构建好特征提取功能的实时流计算应用后，我们还需要严格测试并分析这个实时流计算应用的真实运行状态和性能表现，并据此对程序和系统做出优化。事实上，对于任何系统，如果能认真思考并做好性能优化这件事情，我们最终都一定会受益匪浅。

回到对流计算应用性能调优的讨论上来。如果程序或系统是按照“流”这种方式设计和开发的，那么性能调优的过程实际上是非常有规律可循的。尤其是在实现了反向压力的情况下，对流计算应用的性能调优可以说是一件轻松愉悦的事情。

### 3.4.1 优化机制

从前面的章节中我们知道，一个流计算应用的执行过程是由 DAG 决定的。DAG 描述了流计算应用中的各个执行步骤，以及数据的流动方向。因此，根据 DAG 的拓扑结构，我们已经对整个流计算应用的执行过程有了整体认识。接下来针对流计算应用性能的优化，就是根据这个 DAG 按图索骥的过程了。

图 3-8 描述了一个流计算应用的优化过程。在实现了反向压力的流计算系统中，整个流计算应用的 TPS 会受限于 DAG 中最慢的那个节点，并且整条流计算作业上各个节点的 TPS 会最终趋近于一个相同值，也就是最慢节点的 TPS。例如，假设图 3-8 中的 D 节点处理时延为 50ms，它是整个系统中最慢的节点，最终整个流计算应用的处理能力就不会超过 20 TPS。因此，这个时候只考量 TPS 是不能知道流计算作业是慢在哪个节点上的。我们需要换一个角度，即考量每个节点处理事件的时延。如果某个节点的处理时延明显高于其他节点的时延，那就很可能是这个节点导致了系统整体的性能低下。因此，我们优化的重点首先放到这个最慢节点上。当通过各种手段，如改进算法、增加资源分配、减少线程竞争等优化措施，把这个最慢节点的时延降下来，TPS 提升上去后，再次测量系统的整体性能。如果系统性能达到了预期的性能要求，就可以停止优化；如果系统性能还没有达到预期的性能要求，则重复上面的过程，再次找到 DAG 中最慢的节点，优化、改进和测试系统性能，直到系统性能最终达到预期为止。

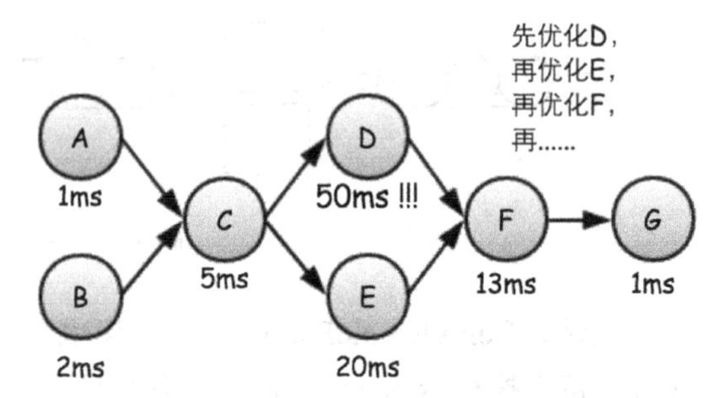


图 3-8　根据 DAG 追踪流计算应用的瓶颈

### 3.4.2 优化工具

“工欲善其事，必先利其器”。要做好性能优化，首先要准备好一些工具，并且需要对这些工具有一定的了解。性能优化的工具可以分为两类，即监控工具和压测工具。

### 1. 监控工具

无监控，不优化。监控是优化的基础，如果对系统的运行状况没有一个整体的了解，则优化是无从做起的。监控是我们了解系统运行状况的基础。

（1）Metrics

在开始性能调优前，务必确定在程序的关键逻辑处已经安装了性能监控点。这是非常重要的，否则监控就成了无本之木、无源之水。Metrics 是一个用于测量 Java 程序的运行状况的工具库。它提供了 Gauge、Counter、Meter、Histogram 和 Timer 这 5 种测量手段。其中：

- Gauge（仪表盘）记录变量的当前值，如记录队列中当前元素的个数。
- Counter（计数器）可以通过 inc 方法和 dec 方法来增加或减少其计数值。
- Meter（累加计数器）提供了特定时间段内的平均速率，可用于计算 TPS 一类的指标。
- Histogram（直方图）用于统计数据的分布直方图，并提供了最大、最小和各种分位数等信息，可用于统计时延一类的指标。
- Timer（计时器）是对 meter 和 histogram 的组合封装，提供更加方便的 TPS 和时延指标测量方法。

通过 Metrics 提供的这些测量手段，我们可以在需要关注性能的程序片段处添加性能监控点。之后，这些性能监控点的监控报告可以输出给各种性能监控工具，如 Zabbix、JConsole 等。

（2）Zabbix

或许我们可以用 top、dstat、tcpdump 等工具来即时查看系统 CPU、内存、磁盘和网络的使用状态。但是在性能调优的时候，单纯地使用这些工具并不能非常好地查看系统在一段时间范围内的运行状态。为了能够更加完整、全面地分析一个程序的运行状况，需要借助于诸如 Zabbix 这类工具构建系统运行状态的时序图，如图 3-9 所示。通过各种资源使用状况的时序图，我们能够方便、快速、直观地定位到程序承压时间、受限资源类型、JVM 做垃圾回收的周期、内存是否泄漏等一系列的性能相关问题。

（3）JConsole

JConsole 是 JDK 自带的 Java 性能分析工具，可以直接在命令行窗口下以 jconsole 命令打开。通过 JConsole，可以对 JVM 实例（一个独立运行的 JVM 进程）中的内存使用情况、线程状态、类和 MBeans 等各种资源信息进行监控，如图 3-10 所示。只要 JVM 实例打开了 jmxremote 端口，就可以通过 JConsole 在运行时连接到 Java 应用程序。JConsole 运行时占用资源较少，使用起来非常方便。但是需要注意的是，JConsole 是一个 GUI 程序，只有在带图形界面库的操作系统上才能运行。我们可以通过本地机器上的 JConsole 远程连接到服务器上的 JVM 实例。

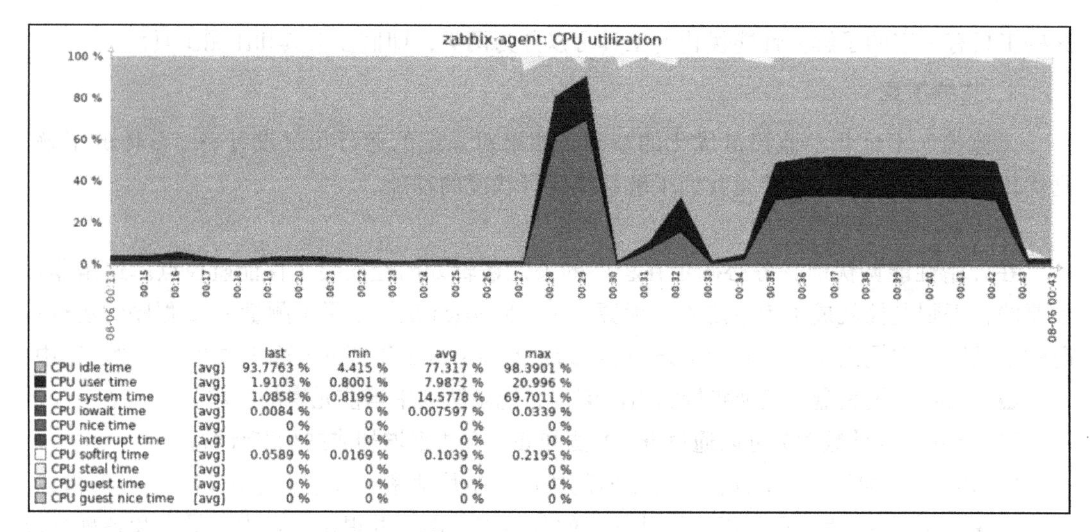


图 3-9 使用 Zabbix 监控 CPU 使用状态

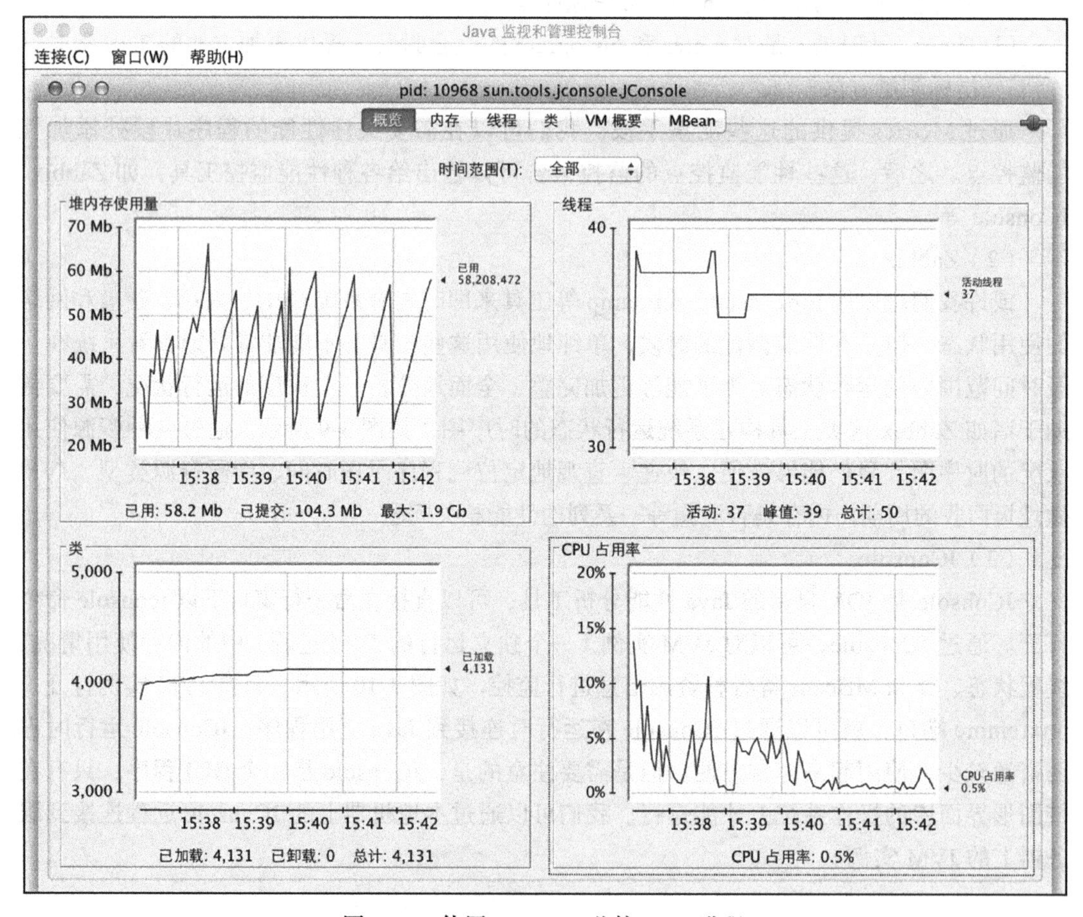


图 3-10 使用 JConsole 监控 JVM 进程

（4）JVisualVM

与 JConsole 类似，JVisualVM 也是在 JDK 自带的 Java 性能分析工具，可以在命令行窗口下以 jvisualvm 命令打开。相比 JConsole，JVisualVM 的功能更加强大些，并且可以通过安装插件添加更多的 JVM 性能监控工具。

需要特别说明的是，JVisualVM 有两个非常惊艳的功能，即抽样器和线程状态可视化展示。抽样器可以对 CPU 和内存进行抽样，抽样的结果保存为快照。通过快照可以一目了然地看到系统中最耗时的函数调用是哪些、函数调用栈各级时延、实例数最多的类是哪些等信息。这些信息对定位程序在哪个地方最耗时、最耗内存是非常有用的。图 3-11 展示了 JVisualVM 抽样器的使用界面。

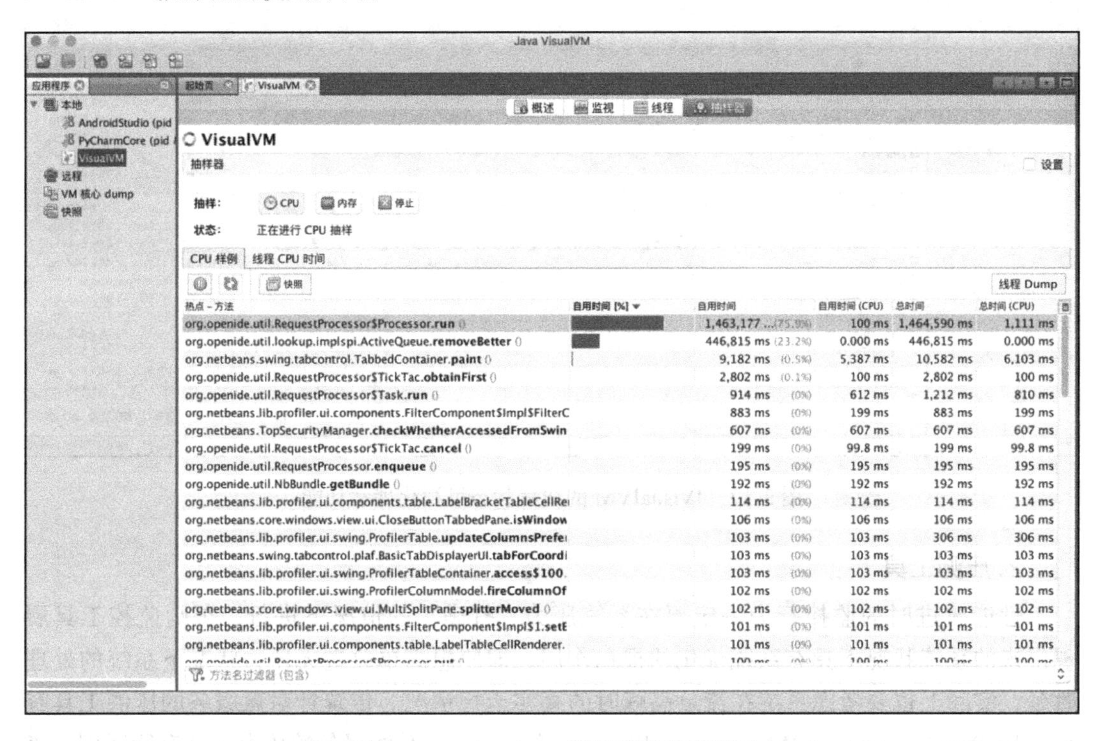


图 3-11　JVisualVM 抽样器的使用界面

线程状态可视化展示功能是指 JVisualVM 能够以彩色条的方式动态展示 JVM 实例在运行过程中所有线程状态的变化过程，如图 3-12 所示。通过对线程状态持续时间和变更过程的分析，可以了解系统中哪些线程最忙碌，哪些线程最空闲，哪些计算逻辑分配的计算资源过少了，哪些计算逻辑分配的计算资源过多了，哪些线程处于竞态，哪些线程又在相互等待……

总之，通过线程状态彩色条，再配合抽样器，能够非常全面而又生动地理解 JVM 实例的运行状态。而这些都十分有利于我们分析程序的性能，并让性能优化有据可循。不过功能强大带来的问题是 JVisualVM 的运行会要求更多的系统资源。所以，如果你要监控的 JVM 实例中的线程和数据较多，就需要给 JVisualVM 分配更多的内存，否则 JVisualVM 运行到一半就会因内存不足而崩溃。

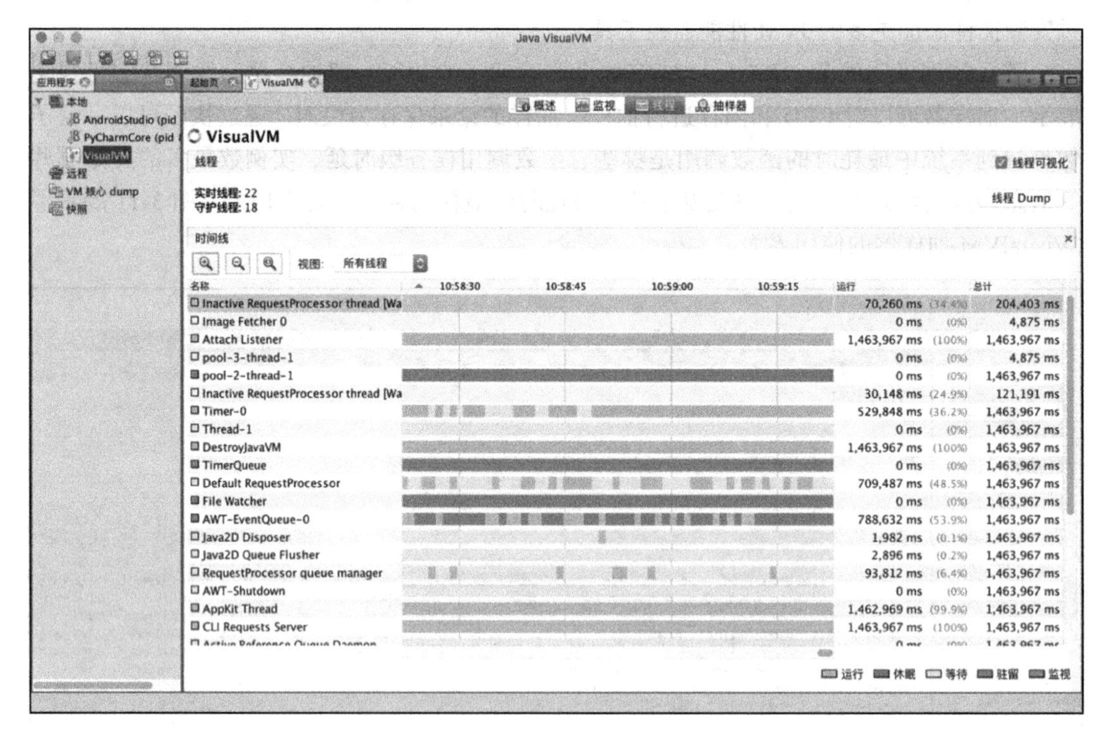


图 3-12　JVisualVM 的线程状态可视化展示功能

## 2. 压测工具

性能改进时的监控行为一定要在系统压力“打满”的情况下进行，否则监控工具展现出来的系统状况不具有系统优化的提示作用。即使想简单改进无压力状况下系统的处理时延，实际上也要考虑系统在流量高峰时的真实运行情况。传统针对微服务的压测工具有 Apache Bench、Apache JMeter、LoadRunner 等，但与针对微服务的压力测试有所区别，流计算应用的压力测试主要依赖于消息中间件，如 Kafka。在流计算应用实现的过程中，有时也会调用其他独立的微服务，但通常而言，不管是流计算应用还是其所调用的独立微服务，它们都是在同一个局域网内的，不会存在类似于数据采集服务器面对终端用户的数万、数十万并发连接问题，所以我们对压测工具的要求相对简单，只需要它们能够将我们所测对象的输入压满即可。下面我们分别针对微服务应用和流计算应用两种场景各自介绍一种压测工具。至于其他压测工具就不再展开介绍了，感兴趣的读者可以自行查阅相关资料。

（1）Apache JMeter

Apache JMeter 是一款基于 Java 开发的压力和性能测试工具，也可用于其他领域的测试。在对微服务做压力测试时，可以通过JMeter启动多个线程对微服务发起HTTP请求。JMeter提供了多种负载统计报表和可视化工具，可以让我们方便地看到压力测试的运行状况和结果报告。图3-13展示了某个微服务应用在请求压力被"打满"时的TPS时间序列图。从图3-13中可以发现，该微服务应用的TPS最高为3600，但TPS随时间变化的上下抖动现象还是非常明显的。换言之，在高压测试情况下，该微服务应用的吞吐能力不太稳定，这表明该微服务应用应该在某些地方存在问题。那具体是什么地方的问题呢？这个时候我们就可以使用相应的监控工具进行更深入的分析了。

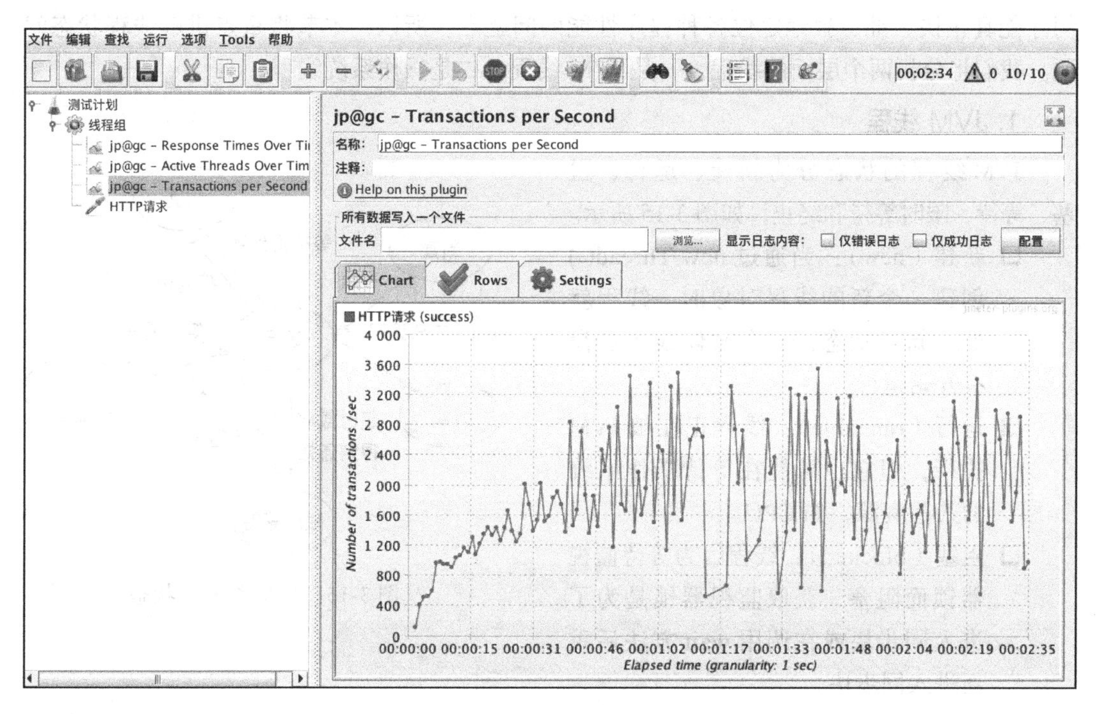


图3-13　使用JMeter进行压力测试发现服务的吞吐能力不稳定

（2）Apache Kafka

与微服务应用不同，流计算应用的数据输入源从诸如Apache Kafka这样的消息队列而来。以Kafka作为数据源为例，为了方便压力测试，可以预先在Kafka中灌入一批用于压力测试的数据。之后，如图3-14所示，我们可以通过修改Kafka分区（partition）的偏移量（offset），方便地重放压测数据，而

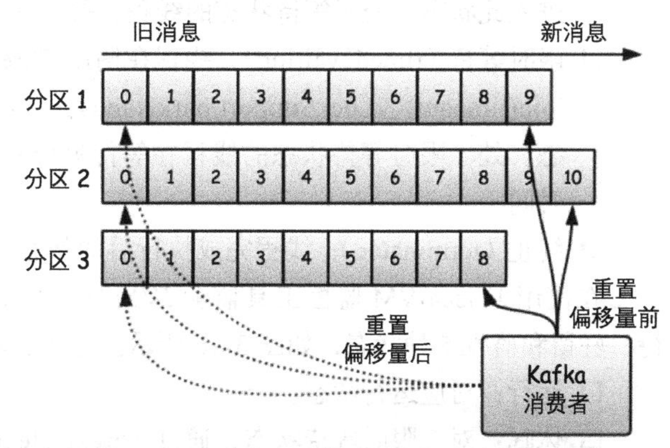


图3-14　Kafka重置偏移量可以重新消费数据

不必每次都重新灌入新数据。这种消息重放的功能，使得 Kafka 非常适合用于流计算应用的性能压力测试。

### 3.4.3 线程状态

虽然前面介绍了各种强有力的性能测试工具，但最终能否优化好我们所开发的各种应用程序，还是依赖于我们对程序运行时的透彻理解。除了对业务流程本身的理解之外，最重要、最通用、最基础的内容是对线程状态的理解了。可以说，只有理解了线程状态，我们才能真正快、准、狠地定位各种程序性能的问题点。所以，本节将重点讲解线程状态问题。我们将分析两个层面的线程，一是 JVM 线程，二是操作系统线程。

#### 1. JVM 线程

JVM 线程的状态分为新建、运行、阻塞、等待、限时等待和终止，如图 3-15 所示。

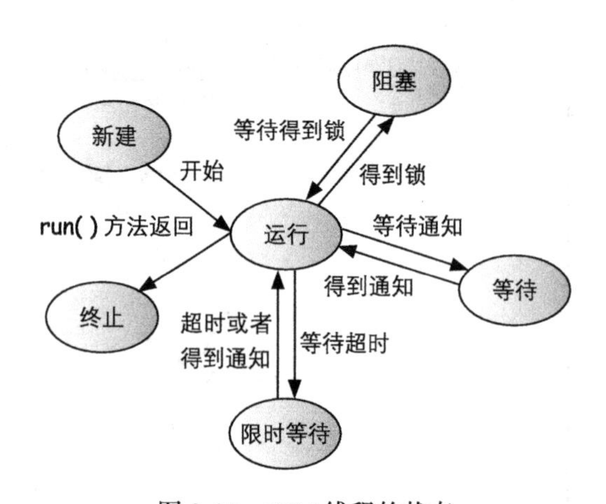


图 3-15　JVM 线程的状态

- 新建（new）：当通过 new Thread( ) 创建一个新的线程对象时，线程就处于新建状态，这个时候线程还没有开始运行。
- 运行（runnable）：线程正在被 JVM 执行，但它也可能在等待操作系统的某些资源，如 CPU。
- 阻塞（blocked）：线程因为等待监视器锁而阻塞，获取监视器锁是为了进入同步块或在调用 wait 方法后重新进入同步块。
- 等待（waiting）：线程在调用 Object.wait、Thread.join 或 LockSupport.park 方法后，进入此状态。处于等待状态的线程在等待另一个线程执行特定的动作。
- 限时等待（timed waiting）：线程在调用 Thread.sleep、Object.wait(timeout)、Thread.join(timeout)、LockSupport.parkNanos 或 LockSupport.parkUntil 方法后，进入此状态。处于限时等待状态的线程在等待另外一个线程执行特定的动作，但是带有超期时间。
- 终止（terminated）：线程完成执行后的状态。

在使用 JVisualVM 监控工具监测 JVM 实例时，会看到线程状态分成运行、休眠、等待、驻留和监视 5 种状态，如图 3-16 所示。这 5 种状态是对 JVM 线程状态的另一种划分。

- 运行：对应运行状态。
- 休眠：对应限时等待状态，通过 Thread.sleep(timeout) 进入此状态。

- 等待：对应等待状态和限时等待状态，通过 Object.wait( ) 或 Object.wait(timeout) 进入此状态。
- 驻留：对应等待状态和限时等待状态，通过 LockSupport.park( ) 或 LockSupport.parkNanos(timeout)、LockSupport.parkUntil(timeout) 进入此状态。
- 监视：对应阻塞状态，在等待进入 synchronized 代码块时进入此状态。

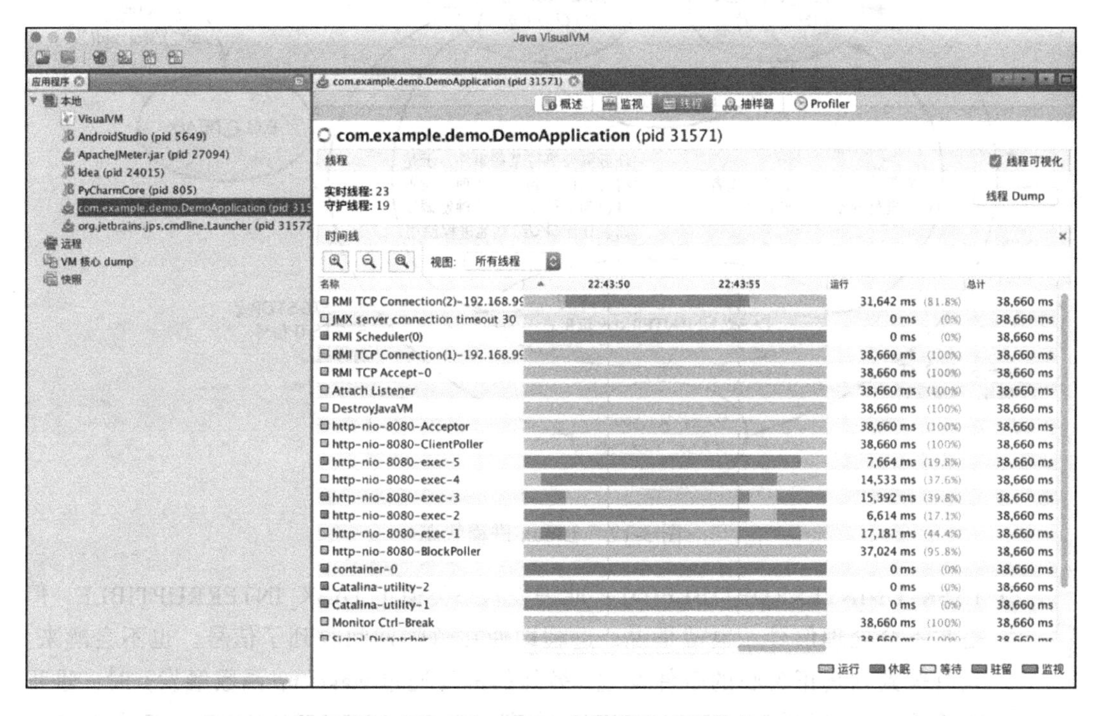


图 3-16　JVisualVM 中线程的 5 种状态

## 2. 操作系统线程

由于 Linux 操作系统的线程本质上也是进程，它是一种轻量级进程，Linux 内核以进程为调度单位，故 Linux 线程的状态和进程的状态一样。图 3-17 展示了 Linux 进程各种状态之间的转化关系。

- TASK_RUNNING(R)：CPU 正在执行的进程，或 CPU 可以执行但尚未调度执行的进程。如果细分，则前者是正在运行状态，后者是可运行状态。
- TASK_INTERRUPTIBLE(S)：进程因为等待某些事件的发生而处于可中断的睡眠状态。所谓可中断，是指进程在收到信号（也称为软中断）时，会被提前临时唤醒去执行信号处理逻辑。在完成信号处理后，进程继续进入睡眠状态。只有等到它真正关心的事件发生（另外的进程通过 wake_up 函数触发）时，进程才会被真正唤醒，变成 TASK_RUNNING 状态。

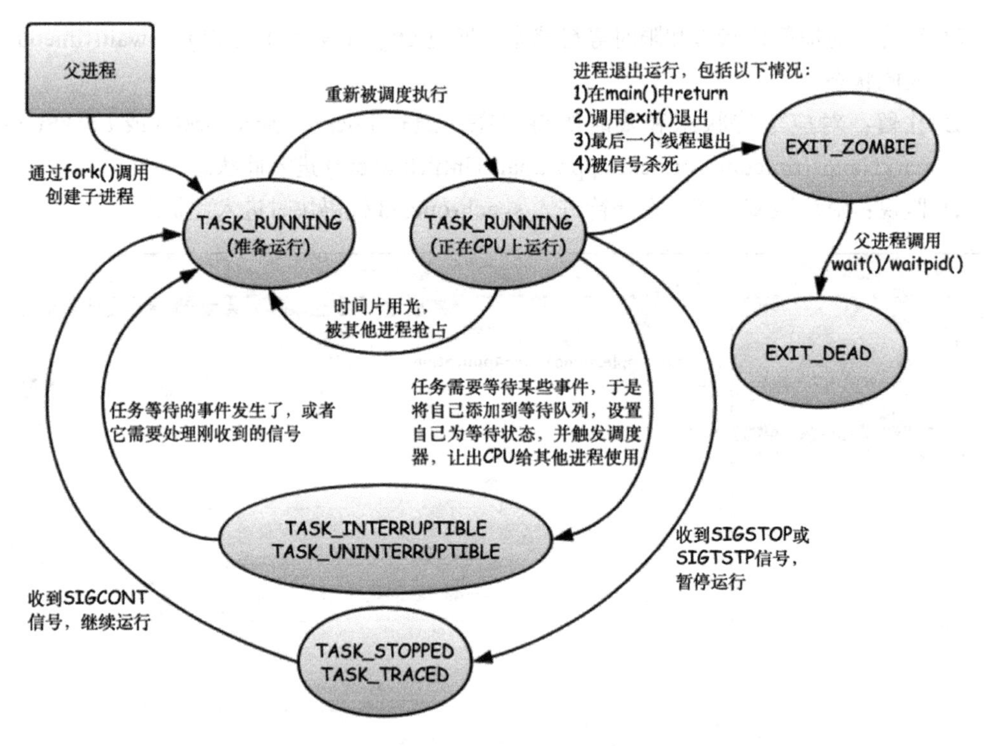


图 3-17　Linux 进程状态

- TASK_UNINTERRUPTIBLE(D)：此进程状态类似于 TASK_INTERRUPTIBLE，但是它不会处理信号。也就是说，进程即使在睡眠期间收到了信号，也不会醒来。只有等到它真正关心的事件发生（另外的进程通过 wake_up 函数触发）时，进程才会醒来，变成 TASK_RUNNING 状态。TASK_UNINTERRUPTIBLE 和 TASK_INTERRUPTIBLE 的功能本质上是相同的，只是为了不同场景使用的灵活性而提供的两种不同睡眠策略。
- TASK_STOPPED(T)：当接收到 SIGSTOP 或 SIGTSTP 等信号时，进程就会在处理这些信号后进入 TASK_STOPPED 状态。处于 TASK_STOPPED 状态的进程没有运行，并且不会被调度运行。当接收到 SIGCONT 信号时，进程就会在信号处理完成后，重新变为 TASK_RUNNING 状态，也就是恢复运行。TASK_STOPPED 状态比较常用的一个场景是通过 Ctrl-Z 暂停进程，然后通过 bg 命令让进程在后台继续运行。
- TASK_TRACED(T)：TASK_TRACED 状态与 TASK_STOPPED 状态类似，只用于调试的场景。当进程正在被其他进程调试追踪时，进程就进入这种状态。
- EXIT_ZOMBIE(Z)：进程已终止，但是还没有被其父进程回收进程信息，这个时候进程就处于僵尸状态。

- EXIT_DEAD(X)：进程在经过僵尸状态后，被父进程调用 wait/waitpid 回收掉进程信息，就处于 EXIT_DEAD 状态了，至此进程彻底结束。

### 3. JVM 线程和操作系统线程的关系

当 JVM 的线程进行 I/O 操作，如调用 FileOutputStream.writeBytes 或 FileChannel.transferTo 等方法时，JVM 线程处于运行状态，但是操作系统的状态不只有 TASK_RUNNING，它还会在部分时间段处于 TASK_UNINTERRUPTIBLE 状态。JVM 线程与操作系统线程一一对应，其调度是借助于操作系统的任务调度器完成的。JVM 线程在触发 I/O 操作时，JVM 自身并不知道这个线程在操作系统层面执行的具体细节，它只知道这个线程正在被执行。所以，对于它而言，该线程处于运行状态。但是在操作系统层面，操作系统（内核）发现这个线程进行了 I/O 相关调用。通常而言，I/O 操作会触发磁盘或网络等外设的数据传输行为，这个过程需要时间，因此操作系统会把这个线程先调度出去，也就是让出 CPU 来执行其他任务，等到数据传输完成时，再继续调度该线程执行。在线程等待数据传输完成期间，该线程通常处于 TASK_UNINTERRUPTIBLE 状态。这就是为什么进行 I/O 操作的 JVM 线程处于运行状态，但是在操作系统线程层面会出现 TASK_RUNNING 和 TASK_UNINTERRUPTIBLE 两种状态的原因。JVM 线程的 I/O 操作越密集，对应操作系统线程处于 TASK_UNINTERRUPTIBLE 状态的时间就越多。所以，某个 JVM 线程长时间处于运行状态，并不代表它一直在被 CPU 执行，还有可能处于 I/O 状态。这个时候，需要借助于 top、dstat 和 zabbix 等工具来分析 JVM 实例（JVM 进程）处于用户态和内核态的时间占比、磁盘和网络 I/O 的吞吐量等信息。虽然处于运行状态的线程并不代表它在执行，还有可能是正阻塞在等待 I/O 操作完成的过程中，但我们在性能调优时，还是应该让线程处于运行状态。这是因为，处于运行状态的线程，要么表示 CPU 在执行，要么意味着它已经触发了 I/O 操作，只是 I/O 能力不足或者外部资源响应太慢，才导致了它的等待。而如果线程处于等待、限时等待或阻塞状态，则说明程序可能存在以下问题。

- 工作量不饱和，如从输入队列拉取消息过慢，当然也可能是输入本身很少，但是在性能测试和优化时应该让系统处于压力饱和状态。
- 内耗严重，如锁使用不合理、synchronized 保护范围过大，导致竞态时间过长、并发性能低下。
- 资源分配不足，如分配给某个队列的消费者线程过少，导致队列的生产者长时间处于等待状态。
- 处理能力不足，如某个队列的消费者处理过慢，导致队列的生产者长时间处于等待状态。

整体而言，由于 JVM 线程是对操作系统线程的封装，其调度也由操作系统支撑，所以它们的状态大体上是对应和关联的。例如，处于等待状态的 JVM 线程处于操作系统线程的 TASK_INTERRUPTIBLE 状态，处于等待状态的线程可以由其他 JVM 线程通过

notify/notifyAll 唤醒，也可以因为 InterruptedException 被唤醒。同样地，处于 TASK_INTERRUPTIBLE 状态的线程，既可以由其他线程唤醒，也可以由信号（软中断）来唤醒。但由于 JVM 是在用户态对线程进行管理和描述的，所以底层的细节会丢失。这就导致 JVM 线程在一个状态期间，可能会出现多种操作系统线程状态。例如前面提到的，处于运行状态的 JVM 线程可以处于操作系统线程的 TASK_RUNNING 状态和 TASK_INTERRUPTIBLE 状态。

### 3.4.4 优化方向

在确定性能瓶颈处之后，即可采取措施来改进程序性能了。通常性能优化可以从资源、算法、并发与竞态这 3 个方面来考虑。

#### 1. 资源

程序运行时资源主要包括 CPU、内存、磁盘 I/O 和网络 I/O 4 个方面。

- CPU：调整线程数和线程调度的优先级，可以调整分配给计算任务的 CPU 资源。
- 内存：通过设置启动参数，可以配置 JVM 内存使用策略和垃圾回收策略。例如，用 -Xms 和 -Xmx 配置 JVM 的堆，用 -Xss 配置线程的栈；还可以通过其他参数配置 JVM 垃圾回收（GC）的策略。另外，在程序开发过程中，采取及时释放无用对象、设置缓存 TTL、避免内存泄漏等措施，也可以优化内存使用。
- 磁盘 I/O：通过异步和批次操作，可以提高磁盘读写性能。使用缓存，可以减少不必要的磁盘 I/O 操作。在必要时，可以采用性能更好、支持随机读写的磁盘，如 SSD。
- 网络 I/O：通过异步和批次操作，可以提高网络 I/O 性能。如果通过监控确定带宽已用满，则需要增加带宽。

#### 2. 算法

算法改进是一个与特定计算任务强相关的事情。例如，采用 Hyperloglog 近似算法来改进关联图谱中一度关联度的计算。由于这部分与具体的计算任务强相关，因此在这里不展开叙述。在本书的第 4 章中，我们会讨论流计算使用场景中一些常见的计算目标和计算模式，届时我们将讨论部分特定计算目标和计算模式的优化问题。

#### 3. 并发与竞态

如果在程序中为了保证并发安全，使用了诸如锁（lock）一类的同步方案，那么就需要检查程序性能是不是因为多线程竞争下降了。3.3.3 节提到，在流计算过程中，通过队列隔离计算逻辑，并且尽量使用不可变变量（immutable variables）来减少竞态发生。所以，如果存在竞态影响性能的问题，则其很有可能是由程序编写不当造成的。特别是在使用第三方库的时候，一定要对所使用第三方库的内部工作原理有最基本的认识，如它是否线程安全、是否支持高并发等。如果实在不能确定，则采用稳妥的方式处理更好，如采用线程局部量的方式。

另外，需要强调的是，支持高并发与线程安全是两个不同的概念。支持高并发意味着线程一定安全，但是线程安全并不一定是支持高并发的。例如，JDK 中的 Hashtable 是线程安全的，但它是通过在所有 Map 接口方法上加 synchronized 这种粗鲁的同步方式实现的，因此在高并发场景下 Hashtable 的性能会非常糟糕。而 ConcurrentHashMap 采用了更加精细设计的分段加锁方式来实现线程安全和高并发访问，在并发访问时不同段互不影响，因此在高并发场景下，ConcurrentHashMap 性能依旧十分出色。

## 3.5 本章小结

本章通过构建一个单节点的实时流计算框架，分析了流计算中较重要的两个基本组件，即用于传递事件的队列和用于执行计算逻辑的线程。虽然在本书后续的章节中，我们会看到更加复杂的分布式流计算框架，但这改变不了流计算应用的这种基本组成结构。

流计算是异步的系统，所以我们需要严格控制异步系统中各子系统执行步调不一致的问题。为此，我们反复强调了反向压力功能对流计算系统的重要性。只有在内部支持了反向压力功能的流计算应用，才能长期稳定、可靠地运行下去。相比“异步”而言，“流”这种计算模式更加自然地描述了真实世界中事情发生的过程，也更加符合我们在分析业务执行流程时的思维方式。所以，“流”降低了构建异步和高并发系统的难度。

针对流计算应用的优化是非常有意义和价值的事情，这会让我们对自己构建的系统（不管是在业务逻辑上，还是技术细节上）有更加深刻的认识，所以我们必须重视程序优化。

本章构建了特征提取模块的流计算应用框架，但是并没有涉及具体的特征计算。特征计算属于流数据处理的内容，在接下来的章节中，我们将讨论有关流数据处理的方方面面。

# 第4章　数据处理

在第3章中，我们实现了一个用于流数据上特征提取的单节点流计算应用。但是在这个流计算应用中，我们事实上只是完成了流数据上特征提取的整体执行框架，对于具体的特征提取，我们只是通过一个“桩”函数（即doFeatureExtract函数）把具体实现略过了。在本章中，我们将讨论具体的特征提取问题。说到“特征”，这其实是一个非常宽泛的概念，因为“特征”的来源可谓是多种多样，它们的计算方法也不尽相同。例如在金融风控系统中经常用到的借贷金额、还款时间等特征，它们可以由上报事件的原始字段直接或间接转化而来。又如用户登入频率、登入的不同地点数、登入的不同设备数等特征，需要从过往的事件历史中通过在时间维度或空间维度的分组和聚合运算而来。更复杂一些的特征，如跨多个事件的事件序列模式匹配，甚至需要用到CEP（复杂事件处理）等技术。所以，针对流数据的特征提取实际上涵盖了流数据处理的方方面面，本章就来详细讨论流数据处理的相关内容。

## 4.1　流计算到底在计算什么

到目前为止，通过第2章，我们已经有了流数据源，通过第3章，我们已经实现了一个用于构建单节点流计算应用的框架。接下来，我们就要用它们做一些真正有意义的事情了。那么问题来了，我们千辛万苦构建的流计算系统到底能够计算什么呢？总的来说，我们使用流计算主要是为了计算以下几类问题。

### 1. 流数据操作

流数据操作可以说是流计算系统与生俱来的能力，它本身是针对数据流的转化或转移处理，所以实现和使用起来都相对更加直观。流数据操作的内容主要包括3类：对数据进行清洗、规整和结构化，对不同来源的数据进行关联及合并，以及在不同系统之间搬运数据。这3类操作通过一些常用的流式API就可以实现，4.2节会详细讨论这些流式API。

### 2. 单点特征计算

一个事件包含的用户是否在黑名单中？发生事件的设备是否是模拟器？温度传感器传来的温度事件是否已经超出正常温度范围？发送消息设备的IP是否是代理？一次交易的金额是否属于大额交易？手机是否有SIM卡？诸如此类的问题，要么可以通过黑白名单，要么能够通过特定的规则计算而得到答案，实现起来相对简单，我们将这类特征称为单点特征。

### 3. 时间维度聚合特征计算

相同设备1小时内的注册事件次数、相同银行卡号的7天交易事件次数、过去30天内同一IP段的交易金额、过去1分钟高温事件次数、过去5分钟日志告警事件的次数……诸如此类特征在风控、预警、监控等各种场景中都有非常广泛的应用。通过分析不难发现，这类特征都有一个共同特点，即它们均需要在时间维度对数据进行聚合运算。因此，我们称这类特征为时间维度聚合特征。

### 4. 关联图谱特征计算

除了时间维度的聚合分析外，我们还经常进行空间维度的聚合分析，即“关联图谱”分析。例如，在一些风控场景中，我们需要计算用户账户使用IP的个数、同一手机号码发生在不同城市的个数、同一设备关联用户的数目、同一用户关联设备的数目、同一推荐人推荐的用户数等特征。以设备关联用户数为例，如果某个设备上注册的用户很多，那么它的风险就比较高，毕竟正常情况下我们只会用自己的手机注册自己的账号，而不会帮其他几十、上百人注册账号。

### 5. 事件序列分析

数据流中的数据不只单纯在时间上有着先来后到的关系，数据和数据之间也有着联系。例如，用户在手机上安装新App，可能是先单击了某个广告链接，然后下载并安装App，最后成功注册账号。从“单击”到“下载”，再到“安装”和“注册”，这就完成了一次将广告转化为用户的过程。再如，在网络欺诈识别场景中，如果用户在新建账号后立马发生大量交易行为，那么这种“新建账号”到“10分钟内5次交易”的行为就是一种非常可疑的行为了。诸如此类从数据流表示的事件流中检测并筛选出符合特定模式或行为的事件序列的过程，称为CEP。流计算经常用来解决CEP问题。

### 6. 模型学习和预测

随着流计算越来越流行和普及，越来越多的原本主要针对离线批量数据的统计和机器学习模型也被用于流数据。例如，在风控系统中，我们计算特征后，还需要把这些特征输入评分模型进行风险评分。根据不同的使用场景，使用的评分模型可能是基于规则的模型，也可能是基于机器学习的模型。传统的机器学习模型主要通过离线训练而来，但现在越来越多的模型会直接基于流数据在线训练和更新。再如，在异常检测应用中，我们会在线统计并估计变量的分布参数，然后根据训练出的分布模型判断变量之后的取值是否异常。这种同时在线更新和预测的做法在流计算应用中也越来越常见。

这里总结了6类流计算问题。总体而言，我们在以后的流计算应用开发过程中，所面对的计算问题都会八九不离十地归于这6类计算问题中的一种或多种。所以，在本章接下来的内容中，除了“单点特征”外，我们将逐一分析各类问题的计算方法。至于“单点特征”，由于其实现相对简单（或者说难点不在于流计算这部分），且主要与具体业务场景相关，所以我们就不具体讨论了。

## 4.2 流数据操作

当流数据进入系统后，通常会对数据做一些整理，如提取感兴趣的字段、统一数据格式、过滤不合条件事件、合并不同来源数据流等。虽然不同系统处理数据的具体方法不尽相同，但经过多年的实践和积累，业界针对流数据的操作目标和手段有了一些共同的认识，并已逐步形成一套通用的有关流数据操作的 API 集合。在本节中，我们将讨论一些基础的流数据操作方法，几乎所有的流计算平台都会提供这些方法的实现，而其他功能更丰富的流式 API 也构建在这些方法的基础上。

### 4.2.1 过滤

过滤（filter）基本上可以说是最简单的流计算操作了，它用于在数据流上筛选出符合指定条件的元素，并将筛选出的元素作为新的流输出。流的过滤是一个容易理解且容易实现的操作。例如，我们现在需要监控仓库的环境温度，在火灾发生前提前预警以避免火灾，那么就可以采用过滤功能，从来自于传感器的记录环境温度的事件流中过滤出温度高于100℃的事件。我们使用 Flink 实现如下：

```
DataStream<JSONObject> highTemperatureStream = temperatureStream.filter(x ->
x.getDouble("temperature") > 100);
```

上面的 Lambda 表达式“ x->x.getDouble("temperature")>100”即过滤火灾高温事件的条件。

图 4-1 展示了过滤操作的作用，它将一个具有多种形状的数据流，转化为只含圆形的数据流。当然在实际开发过程中，我们可以将“形状”替换为任何东西。

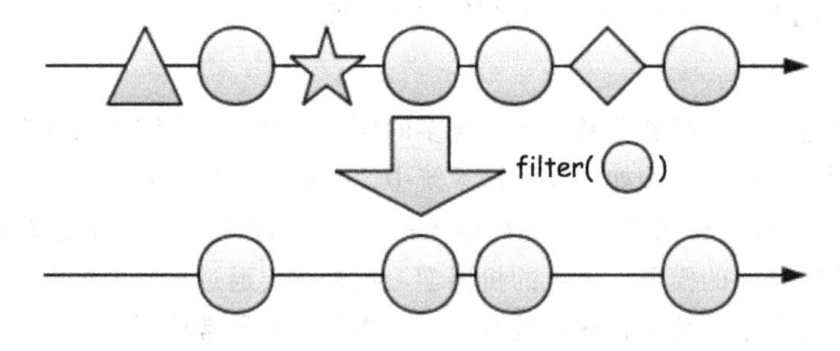


图 4-1 过滤操作

### 4.2.2 映射

映射（map）用于将数据流中的每个元素转化为新元素，并将新元素输出为数据流。同样以仓库环境温度监控为例，但这次我们不是将高温事件过滤出来，而是采用数据工程师在做特征工程时常用的一种操作：二值化。我们在原始环境温度事件中，添加一个新的布尔（boolean）类型字段，用于表示该事件是否是高温事件。同样，我们使用 Flink 实现如下：

```
DataStream<JSONObject> enhancedTemperatureStream = temperatureStream.map(x -> {
    x.put("isHighTemperature", x.getDouble("temperature") > 100);
    return x;
});
```

在上面示意代码的 Lambda 表达式中，通过原始事件的 temperature 字段判断是否为高温事件后附加到事件上，最后返回附加了高温信息的事件。

图 4-2 展示了映射操作的作用，它将一个由圆形组成的数据流，转化为由五角星形状组成的数据流。同样在实际开发过程中，我们可以将“形状”具象为任何东西。对数据流中的数据做转化或信息增强，正是映射操作的重要作用。

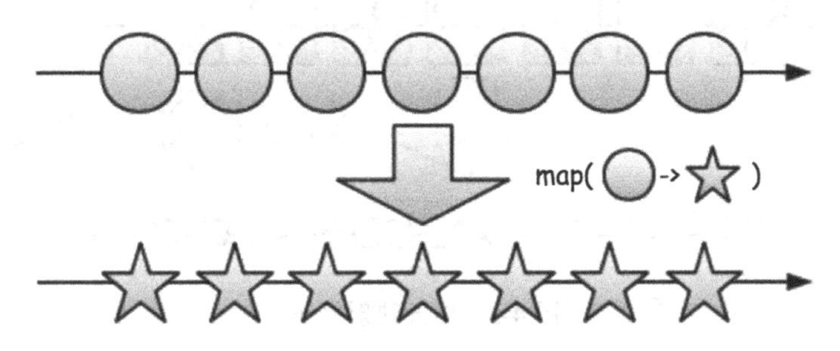


图 4-2　映射操作

## 4.2.3　展开映射

展开映射（flatMap）用于将数据流中的每个元素转化为 $N$ 个新元素，其中 $N \in [0+\infty)$。相比映射而言，展开映射是一个更加灵活的方法，因为映射只能一对一地对数据流元素进行转化，而展开映射能 1 对 $N$ 地对数据流元素进行转化。下面举一个展开映射在社交活动分析中使用的例子。现在有一组代表用户信息的数据流，其中每个元素记录了用户（用 user 字段表示）及其好友列表（用 friends 数组字段表示）信息，现在我们要分析各个用户与其各个好友之间的亲密程度，以判断他们之间是否是“塑料兄弟”或“塑料姐妹”。我们要先将用户及其好友列表一一展开，展开后的每个元素代表了用户及其某一个好友之间的关系。下面是采用 Flink 实现的例子。

```
DataStream<String> relationStream = socialWebStream.flatMap(new
FlatMapFunction<JSONObject, String>() {
    @Override
    public void flatMap(JSONObject value, Collector<String> out) throws
    Exception {
        List<String> collect = value.getJSONArray("friends").stream()
                .map(y -> String.format("%s->%s", value.getString("user"), y))
                .collect(Collectors.toList());
        collect.forEach(out::collect);
    }
});
```

在上面代码的展开映射方法中，我们使用 Java 8 的流式 API，将用户的好友列表 friends 展开，与用户形成一对对的好友关系记录（用“%s->%s”格式表示），最终由 out::collect 收集起来，写入输出数据流中。

图 4-3 展示了展开映射操作的作用，它将一个由包含小圆形在内的正方形组成的数据流，展开转化为由小圆形组成的数据流。在实际开发过程中，我们还经常使用展开映射实现 Map/Reduce 或 Fork/Join 计算模式中的 Map 或 Fork 操作。更有甚者，由于展开映射的输出元素个数能够为 0，我们有时候连 Reduce 或 Join 操作也可以使用展开映射操作实现。

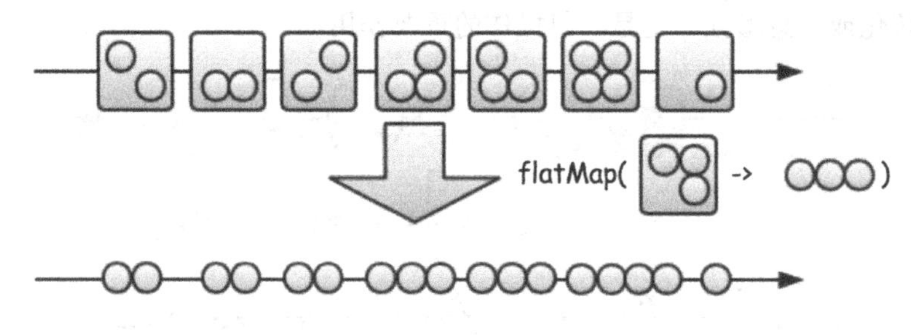


图 4-3 展开映射操作

## 4.2.4 聚合

聚合（reduce）用于将数据流中的元素按照指定方法进行聚合，并将聚合结果作为新的流输出。由于流数据具有时间序列的特征，所以聚合操作不能像诸如 Hadoop 等批处理计算框架那样作用在整个数据集上。流数据的聚合操作必然指定了窗口（或者说这样做才有更加实际的意义），这些窗口可以基于时间、事件或会话（session）等。

同样以社交活动分析为例，这次我们需要每秒钟统计一次 10 秒内用户活跃事件数。使用 Flink 实现如下。

```
DataStream<Tuple2<String, Integer>> countStream = socialWebStream
    .map(x -> Tuple2.of("count", 1))
    .returns(Types.TUPLE(Types.STRING, Types.INT))
    .timeWindowAll(Time.seconds(10), Time.seconds(1))
    .reduce((count1, count2) -> Tuple2.of("count", count1.f1 + count2.f1));
```

在上面的代码片段中，socialWebStream 是用户活跃事件流，我们使用 timeWindowAll 指定每隔 1 秒，对 10 秒窗口内的数据进行一次计算。reduce 方法的输入是一个用于求和的 Lambda 表达式。在实际执行时，这个求和 Lambda 表达式会依次将每条数据与前一次计算的结果相加，最终完成对窗口内全部流数据的求和计算。如果将求和操作换成其他“二合一”的计算，则可以实现相应功能的聚合运算。由于使用了窗口，所以聚合后流的输出不再像映射运算那样逐元素地输出，而是每隔一段时间才会输出窗口内的聚合运算结果。如前面的示例代码中，就是每隔 1 秒输出 10 秒窗口内的聚合计算结果。

图 4-4 展示了聚合操作的作用，它将一个由带有数值的圆形组成数据流，以 3 个元素为窗口，进行求和聚合运算，并输出为新的数据流。在实际开发过程中，我们可选择不同的窗口实现、不同的窗口长度、不同的聚合内容、不同的聚合方法，从而在流数据上实现各种各样的聚合操作。

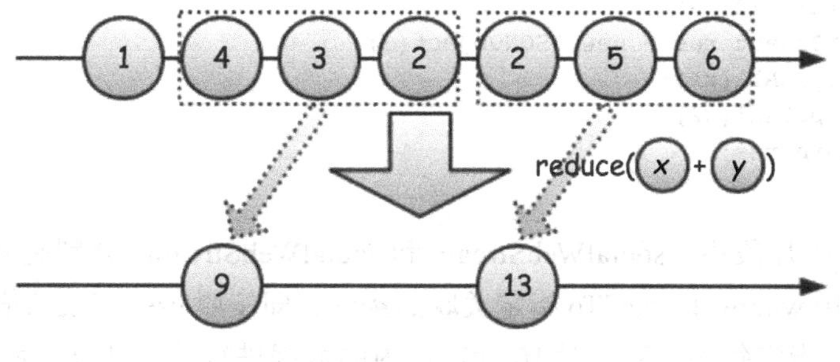


图 4-4　聚合操作

## 4.2.5　关联

关联（join）用于将两个数据流中满足特定条件的元素对组合起来，按指定规则形成新元素，并将新元素输出为数据流。在关系型数据库中，关联操作是非常常用的查询手段，这是由关系型数据库的设计理念（即数据库的 3 种设计范式）决定的。而在流数据领域，由于数据来源的多样性和在时序上的差异性，数据流之间的关联也成为一种非常自然的需求。以常见场景为例，假设我们收集的事件流同时被输入两个功能不同的子系统以做处理，它们各自处理的结果同样以数据流的方式输出。现在需要将这两个子系统的输出流按照相同事件 id 合并起来，以汇总两个子系统对同一事件的处理结果。在这个合并过程中，两个数据流之间的元素是“一对一”的对应关系。这种情况实现起来相对简单。

相比关系型数据库表间的关联操作，流数据的关联在语义和实现上都更加复杂些。由于流的无限性，只有在类似于前面“一对一”等非常受限的使用场景下，不限时间窗口的关联设计和实现才有意义，也相对简单。在大多数使用场景下，我们需要引入“窗口”来对关联的流数据进行时间同步，即只对两个流中处于相同时间窗口内的数据进行关联操作。

即使引入了窗口，流数据的关联依旧复杂。当窗口时间很长，窗口内的数据量很大（需要将部分数据存入磁盘），而关联的条件又比较宽泛（如关联条件不是等于而是大于）时，那么流之间的关联计算将非常慢（不是相对于关系型数据库慢，而是相对于实时计算的要求慢），基本上我们也别指望能够非常快速地获得两个流关联的结果了。反过来讲，如果关联的周期很短，数据量不大，而我们能够使用的内存又足够将这些数据都放入内存，那么关联操作就能够相对快速地实现。

同样以社交网络分析为例子，这次我们需要将两个不同来源的事件流，按照用户 id 将它们关联起来，汇总为一条包含用户完整信息的数据流。以下就是在 Flink 中实现这个功能的示例代码。

```
DataStream<JSONObject> joinStream = socialWebStream.join(socialWebStream2)
    .where(x1 -> x1.getString("user"))
    .equalTo(x2 -> x2.getString("user"))
    .window(TumblingEventTimeWindows.of(Time.seconds(10), Time.seconds(1)))
    .apply((x1, x2) -> {
        JSONObject res = new JSONObject();
        res.putAll(x1);
        res.putAll(x2);
        return res;
    });
```

在上面的代码片段中，socialWebStream 和 socialWebStream2 分别是两个来源的用户事件流，我们使用 where 和 equalTo 指定关联的条件，即按照 user 字段的值相等关联起来。然后使用 window 指定每隔 1 秒，对 10 秒窗口内的数据进行关联计算。最后利用 apply 方法，指定了合并计算的方法。

流的关联是一个我们经常想用但又容易让人头疼的操作。因为稍不注意，关联操作的性能就会惨不忍睹。关联操作需要保存大量的状态，尤其是窗口越长，需要保存的数据越多。因此，当使用流数据的关联功能时，应尽可能让窗口较短。

图 4-5 展示了采用内联接（inner join）的关联操作，它将两个各带 id 和部分字段的数据流分成相同的时间窗口后，按照 id 相等进行内联接关联，最后输出两个流内联接后的数据流。

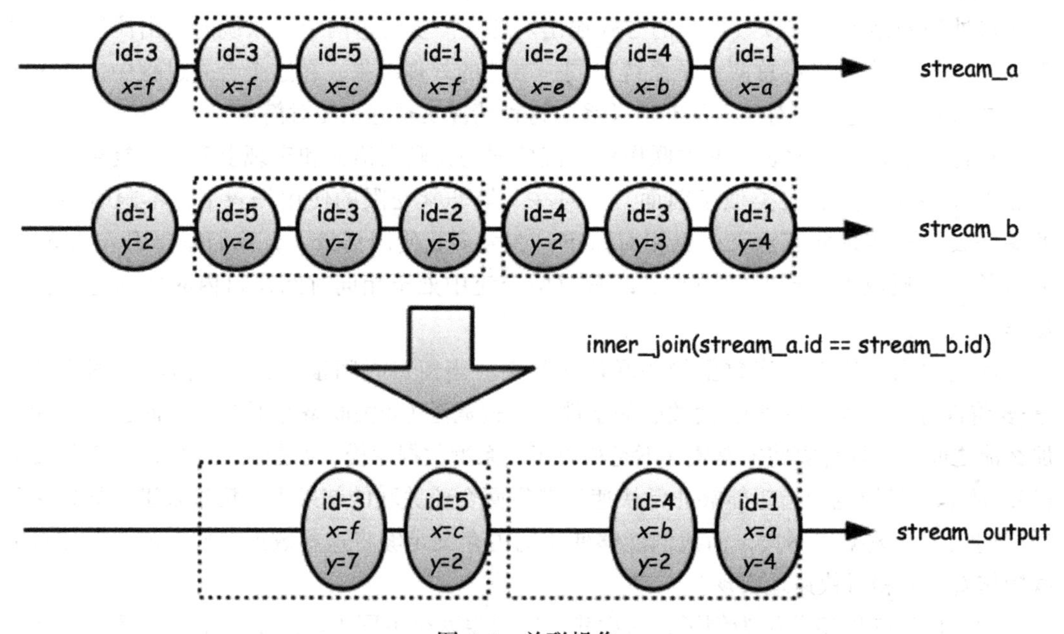


图 4-5　关联操作

### 4.2.6　分组

如果说各种流计算应用或流计算框架最终能够实现分布式计算，实现高并发和高吞吐，那么最大的功臣莫过于“分组”(key By）操作的实现了。分组操作是实现并行流计算的最主要手段，它将流划分为不相交的分区流，分组键相同的消息被划分到相同的分区流中，各个分区流在逻辑上相互独立，具有各自独立的运行时上下文。这就带来两个非常大的好处。

1）流分组后，能够被分配到不同的计算节点上执行，从而实现了 CPU、内存、磁盘等资源的分布式使用和扩展。

2）分区流具有独立的运行时上下文，就像线程局部量一样，对于涉及运行时状态的流计算任务来说，这极大地简化了安全处理并发问题的难度。

以电商场景为例，假设我们要在“双十一抢购”那天，实时统计各个商品的销量以展现在监控大屏上。使用 Flink 实现如下。

```
DataStream<Tuple2<String, Integer>> keyedStream = transactionStream
    .map(x -> Tuple2.of(x.getString("product"), x.getInteger("number")))
    .returns(Types.TUPLE(Types.STRING, Types.INT))
    .keyBy(0)
    .window(TumblingEventTimeWindows.of(Time.seconds(10)))
    .sum(1);
```

在上面的代码中，transactionStream 代表交易数据流，在取出了分别代表商品和销量的 product 字段和 number 字段后，我们使用 keyBy 方法根据商品对数据流进行分组，然后每 10 秒统计一次 10 秒内的各商品销售总量。

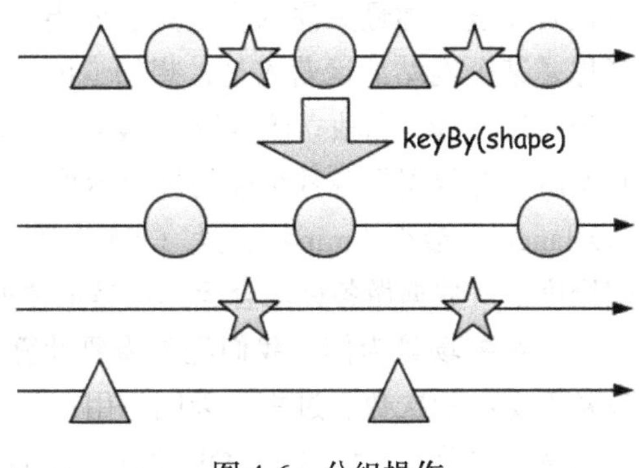

图 4-6　分组操作

图 4-6 展示了数据流的分组操作。通过分组操作，将原本包含多种形状的数据流划分为多个包含单一形状的数据流。当然，这里的“多个”是指逻辑上的多个，它们在物理上可以是多个流，也可以是一个流，这就与具体的并行度设置有关了。

### 4.2.7　遍历

遍历（foreach）是对数据流的每个元素执行指定方法的过程。遍历与映射非常相似又非常不同。说它们相似是因为遍历和映射都是将一个表达式作用在数据流上，只不过遍历使用的是“方法”（没有返回值的函数)，而映射使用的是“函数”。说它们不同是因为遍历和映射语义大不相同，从 API 语义上来讲，映射的作用是对数据流进行转换，但遍历并非对数据流进行转换，而是“消费”数据流。也就是说，数据流在经过遍历后也就终结了。所以，我们通常使用遍历操作对数据流进行各种 I/O 操作，如写入文件、存入数据库、输出到显示器等。

下面的 Flink 示例代码及图 4-7 均展示了将数据流输出到显示屏的功能。

```
transactionStream.addSink(new PrintSinkFunction<>()).name("Print to Std. Out")
```

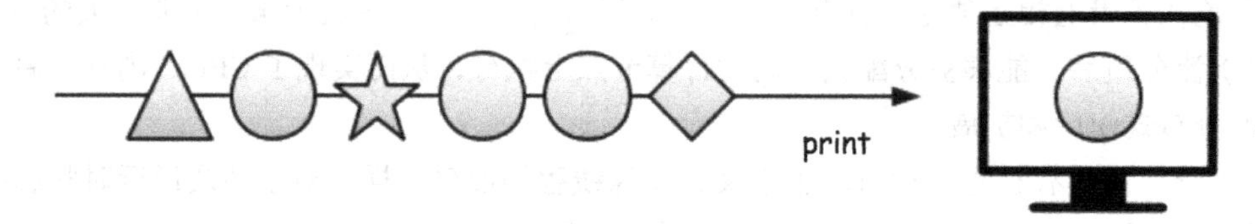


图 4-7　遍历操作

## 4.3　时间维度聚合特征计算

按时间维度对数据进行聚合是非常常见的计算类型，这很容易理解。例如，你是一个公司的老板，你想知道公司这个月的运营情况，你肯定要问这个月的销售额和成本各是多少，而不会去问每一笔买卖。再如，你是某个仓库的安全管理员，每天需要检查仓库的环境是否安全，你最关注的肯定是仓库当日的最高温度、最低温度和平均温度是多少。又或者你是某个网站的运营人员，想知道网站最近的流量怎样，你肯定要问最近一段时间的网站访问量（PV）和独立访客量（UV）。实际开发工作也是如此，大部分数据系统的主要工作其实就是对数据做各种维度的聚合运算，如计数（count）、求和（sum）、均值（avg）、方差（variance）、最小（min）、最大（max）等。由于流数据可以看作一种特殊的时间序列，在时间维度上对数据做各种聚合运算也是很常见的操作。

以风控场景为例，我们经常需要计算一些时间维度聚合特征，如过去一周内在同一个设备上交易的次数、过去一天同一用户的交易总金额、过去一周同一用户在同一 IP C 段的申请贷款次数等。如果用 SQL 描述上面的统计量，分别如下：

```
# 过去一周内在同一个设备上交易的次数
SELECT COUNT(*) FROM stream
WHERE event_type = "transaction"
AND timestamp >= 1530547200000 and timestamp < 1531152000000
GROUP BY device_id;

# 过去一天同一用户的总交易金额
SELECT SUM(amount) FROM stream
WHERE event_type = "transaction"
AND timestamp >= 1531065600000 and timestamp < 1531152000000
GROUP BY user_id;

# 过去一周同一用户在同一 IP C 段申请贷款次数
```

```
SELECT COUNT(*) FROM stream
WHERE event_type = "loan_application"
AND timestamp >= 1530547200000 and timestamp < 1531152000000
GROUP BY user_id, ip_seg24;
```

上面的 SQL 语句让我们很容易想到关系型数据库。关系型数据库在执行这类 SQL 时，如果没有构建索引，那么执行引擎就会遍历整个表，过滤出符合条件的记录，然后按 GROUP BY 指定的字段对数据分组并进行聚合运算。

那当我们面对的是流数据时，应该怎样实现这类聚合运算呢？一种简单的策略是采用与前文所述关系型数据库实现聚合运算时相同的方法。当数据到来时，先把它保存到缓冲区，然后遍历窗口内的所有数据，过滤出符合指定条件的事件并进行计数或求和等聚合运算，最后输出聚合结果。

但是大多数情况下将这种简单的方式运用到实时流计算中时，都会遇到性能问题。因为如果将每条消息都保存在缓冲区中，当窗口较长、数据量较大时，会占用很多内存。而且每次的计算需要遍历所有的数据，这无疑会消耗过多的计算资源，同时增加了计算所耗的时间。

因此，我们需要尽可能地降低计算复杂度，并且只保留必要的聚合信息，而不需要保存所有原始数据。非常幸运的是，对于各种聚合类型的运算，我们都能够找到一个（或者一组）指标，用于记录聚合后的结果。例如，对于 count 计算这个指标是“记录数”，对于 sum 计算这个指标是“总和”，对于 avg 计算这组指标是“总和”和“记录数”，对于 min 计算这个指标是“最小值”，对于 max 计算这个指标是“最大值”等。

我们以 count 计算来详细说明优化后的做法。首先，在每个时间窗口内，给变量的每一种可能的取值分配一个用于保存记录数的寄存器。然后当数据到达时，根据变量的取值及其所在的窗口，选中对应的记录数寄存器，然后将该记录数寄存器的值加一。这样，当窗口结束时，每个记录数寄存器的取值就是该时间窗口内变量在某个分组下的计数值了。同样，对于其他类型的时间维度聚合特征的计算，都可以按照这种思路来实现。表 4-1 列举了几种聚合计算在采用寄存器方法实现时所需要的寄存器个数及各个寄存器的含义。

表 4-1　各种聚合计算使用的寄存器含义

| 聚合计算 | 寄存器 1 | 寄存器 2 | 寄存器 3 |
|---|---|---|---|
| 计数（count） | 记录数 | 无 | 无 |
| 求和（sum） | 总和 | 无 | 无 |
| 均值（avg） | 总和 | 记录数 | 无 |
| 方差（variance） | 总和 | 平方和 | 记录数 |
| 最小（min） | 最小值 | 无 | 无 |
| 最大（max） | 最大值 | 无 | 无 |

虽然采用寄存器的方案极大地减少了内存的使用量，也降低了计算的复杂度，但是这种方案依旧存在问题。由于采用寄存器来记录聚合计算的中间值，也就涉及“状态”的存储问题。或许乍看之下我们会觉得，寄存器无非存储一个数字而已，又能够占用多少空间？但稍微仔细分析下就会发现问题。是的，我们为变量的每个可能

的值都分配了一个或一组寄存器，虽然寄存器的个数不多，如在表 4-1 中使用寄存器最多的方差也就用了 3 个寄存器。当我们进行聚合分析的变量具有一个较低的势[⊖]时，那么一切尚且良好。但是，实际的情况是，我们用于分组聚合时的分组变量往往具有比原本预想的高得多的势。例如，统计用户每天的登入次数，那中国有 10 多亿人口呢！（当然并非所有人都会上网。）再如，需要统计每个 IP 访问网站的次数，那全球有 40 多亿 IP 呢！再加上，有时候我们需要聚合的是一些复合变量，如统计过去一周同一用户在同一 IP C 段申请贷款次数，这种情况如果严格按照理论值计算（也就是笛卡儿积），那将是天文数字了。所以，至少我们不能将这些状态都存放在本地内存里。通常，我们需要将这些寄存器状态保存到外部存储器中，如 Redis、Ignite 或本地磁盘。并且，我们还需要为这些状态设置过期时间（TTL），将过期的状态清理掉，一方面为新的状态腾出空间，另一方面避免了占据空间的无限增长。在第 5 章中，我们将具体讨论有关状态存储的问题，所以在这里先不展开了。

## 4.4 关联图谱特征计算

讨论完流数据在时间维度的聚合分析，我们再来看看流数据在空间维度的聚合分析，也就是关联图谱。关联图谱是一种使用“图”来表示实体之间关联关系的数据组织结构。在社交网络进行分析中，关联图谱有着广泛的应用。通过对社交网络进行分析，可以发现虚拟社区、评估个体影响力、探索信息传播规律等。图 4-8 展示了一个关联图谱的例子，将这个关联图谱可视化后，我们能够一目了然地发现该图谱中有 3 个“团伙”，每个“团伙”各有 1 到 2 个“大哥”，并且 3 个“团伙”之间还通过“小弟”相互联系。

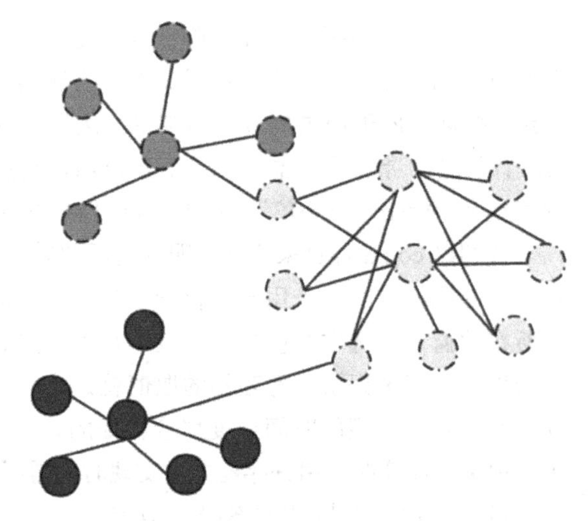

图 4-8　关联图谱

同样以金融风控为例，关联图谱在其中扮演着重要角色并起着巨大的作用。例如，在游戏代充值场景中，通过对手机和用户构成的网络分析，发现某个手机上注册的不同用户数过多，说明这个手机非常可疑。再如，在反欺诈场景中，通过对 IP 和设备的网络分析，发现某个 IP C 段上出现的设备数过多，说明这个 IP C 段的网络可能是团伙欺诈网络。

⊖ 势（cardinality）是集合论中用来描述一个集合所含元素数量的概念。如集合 $S=\{A, B, C\}$ 有 3 个元素，那么它的势就是 3。集合包含的元素数量越多，其势越大。

在本节中，我们主要讨论关联图谱中一度关联和二度关联的特征计算问题。虽然本节主要讲解流数据在空间维度的聚合分析，但是由于流数据本身属于时间序列，并且具有无穷无尽的特点，我们还是需要将时间窗口考虑在内。具体来说，我们分析的问题是诸如“过去一周内在同一个设备上注册的不同用户数”“过去24小时同一IP C段220.181.111出现的不同设备数”这类有时间窗口限定的问题，而不是“同一个设备上注册的不同用户数”和“同一IP C段220.181.111出现的不同设备数”这种不设时间范围的问题。

## 4.4.1　一度关联

一度关联是指关联图谱中的一个节点有多少个与之直接相邻的节点。实时流上的一度关联通常是为了统计一段时间内，某种属性上另一种属性不同取值的个数。例如，“过去一周内在同一个设备上注册的不同用户数”“过去24小时同一IP C段220.181.111出现的不同设备数”“过去1小时用户账户使用的不同IP数”“过去3个月同一手机号码关联的不同设备数”等。

同样，如果用SQL来描述这类问题，就应该是类似于以下这些例子：

```
# 过去一周内在同一个设备上注册的不同用户数
SELECT COUNT(DISTINCT user_id) FROM stream
WHERE event_type = "create_account"
AND timestamp >= 1530547200000 and timestamp < 1531152000000
GROUP BY device_id;

# 过去1小时用户账户使用的不同IP数
SELECT COUNT(DISTINCT ip) FROM stream
WHERE event_type = "transaction"
AND timestamp >= 1531065600000 and timestamp < 1531069200000
GROUP BY user_id;

# 过去3个月同一手机号码关联的不同设备数
SELECT COUNT(DISTINCT device_id) FROM stream
WHERE event_type = "create_account"
AND timestamp >= 1530547200000 and timestamp < 1538496000000
GROUP BY phone_number;
```

从上面的示例中可以看到，一度关联的计算其实就是COUNT DISTINCT（去重计数）计算。所以，我们立刻就想到了在流数据中实现一度关联的方法。

首先，我们在每个时间窗口内，用一个集合（set）来记录变量所有不同的取值。当新事件到达时，将事件所带相关变量的值添加到集合，利用集合自身的特性实现去重功能，然后返回集合的势（也就是集合的大小），即我们要计算的一度关联特征值。是不是非常简单啊？当读者看到此处时，就知道按照笔者的惯例，这其中必定存在猫腻了。是的，这里也存在问题，而且问题还不小。

针对一度关联的计算，我们的目的是得到一度相邻节点的数量。在前面的解决方案中，为了实现这个目标，我们非常朴实地将每一个不同取值都放在集合中保存下来。在数据量较小的时候，这种做法简单明了，不会存在什么问题。但如果变量的势很大，不同取值非常多，那么保存这些值将会占用大量的存储空间。不仅如此，当数据量大到一定程度时，程序的实时计算性能急剧下降。占用大量的存储空间和衰减严重的性能表现，都会让前面的解决方案在实际生产环境中变得不可行。

那该怎么办呢？在这关键时刻，一位盖世英雄踩着七彩祥云来拯救我们了，它就是神奇的 HyperLogLog 算法！话说笔者当初为了解决一度关联特征计算的问题可谓费尽心机，后来在一次上网查阅时搜得 HyperLogLog 算法，顿觉惊为天人，继而拍案而起，这种算法真的是太神奇了！

HyperLogLog 算法是一种以准确度换取时间复杂度和空间复杂度的近似算法，与之类似的还有 Bloom Filter、Count-Min Sketch 等算法。我们接下来重点介绍的 HyperLogLog 算法就是为了解决大数据量情况下计算集合中去重元素个数的问题。HyperLogLog 能够帮助我们节省大量存储空间和计算时间。以 Redis 中的 HyperLogLog 算法实现为例，只需要用 12KB 的内存，就能够在 0.81% 的标准误差范围内，记录将近 $2^{64}$ 个不同值的个数。而如果我们将这些不同值原原本本地记录下来，那就是平均记录长度 $\times 2^{64}$ B 了。另外，HyperLogLog 算法的插入和查询的时间复杂度都是 $O(1)$，所以在时间性能方面，HyperLogLog 算法完全符合实时计算的要求。

在 Redis 中，HyperLogLog 算法提供了 3 个命令：PFADD、PFCOUNT 和 PFMERGE。其中，PFADD 用于将元素添加到 HyperLogLog 寄存器，PFCOUNT 用于返回添加到 HyperLogLog 寄存器中不同元素的个数（根据 HyperLogLog 算法计算出来的估计值），PFMERGE 则用于合并多个 HyperLogLog 寄存器。

在有了 HyperLogLog 算法的加持后，我们就能够对一度关联的计算做出优化了。首先，我们在每个时间窗口内，为变量创建一个新的 HyperLogLog 寄存器。当新事件到达时，将事件所带相关变量的值通过 PFADD 命令添加到 HyperLogLog 寄存器中，然后使用 PFCOUNT 命令就可以返回变量不同取值的数量（估计值），这就是一度关联值。而如果我们还需要对多个窗口内的不同值个数进行汇总，那么就使用 PFMERGE 命令先将多个窗口内的 HyperLogLog 寄存器合并起来，生成一个新的合并后的 HyperLogLog 寄存器，之后对这个寄存器使用 PFCOUNT 命令就可以返回合并多个窗口后变量的不同取值个数了。

当然，虽然 HyperLogLog 算法为我们解决了去重计数的问题，但是还存在与 4.3 节进行时间维度聚合计算时一样的问题，即如果计算一度关联的分组变量（如本小节前文所述 3 个 SQL 示例中的 device_id、user_id 和 phone_number）本身就有非常高的势，那么就需要非常非常多的 HyperLogLog 寄存器。如果按照每个 HyperLogLog 寄存器 12KB 计算，其实这也是一笔不小的存储空间开销了。所以，同样的道理，我们需要将这些寄存器放到诸如 Redis、Ignite 或本地磁盘这样的外部存储器中，并且为这些寄存器设置过期时间。另外，如果你能够接受更大的估计误差，则还可以进一步减小 HyperLogLog 寄存器的长度。

表 4-2 列举了使用不同长度 HyperLogLog 寄存器情况下 1000 万个寄存器占用的空间及对应的估计误差。

表 4-2　不同长度 HyperLogLog 寄存器占用的空间与估计误差

| 寄存器长度 $L$（每个桶用 6bit） | 1000 万个寄存器占用空间 $S$/GB | 估计误差 ERR |
|---|---|---|
| 12KB | 120 | 0.81% |
| 256B | 2.5 | 5.63% |
| 128B | 1.25 | 7.96% |
| 64B | 0.625 | 11.26% |
| 32B | 0.3125 | 15.92% |

注：估计误差 ERR 与寄存器长度 $L$（以 B 为单位）之间的关系为 ERR = 1.04 / sqrt（$L$ * 8 / 6），其中，8 为 1B 对应的位数，6 为 HyperLogLog 算法中每个桶使用的位数。

## 4.4.2　二度关联

二度关联是对一度关联的扩展，它是由节点的一度关联节点再做一次一度关联后的节点数，如"过去一个月内在同一个设备上注册的用户登录过的设备数""过去一个周内来自于同一个 IP 的设备使用过的 IP 数"。图 4-9 描述了一个节点的二度关联节点，其中所有标记为 1 的节点都是标记为 0 的节点的一度关联节点，而所有标记为 2 的节点都是标记为 0 的节点的二度关联节点。

从图 4-9 中，我们能够直观地理解到，要计算一个节点的二度关联节点数，需要执行两个步骤。第一步是获取该节点的所有一度关联节点所组成的集合。第二步是遍历这个集合，获取其中每个节点的一度关联节点所组成的集合，然后将所有这些集合求并集。最后得到的这个并集就是原节点的二度关联节点集合了。由于二度关联这种天生的"两步走"过程，我们在实现二度关联的计算时，也将这两个步骤分开。第一步是求一个集合，第二步则与 4.4.1 节中一度关联的计算类似。

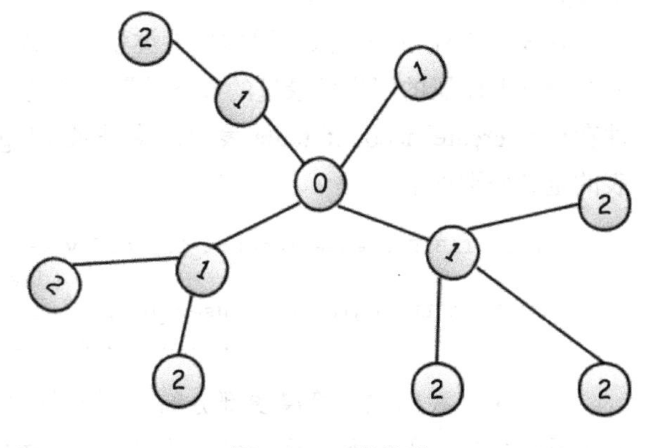

图 4-9　二度关联

讨论到这里的时候，聪明的读者们也一定发现了二度关联计算的问题。我们在 4.4.1 节中就谈到过，为了避免过多占用存储空间及性能随时间的衰减，我们采用了不需要记录原始值的 HyperLogLog 算法。可是当涉及二度关联计算的时候，我们不可避免地需要记录位于原节点和二度关联节点之间的一度关联节点。毫无疑问，如果一度关联节点很多，则这个方案就不可行了。

实际上，我们这次是真的遇到挑战了。在实时流计算领域，目前尚且没有一种在大数据量情况下方便、直接且行之有效的二度关联计算方案。虽然有很多图数据库（如JanusGraph 和 Dgraph）在分布式实时图计算方面已经有了非常大的突破，能够帮助我们在一定程度上解决二度关联实时计算的问题，但相比实时流计算对响应时延及吞吐力更严苛的要求，还是略显不足。

所以我们完全没辙了吗？这也未必。如果我们愿意接受一个稍有滞后的二度关联计算结果，则我们还是能够采取一定的手段，做到二度关联的实时查询的。那究竟是什么方法呢？咱们就不卖关子了，它就是大名鼎鼎的 Lambda 架构！在第 9 章中，我们还会讨论 Lambda 架构，但在此我们先就二度关联这个具体的问题来先看看 Lambda 架构是如何发挥作用的。

Lambda 架构的核心思想是对于计算量过大或者计算过于复杂的问题，将其分为离线计算部分和实时计算部分，其中离线计算是在主数据集上的全量计算，而实时计算则是对增量数据的计算。当这两者各自计算出结果后，再将结果合并起来，从而得到最终的查询结果。通过这种离线计算和实时计算的方式，Lambda 架构能够实时地在全量数据集上进行分析和查询。

对于二度关联计算，我们也将其分为离线计算部分和实时计算部分。下面就以“过去一个月内在同一个设备上注册的用户登录过的设备数”这个计算目标为例，详细讲解具体实现方法。

首先，将流数据按照不同的事件类型，存入不同的 Hive 表中。在“过去一个月内在同一个设备上注册的用户登录过的设备数”这个特征计算中，我们将注册（create_account）事件存放到 create_account_table 表中，将登录（login）事件存放到 login_table 表中。这两个表的定义分别如下：

```
CREATE TABLE create_account_table(device_id string, user_id string) PARTITIoNED
                              BY (day string, hour string);
CREATE TABLE login_table(user_id string, device_id string) PARTITIONED BY (day
                      string, hour string);
```

接下来，我们先计算离线部分的不同设备数。假设每次大约需要 120 分钟才能执行完一个月的数据，再留下一部分空档时间，于是我们设定每 3 小时执行一次离线计算。例如，在 2019/09/30 09:03:00 时刻，开始执行如下离线计算部分的 Hive SQL。

```
-- 每 3 小时执行一次
CREATE TABLE temp_table_before_20190930_09 AS
SELECT DISTINCT
    create_account_table.device_id AS c_device_id,
    create_account_table.user_id AS user_id,
    login_table.device_id AS l_device_id
FROM
```

```
    create_account_table INNER JOIN login_table ON create_account_table.user_id
        = login_table.user_id
WHERE
    (
        create_account_table.day < "20190930" AND create_account_table.day >=
        "20190901"
        AND
        login_table.day < "20190930" AND login_table.day >= "20190901"
    )
    OR
    (
        create_account_table.day = "20190930" AND create_account_table.hour <
        "09"
        AND
        login_table.day = "20190930" AND login_table.hour < "09"
    );
```

在上面的 Hive SQL 中，我们将 create_account_table 表和 login_table 表通过共同的用户 user_id 关联起来，并通过 DISTINCT 关键字得到去重后的用户注册和登录设备信息，这样就得到了离线部分的计算结果。

接下来就是实时计算部分了。在实现实时计算部分前，我们需要先确定实时计算部分需要计算的内容，以及之后怎样将实时计算部分的结果合并到离线计算部分上来。图 4-10 展示了二度关联特征的增量计算方法，其中每个有向连线都代表了一部分数据之间的内联接（inner join）操作。具体来说，$A \rightarrow B$ 代表离线计算部分，剩下的$\Delta A \rightarrow \Delta B$、$\Delta A \rightarrow B$、$A \rightarrow \Delta B$ 代表增量计算的部分。

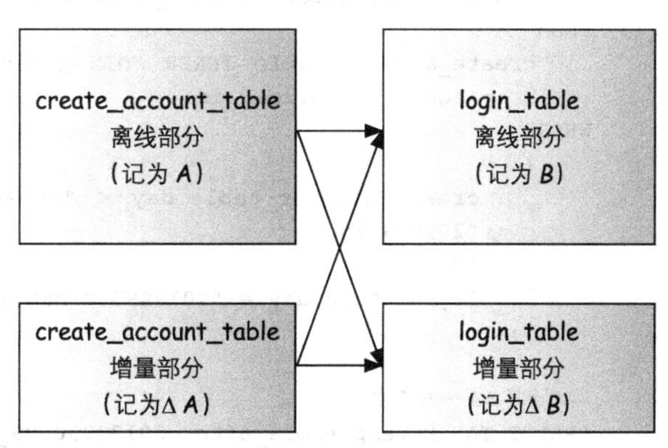


图 4-10　二度关联特征的增量计算方法

前面我们已经假定计算一个月的数据需要 120 分钟，每隔 3 小时计算一次。所以，实时计算部分最多需要计算最近 6 小时内的增量数据，再考虑每天不同时刻的流量是有高峰和低谷之别的，所以我们保守估计在实时计算部分，$\Delta A \rightarrow B$、$A \rightarrow \Delta B$ 分别需要 4 分钟，而$\Delta A \rightarrow \Delta B$ 需要 1 分钟。算到这里，就有些尴尬了，实时计算部分居然需要 9 分钟，这还算实时计算吗？所以，我们在这里实现的实时计算部分是打了“大折扣”的，但不管怎样，将原本全量计算的时间从 2 个小时缩减为 9 分钟左右，也算是不小的进步了。

接下来就是实时计算部分的实现了，具体如下：

```
-- 计算 ΔA → ΔB 部分
CREATE TABLE temp_table_after_20190930_09_p1 AS
```

```
SELECT DISTINCT
    create_account_table.device_id AS c_device_id,
    create_account_table.user_id AS user_id,
    login_table.device_id AS l_device_id
FROM
    create_account_table INNER JOIN login_table ON create_account_table.user_id
       = login_table.user_id
WHERE
    (
        create_account_table.day = "20190930" AND create_account_table.hour >=
        "09"
        AND
        login_table.day = "20190930" AND login_table.hour >= "09"
    );

-- 计算 A→ΔB 部分
CREATE TABLE temp_table_after_20190930_09_p2 AS
SELECT DISTINCT
    create_account_table.device_id AS c_device_id,
    create_account_table.user_id AS user_id,
    login_table.device_id AS l_device_id
FROM
    create_account_table INNER JOIN login_table ON create_account_table.user_id
       = login_table.user_id
WHERE
    (
        create_account_table.day < "20190930" AND create_account_table.day >=
        "20190901"
        AND
        login_table.day = "20190930" AND login_table.hour >= "09"
    );

-- 计算 ΔA→B 部分
CREATE TABLE temp_table_after_20190930_09_p3 AS
SELECT DISTINCT
    create_account_table.device_id AS c_device_id,
    create_account_table.user_id AS user_id,
    login_table.device_id AS l_device_id
FROM
    create_account_table INNER JOIN login_table ON create_account_table.user_id
    = login_table.user_id
WHERE
    (
        create_account_table.day = "20190930" AND create_account_table.hour >=
           "09"
        AND
        login_table.day < "20190930" AND login_table.day >= "20190901"
    );
```

在上面的 SQL 中，我们分别计算了$\Delta A \to \Delta B$、$\Delta A \to B$、$A \to \Delta B$ 的增量数据。根据前

面的分析，这部分执行需要 9 分钟左右，所以我们设定每 15 分钟执行一次以上 SQL。

最后将离线部分和实时部分两者的结果合并起来：

```
SELECT c_device_id, COUNT(DISTINCT l_device_id)
FROM
    temp_table_before_20190930_09
    UNION temp_table_after_20190930_09_p1
    UNION temp_table_after_20190930_09_p2
    UNION temp_table_after_20190930_09_p3
GROUP BY c_device_id;
```

至此，我们就完成了“过去一个月内在同一个设备上注册的用户登录过的设备数”的统计。接下来可以将计算结果导入 Redis 缓存起来，以供流计算应用实时查询。

总的来说，在这种解决方案下，我们所查得的“过去一个月内在同一个设备上注册的用户登录过的设备数”是最多迟滞 30 分钟（由 15 分钟乘以 2 倍所得）的数据，但查询本身是实时快速响应的，毕竟只需要通过 GET 命令访问一次 Redis 即可。所以，不管怎样，这是一个可以真实落地且行之有效的解决方案。

最后，真心希望诸如 JanusGraph 和 Dgraph 等各种开源分布式图数据库⊖变得更加强大和丰富起来。毕竟，关联图谱分析本应该属于图数据库分内之事啊！感兴趣的读者不妨尝试下基于这些分布式图数据库的关联图谱分析方案，说不定就有意外惊喜呢！

## 4.5　事件序列分析

CEP 通过分析事件流中事件之间的关系（如时间关系、空间关系、聚合关系、依赖关系等）产生一个具有更高层次含义的复合事件。那我们为什么要挖掘事件流中事件之间的关系呢？这是因为，有些时候单独发生的一个事件，可能并没有十分明显或有用的业务含义，但是当这个事件是发生在特定的上下文背景中，并且与其他事件产生关联时，这些发生在一起的多个事件就具有更加复杂的业务含义了。根据 CEP 所发生的复合事件，我们可以结合其业务含义做出一些有用的推断和决策，这就是 CEP 的价值所在。

下面列举几个 CEP 经常被用到的场景。

- ❑ 银行卡异常检测。如果一张银行卡在 30 分钟内，连续 3 次转账给不同银行卡，或者 15 分钟内在 2 个不同城市取款，则意味着该银行卡行为异常，有可能被盗或被骗，需要给持卡人发送告警短信并采取相应措施。
- ❑ 工厂环境监控。某纸筒生产车间为了保证安全生产，在车间安装了温度传感器，当温度传感器上报的环境温度记录出现 1 次高温事件时，需要发送轻微告警，而当 30

⊖ 注意，图数据库厂商 TigerGraph 专门针对目前几种主流图数据库做过性能对比测试，感兴趣的读者可以自行查阅，链接地址为 https://www.tigergraph.com.cn/wp-content/uploads/2019/02/TigerGraph-Benchmark-Report-20190217.pdf。读者们可重点关注其中“两度路径查询时间”一表。

秒内连续两次出现高温事件时，则需要发出严重告警了。

- 推荐系统。如果用户在10分钟之类单击了3次同类商品，那么他很有可能对该类商品感兴趣，之后可以更加主动地给他推荐同类商品。
- 离职员工数据泄露检测。如果员工最近经常访问招聘网站，电子邮件的附件很大，还用USB复制数据，那么该员工准备离职的可能性就比较大，公司需要提前采取措施。

除了以上列举的几个例子外，CEP使用的场景还有很多。CEP是一个令笔者觉得非常有趣的技术，因为只要我们设置好了感兴趣的事件发生模式，之后就会从数据流中不断冒出符合我们所设置模式的事件序列。这些事件序列有着明确的业务含义，告诉我们现在系统发生什么，我们要做什么。CEP的这种工作模式真有点儿“春种一粒粟，秋收万颗子”的大丰收即视感，这正是笔者觉得它有趣的原因。

接下来，我们就来看看CEP的编程模式和方法。

### 4.5.1 CEP编程模式

CEP的实现方式有多种，比较常见的有自动机、匹配树、Petri网、有向图等。这里我们不具体讨论CEP的实现方式，因为这超出了本书范围，我们把重点放在CEP技术的使用上。提供CEP功能的产品比较丰富，如WSO2 CEP（Siddhi）、Drools、Pulsar、Esper、Flink CEP等，这些产品各有特色且名声都不小，感兴趣的读者可以自行查阅相关资料。这里我们以Flink CEP为例来说明如何使用CEP。

在Flink CEP的实现中，事件间的各种各样的关系被抽象为模式（pattern）。在定义好模式后，将这个模式设置到数据流上，之后当数据流过时，如果匹配到定义的模式，就会触发一个复合事件。这个复合事件包含所有参与这次模式匹配的事件。为了方便用户定义事件间的关系，也就是模式，Flink CEP提供了丰富的API。Flink CEP常用API如表4-3所示。

表4-3 Flink CEP常用API

| API | 功能说明 |
| --- | --- |
| begin(#name) | 新的开始！定义一个CEP模式的开始。示例如下：<br>`Pattern<Event, ?> start = Pattern.<Event>begin("start");` |
| next(#name) | 还有谁？指定接下来一个事件的匹配模式。注意，接下来的事件必须紧接着前面的事件，中间不能有其他事件。示例如下：<br>`Pattern<Event, ?> next = start.next("middle");` |
| followedBy(#name) | 跟我上！指定跟随其后的事件匹配模式（中间可以有其他事件）。示例如下：<br>`Pattern<Event, ?> followedBy = start.followedBy("middle");` |
| notNext(#name) | 别黏着我！指定接下来一个事件匹配的反模式。同样注意，接下来的事件必须紧接着前面的事件，中间不能有其他事件。示例如下：<br>`Pattern<Event, ?> notNext = start.notNext("not");` |

（续）

| API | 功能说明 |
| --- | --- |
| notFollowedBy(#name) | 干嘛老跟着我？指定跟随其后的事件匹配的反模式（中间可以有其他事件）。示例如下：<br>`Pattern<Event, ?> notFollowedBy = start.notFollowedBy("not");` |
| within(#time) | 胜利指日可待！指定匹配的事件必须在一段时间内发生，过期不候。示例如下：<br>`pattern.within(Time.seconds(10));` |
| where(condition) | 要门当户对才行！指定当前模式的条件，要想匹配该模式，必须满足 condition 设定的条件。示例如下：<br>`pattern.where(new SimpleCondition<JSONObject>() {`<br>`    @Override`<br>`    public boolean filter(JSONObject value) throws Exception {`<br>`        return value.getBoolean(“门当户对”);`<br>`    }`<br>`});` |
| oneOrMore()<br>timesOrMore(#times)<br>times(#ofTimes) | 大侠请重新来过。oneOrMore 用于指定的模式必须至少匹配一次。timesOrMore 用于指定的模式必须至少匹配 #times 次。Times 用于指定的模式必须精确匹配 #times 次。默认情况下，两次模式匹配之间可以有其他事件。示例如下：<br>`pattern.oneOrMore();`<br>`pattern.timesOrMore(2);`<br>`pattern.times(2);` |
| until(condition) | 海枯石烂，天荒地老！指定一个循环模式的结束条件。注意，该 API 目前只能用于 oneOrMore。示例如下：<br>`pattern.oneOrMore().until(new SimpleCondition<JSONObject>() {`<br>`    @Override`<br>`    public boolean filter(JSONObject value) throws Exception {`<br>`        return value.getBoolean(“海枯石烂”) && value.getBoolean(“天荒地老”);`<br>`    }`<br>`})` |
| subtype(subClass) | 白马非马是谬论！指定当前模式匹配的事件类型，只有属于 subClass 类及其子类的事件才能够匹配当前模式。示例如下：<br>`pattern.subtype(SubEvent.class);` |

注意，表 4-3 只列举了 Flink CEP 的部分 API，实际上 Flink CEP 还有很多其他 API，在这里我们就不一一列举出来了，建议感兴趣的读者自行参考 Flink 官方文档。

### 4.5.2　Flink CEP 实例

下面我们以仓库环境温度监控为例来演示 Flink CEP 在实际场景中的运用。假设现在我们收到公司老板的需求，需要监控仓库的环境温度，以及时发现和避免火灾。我们使用的温度传感器每秒上报一次事件到基于 Flink 的实时流计算系统。我们设定告警规则如下，当

15 秒内两次监控温度超过阈值时发出预警，当 30 秒内产生两次预警事件且第二次预警温度比第一次预警温度高时就发出严重告警。

接下来就是具体的 Flink CEP 实现了。首先，定义“15 秒内两次监控温度超过阈值”的模式：

```
DataStream<JSONObject> temperatureStream = env
    .addSource(new PeriodicSourceFunction())
    .assignTimestampsAndWatermarks(new EventTimestampPeriodicWatermarks())
    .setParallelism(1);

Pattern<JSONObject, JSONObject> alarmPattern = Pattern.<JSONObject>begin
("alarm")
    .where(new SimpleCondition<JSONObject>() {
        @Override
        public boolean filter(JSONObject value) throws Exception {
            return value.getDouble("temperature") > 100.0d;
        }
    })
    .times(2)
    .within(Time.seconds(15));
```

在上面的代码中，我们用 begin 定义一个模式 alarm，再用 where 指定了我们关注的是温度高于 100℃的事件；然后用 times 配合 within，指定高温事件在 15 秒内发生两次才发出预警。

然后，我们将预警模式安装到温度事件流上：

```
DataStream<JSONObject> alarmStream = CEP.pattern(temperatureStream,
alarmPattern)
    .select(new PatternSelectFunction<JSONObject, JSONObject>() {
        @Override
        public JSONObject select(Map<String, List<JSONObject>> pattern) throws
        Exception {
            return pattern.get("alarm").stream()
                    .max(Comparator.comparingDouble(o -> o.getLongValue
                    ("temperature")))
                    .orElseThrow(() -> new IllegalStateException("should contains
                                                                  2 events, but
                                                                  none"));
        }
    }).setParallelism(1);
```

在上面的代码中，我们将预警模式 alarmPattern 安装到温度事件流 temperatureStream 上。当温度事件流上有匹配到预警模式的事件时，就会发出一个预警事件，这是用 select 函数完成的。select 函数指定了发出的预警事件是两个高温事件中温度更高的那个事件。

接下来，定义严重告警模式：

```
Pattern<JSONObject, JSONObject> criticalPattern = Pattern.<JSONObject>begin("cri
```

```
tical")
        .times(2)
        .within(Time.seconds(30));
```

与预警模式的定义类似，在上面的代码中，我们定义了严重告警模式，即“在30秒内发生两次”。

再将告警模式安装在告警事件流上：

```
DataStream<JSONObject> criticalStream = CEP.pattern(alarmStream, criticalPattern)
        .flatSelect(new PatternFlatSelectFunction<JSONObject, JSONObject>() {
            @Override
            public void flatSelect(Map<String, List<JSONObject>> pattern,
                                   Collector<JSONObject> out) throws Exception {
                List<JSONObject> critical = pattern.get("critical");
                JSONObject first = critical.get(0);
                JSONObject second = critical.get(1);
                if (first.getLongValue("temperature") <
                        second.getLongValue("temperature")) {
                    JSONObject jsonObject = new JSONObject();
                    jsonObject.putAll(second);
                    out.collect(jsonObject);
                }
            }
        }).setParallelism(1);
```

这一次，我们的告警模式不再是安装在温度事件流上，而是安装在步骤2中的预警事件流上。当预警事件流中有匹配告警模式的事件（在30秒内发生两次预警）时，就触发告警。不过这里还有一个要求没有达到，即第二次预警温度比第一次预警温度高，这是通过flatSelect来实现的，在flatSelect中，我们设定只有第二次预警温度比第一次预警温度高时，才将告警事件输出至out.collect。

至此，一个关于仓库环境温度监控的CEP应用就实现了。

## 4.6 模型学习和预测

在数据流上进行模型学习并根据模型做出判断或预测，是将统计学习和机器学习的理论和方法推广应用在流数据的结果。流数据不断输入模型学习算法，实时更新模型参数，在线训练所得模型能够更加及时和真切地表达当前状况。

数据研究人员在为数据建模时，有两种非常不同的思路，一种是统计学习模型，另一种是机器学习模型。统计学习模型以统计分析为基础，偏向于挖掘数据内部产生的机制，更加注重模型和数据的可解释性；而机器学习模型以各种机器学习方法为基础，偏向于用历史数据来预测未来数据，更加注重模型的预测效果。我们分别从统计学习角度和机器学习角度来讨论实时流数据模型学习和预测的问题。

### 4.6.1 统计学习模型

在使用统计学习模型来建模时，最主要的问题在于确定随机变量的概率分布函数或概率密度函数。常见的离散型随机变量分布模型有 0-1 分布、二项分布、多项式分布和泊松分布等。常见的连续型随机变量分布模型有均匀分布、正态分布和指数分布等。在传统针对离线批数据做统计分析时，所建模型的重要目标是解释既有的数据。建模得到的分布参数是不变的，如高斯分布的期望和方差、泊松分布的期望等。但是在针对流数据进行统计建模时，虽然确定分布参数固然重要，但分布的参数可能随着时间流逝而发生变化。一个很常见的例子就是，一家商店晚上的客流量一般会比早上多，而周末的客流量也会比工作日的客流量多。如果我们用柏松分布来对每小时的客流量建模，很明显这个柏松分布的期望是随着时间在变化的。所以，当在实时流上构建统计学习模型时，模型通常会包含两层，一层是随机变量在一段时间窗口内的概率分布函数，另一层是概率分布函数的参数是随时间变化的变量。例如，考虑了期望随时间变化的柏松分布就需要重新定义为

$$P(X=k|\lambda(t))=\frac{\lambda(t)^k}{k!}\cdot \mathrm{e}-\lambda(t), k=0,1,2\cdots$$

其中，$\lambda(t)$ 是当前时刻对 $\lambda$ 值的估计。

具体怎样计算这个估计值呢？估计 $\lambda(t)$ 本身比较简单，因为对于柏松分布，其期望就是 $\lambda(t)$ 的无偏估计。稍微需要考虑的是应该怎样更新这个估计值，可以有两种更新方式。

- 逐事件更新，即每来一个新数据就重新估计一次。
- 定周期更新，即每隔一段时间重新估计一次，如每小时重新估计一次。

以上两种方式都是不错的选择，可以根据具体业务场景需要及是否能够满足实时计算的性能要求做出合适选择。

### 4.6.2 P-value 检验

在传统的统计检测中，P-value 检验是非常重要的手段。以小明和小花抛硬币为例，小花押“字”朝上，小明押“花”朝上。小明从口袋拿出一个硬币抛了 1 次，结果是“花”朝上。小花不服，要求再来一局……在反反复复抛了 10 次后，总共有 9 次“花”向上，只有 1 次“字”向上。对于这个结果，小花更加不服气了，觉得小明的硬币一定是一个“假”硬币。那怎样科学地判断小明的硬币是否是“假”硬币呢？这里就可以用到 P-value 检验方法。首先，我们假定硬币是“真”的，也就是“字”朝上和“花”朝上的概率都是 0.5，那么抛 10 次硬币只有不超过 1 次“字”向上的概率是

$$C_{10}^0\times 0.5^0\times(1-0.5)^{10}+C_{10}^1\times 0.5^1\times(1-0.5)^9=\frac{11}{1024}\approx 0.0107$$

这么一算，只有百分之一的概率，小花当然可以理直气壮地怀疑小明对硬币做了手脚。在上面的这个例子中，0.0107 就是 P-value。由于 P-value 很小，故而可以推翻前面的“真”硬币假设。

当把统计学习模型应用在在线系统的异常检测时，P-value 又有了一层新的含义。考虑统计 PV（Page View，页面浏览量）的场景。根据过往经验和离线历史数据的统计，我们认为某个页面每秒钟的访问次数应该符合期望为 6 的泊松分布。可是实时流计算系统的统计结果显示当前 1 秒这个页面的访问量竟然达到了 16 次。这是正常流量波动还是系统受到了攻击？根据柏松分布的概率密度函数，计算得到 $P(X \geqslant 16) = 0.0005$ 。这个概率很小，意味着这秒的页面访问量和我们的预期并不相符。但此时我们并不是像之前 P-value 检验中那样拒绝假设，而是反过来断定 1 秒 16 次的访问量是异常行为，这预示着我们的系统可能正受到攻击。

### 4.6.3　机器学习模型

相比统计学习模型，使用机器学习的方法构建模型有一个极大的好处，即我们不需要对数据内在的产生机理有任何的先验知识，基本上只需要准备好模型使用的特征，确定要最优化的目标函数（也就是具体的机器学习模型），就可以让机器自动发现数据中潜在的产生模式，并对未知的数据做出预测。常见的机器学习模型有线性回归、逻辑回归、朴素贝叶斯、神经网络、决策树和随机森林等。下面我们以线性回归为例，初步介绍机器学习模型在流数据上是如何进行学习和预测的。

流数据是时间序列的一种表现形式。时间序列分析的重要目标之一是用历史序列来预测未来，如环境温度、股价和网站流量等。现在我们尝试用线性回归模型来预测下一个交易日的上证指数。以 2003 年全年的上证指数收盘价构成时间序列，我们的目标是用最近 10 个交易日收盘价预测下一个交易日的收盘价。所以，线性回归模型的输入就是最近 10 个交易日的收盘价，而输出则是下一个交易日的收盘价。

```
int numberOfVariables = 10;
UpdatingMultipleLinearRegression rm = new MillerUpdatingRegression(numberOfVaria
bles, true);
Queue<Double> xPrices = new LinkedList<>();
double[] predictPrices = new double[prices.length];
for (int i = 0; i < prices.length; i++) {
    double price = prices[i];

    // 用于训练和预测的数据量不足，所以跳过继续执行
    if (i < numberOfVariables) {
        xPrices.add(price);
        predictPrices[i] = 0;
        continue;
    }
```

```
        if (i <= numberOfVariables * 2 + 1) {
            // 用于预测的数据量不足，所以跳过继续执行
            predictPrices[i] = 0;
        } else {
            // 根据模型进行预测
            double params[] = rm.regress().getParameterEstimates();
            List<Double> xpList = new LinkedList<>();
            xpList.add(1d);
            xpList.addAll(xPrices);
            double[] x_p = ArrayUtils.toPrimitive(xpList.toArray(new Double[0]));
            double y_p = new ArrayRealVector(x_p).dotProduct(new ArrayRealVector
            (params));
            predictPrices[i] = y_p;
        }

        // 更新模型
        double[] x = ArrayUtils.toPrimitive(xPrices.toArray(new Double[0]));
        double y = price;
        rm.addObservation(x, y);
        xPrices.add(price);
        xPrices.remove();
    }
```

在上面的代码中，我们使用能够增量更新训练的线性回归模型实现 MillerUpdating-Regression。按照时间顺序，依次将每天的收盘价 price 和前 10 个交易日的收盘价 xPrices 分别作为线性回归模型的因变量 $y$ 和自变量 $x$，构成一组观察记录，然后通过 addObservation 方法更新到模型。另外，使用 regress 函数获得当前训练所得线性回归模型的参数，再结合过去 10 个交易日的收盘价 xPrices 即可求得下一日收盘价的预测值 y_p。图 4-11 是某段时期上证指数预测值与真实值的对比。

从图 4-11 中可以看出，预测收盘价曲线能够比较好地跟随真实收盘价曲线变化的趋势，但是并不能非常好地预测真实收盘价曲线的突变。整体而言，预测收盘价曲线总是比真实收盘价曲线“慢半拍”。这意味着，我们并不能指望用这个线性回归模型从上证指数的变化中获利。

当然，这里用线性回归模型预测上证指数只是一个演示性质的例子。如果我们把上证指数换成其他参数，如网站流量、环境温度等，就可以将同样的方法推广应用到其他更适合线性回归模型的场景。

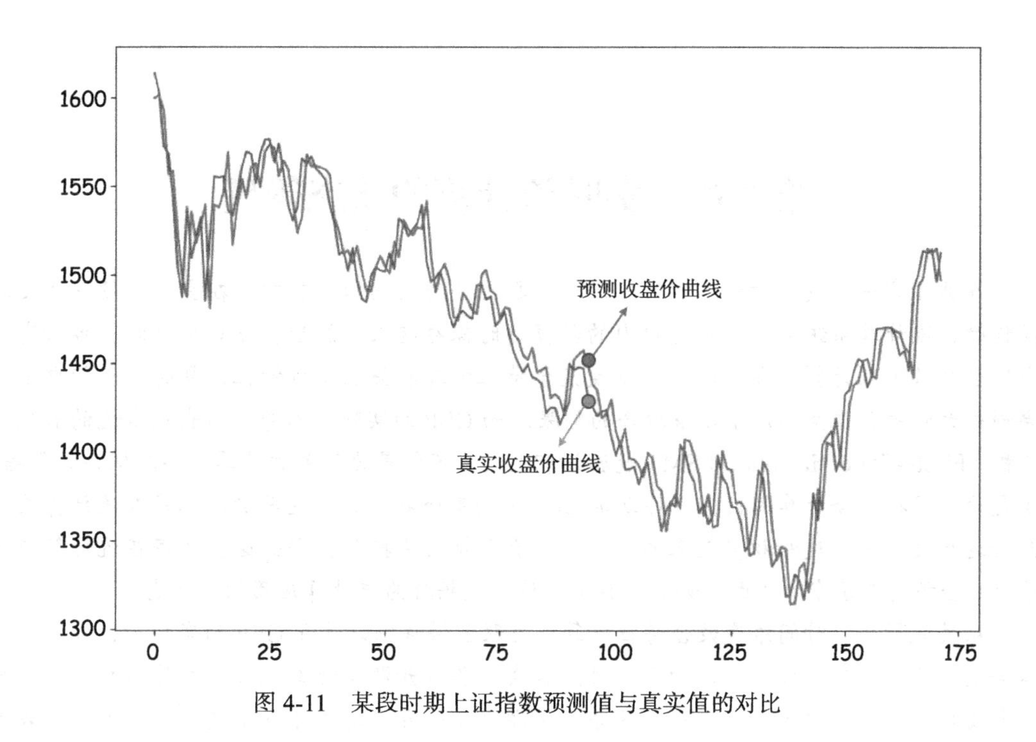


图 4-11　某段时期上证指数预测值与真实值的对比

## 4.7　本章小结

本章从流数据操作、时间维度聚合特征计算、关联图谱特征计算、事件序列分析、模型学习和预测这 5 个方面讨论了实时流计算系统中数据处理的问题。总体来说，我们在以后的流计算应用开发过程中，遇到的计算任务大部分会被归于以上 5 类计算类型。在具体实现各类计算的过程中，我们遇到了各种矛盾，如在关联操作时长周期窗口和受限内存之间的矛盾，在时间维度聚合特征计算时高势数据和有限存储空间之间的矛盾，在关联图谱特征计算时复杂的图计算算法和实时计算之间的矛盾等。最终，我们都通过采取各种优化、权衡或妥协的措施化解了这些矛盾。但由于本书作者的知识范围和能力有限，加上时代和科技也在不停进步，本章介绍的许多解决问题的方法或许并非最优的。读者在以后的开发过程中，不妨以本章的内容作为基础或参考，不断探索出更好的解决实时流计算中数据处理问题的方法。

# 第 5 章　实时流计算的状态管理

在第 4 章中，我们讨论了实时流计算中数据处理的问题。其中，在实现流数据的关联操作时，流计算系统需要先将窗口内的数据临时保存起来，然后在窗口结束时，再对窗口内的数据做关联计算。在实现时间维度聚合特征计算和关联图谱特征计算时，我们更是需要创建大量的存储空间用于记录聚合的结果。而 CEP 的实现，本身就与我们常说的有限状态机（Finite-State Machine，FSM）是密切相关的。不管是为了关联计算而临时保存的数据，还是为了保存聚合计算的数据，抑或是 CEP 中的有限状态机，这些数据都是在流计算应用开始运行之后才创建和积累起来的。如果没有做持久化操作，那么这些数据在流计算应用重启后会被完全清空。正因为如此，我们将这些数据称为流计算应用的“状态”。

从关联操作、时间维度聚合特征计算、关联图谱特征计算和 CEP 的实现中，我们可以体会到“状态”对流计算应用的重要性。其实从各种开源流计算框架的发展历史来看，我们会发现大家对实时流计算中的“状态”问题也是一点点逐步才弄清楚的。在本章，我们就来专门讨论一下实时流计算中的状态问题。

## 5.1　流的状态

关联操作中临时保存的窗口数据、实现时间维度聚合特征、关联图谱特征、CEP 中有限状态机、统计或机器学习模型的参数估计，实时流计算系统需要的几个主要计算目标无不与“状态”有关。需要注意的是，这些状态是有区别的。

我们将流在执行过程中涉及的状态分为两类：流数据状态和流信息状态。这两个概念是由笔者在本书中第一次提出的，所以读者们若在其他地方看到类似概念定义的话，一定纯属巧合。

- **流数据状态**。在流数据处理的过程中，可能需要处理事件窗口、时间乱序、多流关联等问题，在解决这些问题的过程中，通常会涉及对部分流数据的临时缓存，并在处理完后将其清理。我们将临时保存的部分流数据称为流数据状态。
- **流信息状态**。在对流数据的分析过程中，我们会得到一些感兴趣的信息，如时间维度的聚合数据、关联图谱中的一度关联节点数、CEP 中的有限状态机等，这些信息可能会在后续的流数据分析过程中被继续使用，从而需要将这些信息保存下来。另外，在后续的流数据处理过程中，这些信息还会被不断地访问和更新。我们将这些分析所得并保存下来的数据称为流信息状态。

为什么区分这两种状态非常重要？思考这么一个问题，如果我们要计算“用户过去 7 天交易的总金额”，该如何做？一种显而易见的方法是直接使用各种流计算框架都提供的窗口函数来实现。例如，在 Flink 中如下：

```
userTransactions
.keyBy(0)
// 滑动窗口，每秒计算一次 7 天窗口内的交易金额
.timeWindow(Time.days(7), Time.seconds(1))
.sum(1);
```

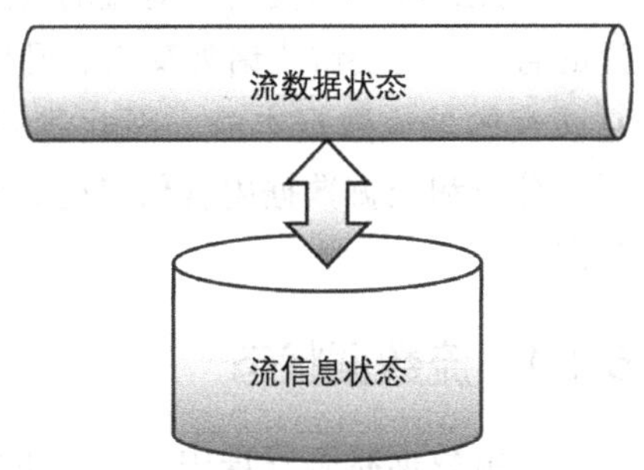


图 5-1　流数据状态和流信息状态

上面的 Flink 示例代码使用 timeWindow 窗口，每秒计算一次 7 天窗口内的总交易金额。其他流计算平台如 Spark Streaming、Storm 等也有类似的方法。

聪明的读者一定发现，这似乎有些怪怪的，到底哪里不妥呢？笔者认为至少有以下几点非常不妥。

- 每秒才能输出计算结果，而如果我们需要每来一个事件就要计算一次该事件所代表的用户在“过去 7 天交易的总金额”，则这种做法显然是不可行的。
- 窗口为 7 天，滑动步长为 1 秒，这两个时间相差的数量级太大了。这意味着需要在“7 天除以 1 秒”这么多个窗口中重复计算！当然，这里设置 1 秒是因为我们想尽可能地“实时”。如果觉得 1 秒太“过分”了，则我们也可以将滑动步长设置为 30 秒、60 秒等，但这并不能改变重复计算的本质，且滑动步长越长，离“实时计算”越远。
- 窗口为 7 天，我们需要在实时流计算系统中缓存 7 天的流数据。我们想要得到的其实只是一个聚合值而已，所以保存 7 天完整的流数据似乎有些“杀鸡用牛刀”。当然，Flink 对诸如 sum、max、min 之类的窗口聚合计算做了优化，可以不用保存窗口内的全部数据，只需要保留聚合结果即可。但是如果用户需要做一些定制化操作（如自定义 Evictor），就会保存窗口内的全量数据了。另外，对于诸如关联这样的操作，肯定要保存窗口内的全部数据。
- 如果我们要在一个事件上计算几十个类似于“用户过去 7 天交易的总金额”这样的特征，则按照 timeWindow 的实现方法，每个特征可能会有不同的时间窗口和滑动步长，该怎样同步这几十个特征计算的结果呢？

所以在很多情况下，直接使用由流计算框架提供的窗口函数来实现诸如“时间维度聚合特征”的计算问题，我们都会遇到问题。究其根本原因，是因为我们混淆了“对流的管理”和“对数据信息的管理”这两者。因为“窗口”实际上是对“流数据”的分块管理，我们用“窗口”来将“无穷无尽”的流数据分割成一个个的“数据块”，然后在“数据块”

上做各种计算。这属于对流数据的“分而治之”处理。我们不能将这种针对“流数据”本身的分治管理模式与我们对数据的业务信息分析窗口耦合起来。

因此，我们需要将“对流的管理”和“对数据信息的管理”这两者分离开。其中，“对流的管理”需要解决诸如窗口、乱序、多流关联等问题，其中也会涉及对数据的临时缓存，它缓存的是流数据本身，因此我们称之为流数据状态；而“对数据信息的管理”则是为了在分析和挖掘数据内含信息时，帮助我们记录和保存业务分析结果，因而称之为流信息状态。

### 5.1.1 流数据状态

在流数据状态管理中，比较重要的操作是事件窗口、时间乱序和流的关联操作。流数据状态最理想的情况是只保存在内存中，只有在做持久化（checkpoint）时，才写入磁盘。这样做的原因在于，流数据从接收、处理到删除，具有实时、快速和临时的特点，如果每次接收到一个新事件，都要将其持久化到磁盘，势必会引起性能的急剧下降。

但将所有数据全部放在内存终究太过理想。大多数场景下，我们需要分析的窗口内的数据量都超过了内存容量，所以此时流数据状态也可以存放在文件或其他外部存储系统中。这种情况下，每次窗口计算都需要访问内存外的数据，会对性能造成一定的影响。这样的好处是避免了内存对数据量的限制。

下面我们分析需要使用流数据状态的 3 种重要原因。

**事件窗口**是产生流数据状态的主要原因。在第 3 章实现的流计算框架和应用中，事件的处理方式是来一个就处理一个，并没有“窗口”的概念。但在实际很多场景中，我们并不需要每来一个事件就处理一个，而是按照一定的间隔和窗口来处理事件。例如，“每 30 秒计算一次过去 5 分钟的交易总额”“每满 100 个事件计算平均交易金额”“统计用户在一次活跃期间点击过的商品数量”等。对于这些以“窗口”为单元来处理事件的方式，我们需要用一个缓冲区（buffer）临时地存储过去一段时间接收到的事件，等触发窗口计算的条件满足时，再触发处理窗口内的事件。当处理完成后，还需要将过期和以后不再使用的数据清除掉。另外，在实际生产环境中，可能会出现故障恢复、重启等情况，这些“缓冲区”的数据在必要时需要被写入磁盘，并在重新计算或重启时恢复。

解决**时间乱序**问题是使用流数据状态的另一个重要原因。由于网络传输和并发处理的原因，在流计算系统接收到事件时，非常有可能出现事件已经在时间上乱序的情况。例如，时间戳为 1532329665005 的事件比时间戳为 1532329665001 的事件先到达流计算系统。怎样处理这种事件在时间上乱序的问题呢？通常的做法是将收到的事件先保存起来，等过一段时间后乱序的事件到达时，再将其和保存的事件按时间排序，这样就恢复了事件的时间顺序。当然，这个过程存在一个问题，即“等过一段时间”到底是怎样等及等多久？针对这个问题有一个非常优秀的解决方案，即水印（watermark）。

使用水印解决时间乱序问题的原理如下：在流计算数据中，按照一定的规律（如以特定周期）插入“水印”，水印是一个时间戳，当处理单元接收到“水印”时，表示应该处理所有时间戳在该水印之前的事件。我们通常将水印设置为事件的时间戳减去一段时间的值，这样就给先到的时间戳较大的事件一个等待晚到的时间戳较小的事件的机会，而且确保不会没完没了地等待下去。在这个过程中，等待时间的大小就是那个减去的时间段了。当然，这种方案也不能百分百地解决时间乱序问题，实在太晚到达的事件当然只能是“过期不候”了。因为解决时间乱序问题需要等待晚到的事件，所以不可避免地会对当前事件的处理带来一定时延。

**流的关联操作**也涉及流数据状态的管理。在关系型数据库中，关联操作是一种非常普遍的行为。现在这个概念也越来越多地被延伸到流计算上来。常见的关联操作有 join 和 union。特别是在实现 join 操作时，需要先将参与 join 操作的各个流的相应窗口内的数据缓存在流计算系统内，然后以这些窗口内的数据为基础，做类似于关系型数据库中表与表之间的 join 计算，得到 join 计算的结果，之后再将这些结果以流的方式输出。很显然，流的关联操作也需要临时保存部分流数据，故而其也是一种“流数据状态”的运用。

当然，除了以上 3 种“流数据状态”的主要用途外，其他地方也会涉及流数据状态的管理，如排序（sorting）、分组（group by）等。不管怎样，这些操作都有一个共同的特点，即它们需要缓存的是部分原始的流数据。换言之，这些操作要保存的状态是部分“流数据”本身。这也正是将这类状态取名为“流数据状态”的原因。

### 5.1.2 流信息状态

流信息状态是为了记录流数据的处理和分析过程中获得的我们感兴趣的信息，这些信息会在后续的流处理过程中被继续使用和更新。以“实时计算每个交易事件在发生时过去 7 天交易的总金额”为例，我们可以将每小时的交易金额记录为一条状态，这样，当一个交易事件到来时，我们计算“过去 7 天的交易总金额”，就是将过去 7 天每小时的总交易金额读取出来，然后对这些金额记录求总和即可。在上面这个例子中，将每小时的交易金额记录为一条状态，即我们所说的“流信息状态”。

流信息状态的管理通常依赖于数据库完成。这是因为对于从流分析出来的信息，我们可能需要保存较长时间，而且数据量会很大，将这些信息状态放在内存中，势必会占用过多的内存，这是不必要的。对于保存的流信息状态，我们并不是在每次计算中都会用到，因此会存在冷数据和过期淘汰的问题。所以，将流信息状态，交给专门的数据库管理是非常明智的。毕竟到目前为止，各种数据库的选择十分丰富，而且许多数据库对热数据缓存和 TTL 机制都有非常好的支持。

相比流数据状态主要由流计算框架原生提供，流信息状态则与业务本身关系更近，并且在实际开发过程中也是主要的处理对象，需要我们做更多的工作。因此，在接下来的两节中，我们将详细讨论几种非常典型的流信息状态管理方案。

## 5.2 采用 Redis 实现流信息状态管理

Redis 是一个开源的内存数据库，支持非常丰富的数据结构，如字符串（string）、哈希表（hash）、列表（list）、集合（set）、有序集合（sorted set）、位图（bitmap）、HyperLogLog 算法、地理空间索引（geospatial index）等。丰富的数据结构支持、官方支持的 Redis Cluster 集群方案、原生的 LRU 淘汰策略，这些因素共同决定了 Redis 非常适用于实时流计算应用中的状态存储。下面我们就来看看 Redis 具体如何用于实时流计算中的流信息状态管理。

### 5.2.1 时间维度聚合特征计算

4.3 节描述了时间维度聚合特征计算的原理，下面以“过去一周内在同一个设备上交易次数”这个计数查询为例，进行具体的讲解。

这种计数查询非常适合用 Redis 字符串指令中的 INCR 指令实现。INCR 指令对存储在指定键的数值执行原子加 1 操作，然后返回加 1 后的结果。

这里我们将 7 天的时间窗口划分为 7 个小窗口，每个小窗口代表 1 天。为每个小窗口分配一个 key，用来记录这个窗口的事件数。key 的格式如下：

```
$event_type.$device_id.$window_unit.$window_index
```

其中，“$event_type”表示事件类型，“$device_id”表示设备 ID，“$window_unit”表示时间窗口单元，“$window_index”表示时间窗口索引。

例如，对于“device_id”为“d000001”的设备，如果在时间戳为 1532496076032 的时刻更新窗口，则计算如下：

```
$event_type = transaction
$device_id = d000001
$window_unit = 86400000  # 时间窗口单元为 1 天，即 86 400 000 毫秒
$window_index = 1532496076032 / $window_unit = 17737 # 用时间戳除以时间窗口单元，得到
时间窗口索引

$key = $event_type.$device_id.$window_unit.$window_index

redis.incr($key)
```

上面的伪代码描述了使用 Redis 的 INCR 指令更新某个窗口的计数值。我们的设计是将更新操作和查询操作分开进行的。因此，这里只需更新一个小窗口的计数值，而不需要更新整个窗口中所有小窗口的计数值。

当查询 7 天窗口内的总计数值时，我们对 7 个子时间窗口内的计数做查询并汇总。计算如下：

```
$event_type = transaction
```

```
$device_id = d000001
$window_unit = 86400000  # 时间窗口单元为1天，即86 400 000毫秒
$window_index = 1532496076032 / $window_unit = 17737
# 用时间戳除以时间窗口单元，得到当前时间窗口索引

sum = 0
for $i in range(0, 7):
    $window_index = $window_index - $i
    $key = $event_type.$device_id.$window_unit.$window_index
    sum += redis.get($key)

return sum
```

上面的伪代码使用Redis的GET指令查询了过去7个子时间窗口，也就是过去7天每天的计数值，然后将这些计数值汇总，就得到了“过去一周内在同一个设备上交易次数”这个特征值。

## 5.2.2 一度关联特征计算

在4.4.1节中，我们描述了关联图谱中一度关联特征计算的原理，并且为了优化存储空间和计算性能，我们使用HyperLogLog算法对原有算法做了改进。下面我们以“过去30天在同一设备上登录过的不同用户数”这个一度关联特征为例，具体讲解一度关联特征的HyperLogLog算法的实现。

类似5.2.1节中的计数计算，我们将30天的时间窗口划分为30个小窗口，每个小窗口代表1天。为每个小窗口分配一个key，用来记录这个窗口内同一设备上的不同用户数。同样，key的格式如下：

```
$event_type.$device_id.$window_unit.$window_index
```

其中，“$event_type”表示事件类型，“$device_id”表示设备ID，“$window_unit”表示时间窗口单元，“$window_index”表示时间窗口索引。

例如，对于“device_id”为“d000001”、“userid”为“u000001”的用户，交易时间为“1532496076032”，则更新窗口内设备上不同用户的算法如下：

```
$event_type = login
$device_id = d000001
$window_unit = 86400000  # 时间窗口单元为1天，即86 400 000毫秒
# 用时间戳除以时间窗口单元，得到时间窗口索引
$window_index = 1532496076032 / $window_unit = 17737

$key = $event_type.$device_id.$window_unit.$window_index
$userid = u000001

redis.pfadd($key, $userid)
```

上面的伪代码描述了使用Redis的PFADD指令，将新到的用户“u000001”添加到以

“login.d000001.86400000.17737”为 key 的 HyperLogLog 寄存器中。通过这个寄存器的取值，我们可以估算出时间窗口内同一设备上的不同用户数。

由于更新计算是对子时间窗口上的 Hyperloglog 寄存器进行更新，因此在查询时需要对各个子时间窗口上的 Hyperloglog 寄存器做汇总。计算如下：

```
$event_type = login
$device_id = d000001
$window_unit = 86400000  # 时间窗口单元为 1 天，即 86400000 毫秒
$window_index = 1532496076032 / $window_unit = 17737 # 用时间戳除以时间窗口单元，得到
时间窗口索引

$keys = [] # 创建一个用于记录不同用户的列表
for $i in range(0, 30):
    $window_index = $window_index - $i
    $key = $event_type.$device_id.$window_unit.$window_index
    $keys += $key   # 将返回的用户添加到集合里面

$count_key = random_uuid() # 生成一个 uuid 用于临时存储 Hyperloglog 寄存器合并结果
redis.pfmerge($count_key, $keys)
$count = redis.pfcount($count_key)
redis.del($count_key)  # 删除临时寄存器

return $count
```

上面的伪代码使用 Redis 的 PFMERGE 指令，将过去 30 个子窗口的设备不同用户数 Hyperloglog 寄存器值合并起来，结果保存在临时寄存器 $count_key 内，然后用 PFCOUNT 指令根据临时寄存器的值，估计出整个窗口上不同值的个数，也就是“过去 30 天在同一设备上登录过的不同用户数”了。完成估计后，需要删除临时寄存器，以防止内存泄漏。

## 5.3 采用 Apache Ignite 实现流信息状态管理

在 5.2 节中，我们使用 Redis 来做流信息状态管理。在本节中，我们使用另外一种不同的方案来实现流信息状态管理，这就是 Apache Ignite。这里“多此一举”地用使用两种方案来实现相同的功能，绝非为了“凑字数”，读者会在 5.4 节中理解这么做的原因。在本节中，我们将重点放在 Apache Ignite 的讨论上。

Apache Ignite 是一个基于内存的数据网格解决方案。在数据网格的格点上，Apache Ignite 提供了符合 JCache 标准的数据访问接口。Apache Ignite 支持丰富的数据结构，虽然相比 Redis 少了一些，但是 Apache Ignite 提供了兼容 ANSI-99 标准的 SQL 查询功能，这就使得 Apache Ignite 的使用非常灵活。除了这些功能外，Apache Ignite 还提供了很多其他功能，如分布式文件系统、机器学习等。在本书中，我们只会将 Apache Ignite 作为数据网格使用，并使用它的 SQL 查询功能。下面我们就来看看 Apache Ignite 是如何被用于实时流计算中的流信息状态管理的。

### 5.3.1　时间维度聚合分析

我们用 Apache Ignite 实现“过去一周内在同一个设备上交易次数”这个计数查询。由于 Apache Ignite 同时支持 JCache 和 SQL 查询接口，我们可以充分发挥这两种查询接口各自的特点来实现计数功能。

在使用 Apache Ignite 前，首先需要设计用于信息状态存储的“表”，这个“表”其实是数据存储的格式。针对计数功能的“表”设计如下：

```
class CountTable implements Serializable {
    @QuerySqlField(index = true)
    private String name;
    @QuerySqlField(index = true)
    private long timestamp;
    @QuerySqlField
    private double amount;

    public CountTable(String name, long timestamp, double amount) {
        this.name = name;
        this.timestamp = timestamp;
        this.amount = amount;
    }

    // 必须重写 equals 方法，否则在经过序列化和反序列化后，Ignite 会视为不同记录，实际上它们是同一条记录
    @Override
    public boolean equals(Object o) {
        if (this == o) return true;
        if (o == null || getClass() != o.getClass()) return false;

        CountTable that = (CountTable) o;

        if (timestamp != that.timestamp) return false;
        if (Double.compare(that.amount, amount) != 0) return false;
        return name != null ? name.equals(that.name) : that.name == null;
    }

    // 因为重写了 equals 方法，所以 hashCode() 方法也跟着一起重写
    @Override
    public int hashCode() {
        int result;
        long temp;
        result = name != null ? name.hashCode() : 0;
        result = 31 * result + (int) (timestamp ^ (timestamp >>> 32));
        temp = Double.doubleToLongBits(amount);
        result = 31 * result + (int) (temp ^ (temp >>> 32));
        return result;
    }
}
```

在上面的表定义中，各个字段的含义如下。

❑ name：字符串型，用于记录状态的关键字。

❑ timestamp：长整型，用于记录事件处理时的时间戳。

❑ amount：双精度浮点型，用于记录状态发生的次数。

另外，我们还重写了表CountTable类的equals方法和hashCode方法，这是因为Apache Ignite在执行replace这类方法时，会对对象进行比较，而由于Apache Ignite本身是一个分布式系统，在查询过程中会涉及对象序列化和反序列化的过程。这个时候如果不重写equals方法，则原本字段完全一样的记录会被视为不同记录，使得程序运行错误。

与Redis的实现思路完全一致，我们也将7天的时间窗口划分为7个小窗口，每个小窗口代表1天。为每个小窗口分配一个用来记录这个窗口事件数的关键字，也就是CountTable表定义中的name字段。name的格式如下：

```
$event_type.$device_id.$window_unit.$window_index
```

其中，"$event_type"表示事件类型，"$device_id"表示设备ID，"$window_unit"表示时间窗口单元，"$window_index"表示时间窗口索引。

例如，对于"device_id"为"d000001"的设备，如果在时间戳为1532496076032的时刻更新窗口，则计算如下：

```
$event_type = "transaction"
$device_id = "d000001"
$window_unit = 86400000  # 时间窗口单元为1天，即86 400 000毫秒
$window_index = 1532496076032 / $window_unit = 17737 # 用时间戳除以时间窗口单元，得到
时间窗口索引

$atTime = ($window_index + 1) * $window_unit
$name = "$event_type.$device_id.$window_unit.$window_index"

$cache = ignite.getOrCreateCache()

$id = md5($name);
$newRecord = new CountTable($name, $atTime, 1);
do {
    $oldRecord = $cache.get($id);
    if ($oldRecord != null) {
        $newRecord.amount = $oldRecord.amount + 1;
    } else {
        $oldRecord = $newRecord;
        $cache.putIfAbsent(id, oldRecord);
    }
    $succeed = $cache.replace($id, $oldRecord, $newRecord);
} while (!succeed);

$cache.incr($key)
```

上面的伪代码描述了使用 Apache Ignite 的 JCache 接口更新某个窗口的计数值的方法，它要实现的功能与 Redis 并无不同。由于 Apache Ignite 并没提供类似于 Redis 中 INCR 指令那样的原子操作，因此需要自行实现并发安全的累加操作。这里笔者并没有采用锁的方案，而是采用了 CAS（Compare And Swap）方案。CAS 是一种无锁机制，在高并发场景下通常比传统的锁具备更好的性能。上面代码的 do … while 循环部分就是 CAS 的实现，其中“$cache.replace”是一个原子操作，从而保证了 CAS 的并发安全性。

在更新完子窗口的计数值后，即可查询完整窗口内的总计数值了，只需要对子时间窗口内的计数值做查询并汇总即可。具体实现如下：

```
$event_type = "transaction"
$device_id = "d000001"
$window_unit = 86400000  # 时间窗口单元为 1 天，即 86 400 000 毫秒
$window_index = 1532496076032 / $window_unit = 17737 # 用时间戳除以时间窗口单元，得到
时间窗口索引

$atTime = ($window_index + 1) * $window_unit
$startTime = $atTime - $window_unit * 7;    # 窗口为 7 天
$name = "$event_type.$device_id.$window_unit.$window_index"

$cache = ignite.getOrCreateCache()

$sumQuery = "SELECT sum(amount) FROM CountTable " +
            "WHERE name = $name and timestamp > $startTime and timestamp <=
            $atTime";
sum = $cache.query($sumQuery)

return sum
```

上面的伪代码充分利用 Apache Ignite 支持 SQL 所带来的便利性，非常方便地计算出过去 7 天交易的总次数。至此，我们使用 Apache Ignite 实现了“过去一周内在同一个设备上交易次数”这个特征的计算。

## 5.3.2　一度关联特征计算

下面我们用 Apache Ignite 重新实现“过去 30 天在同一设备上登录过的不同用户数”这个一度关联特征的计算。这次我们不使用 HyperLogLog 估计算法，而是采用精确计算的方法。这意味着我们需要记录每个不同的取值，所以这里的实现只限于在统计变量的势比较小，也就是说“同一个设备上登录过的不同用户数”比较少的情况。

同样，首先需要设计用于存储关联信息状态的“表”结构。具体如下：

```
class CountDistinctTable implements Serializable {
    @QuerySqlField(index = true)
    private String name;
    @QuerySqlField(index = true)
```

```
    private long timestamp;
    @QuerySqlField
    private String value;

    public CountDistinctTable(String name, long timestamp, String value) {
        this.name = name;
        this.timestamp = timestamp;
        this.value = value;
    }
}
```

在这个用来存储关联信息状态的表中，各个字段的含义如下。

- name：字符串型，状态的关键字。
- timestamp：长整型，处理事件时的时间戳。
- value：字符串型，状态的取值。

同样，我们将30天的时间窗口划分为30个小窗口，每个小窗口代表1天。与Redis实现方案不同的是，由于Apache Ignite本身提供了灵活的SQL功能，我们没有在单独的每个子窗口内记录各时间段的不同用户，而仅仅更新用户在设备上的登录时间。具体如下：

```
$event_type = "login"
$device_id = "d000001"
$userid = "u000001"
$window_unit = 86400000  # 时间窗口单元为1天，即86 400 000毫秒
$window_index = 1532496076032 / $window_unit = 17737 # 用时间戳除以时间窗口单元，得到
时间窗口索引

$name = $device_id
$value = $userid

# 本次登录时间
$atTime = ($window_index + 1) * $window_unit

$cache = ignite.getOrCreateCache()

$id = md5($name, $value);
$record = $cache.get($id);
if ($record == null) {
    # 如果是新用户登录，就为其创建一个登录记录
    $record = new CountDistinctTable($name, $atTime, $value);
} else {
    # 如果是用户再次登录，就将其登录记录里的时间修改为本次登录时间
    $record.timestamp = $atTime
}

$cache.put($id, $record);
```

上面的伪代码描述了更新用户在设备上登录时间的过程。如果是新用户登录，就为其创建一个登录记录。如果是用户再次登录，就将其登录记录里的时间修改为本次登录时间。

由于实时更新用户在设备上的登录时间，因而不同设备上的不同用户在状态表里只存在一条记录。

```
$event_type = "login"
$device_id = "d000001"
$userid = "u000001"
$window_unit = 86400000  # 时间窗口单元为 1 天，即 86 400 000 毫秒
$window_index = 1532496076032 / $window_unit = 17737 # 用时间戳除以时间窗口单元，得到时间窗口索引

$name = $device_id
$value = $userid

$atTime = ($window_index + 1) * $window_unit
$startTime = $atTime - $window_unit * 30;    # 窗口为 30 天

$cache = ignite.getOrCreateCache()

$countQuery = "SELECT count(value) FROM CountDistinctTable " +
              "WHERE name = $name and timestamp > $atTime and timestamp <=
              $atTime";
count = $cache.query($countQuery)

return count
```

在上面的伪代码中，由于窗口内只保留用户的最后一次登录信息，所以只需要使用 count 函数计算窗口内的记录总数即可，可以说是非常简洁地实现了“过去 30 天在同一设备上登录过的不同用户数”的计算。

## 5.4　扩展为集群

随着业务的增长，数据量越来越大，单一机器逐渐不能满足日益增长的数据量。与此同时，数据量变大后，程序的性能也开始变得越来越差，以至于最后不可接受。所以，我们必须未雨绸缪，让流计算系统能够伴随业务不断成长，这就要求系统具备水平扩展的能力。在实时流计算系统中，不管是使用诸如 Kafka 消息中间件的分区功能，还是依赖于诸如 Flink KeyedStream 这样的流计算框架本身的分区流能力，最终都能比较轻松、方便地实现计算能力的水平扩展。但是，对于计算中的状态数据来说，实现计算能力的水平扩展不是一件非常容易的事情。这是因为，状态数据很多时候是需要共享和同步的，如对于分别在两个计算节点上计算的事件，它们可能需要同时访问相同的数据。即使我们先不考虑并发安全的问题，这也意味着相同的数据会被两个不同的节点访问。也就是说，至少有一个节点的跨网络远程访问是不可避免的。而在前面关于时间维度聚合特征计算和关联图谱特征计算的具体实现中，我们不难发现，它们都是严重依赖于大量状态访问的，甚至有时候

一次窗口计数的查询会访问几个甚至几十个子窗口的寄存器。如果不能避免或优化这些访问，那么程序的性能势必会严重受累于跨网络的远程状态访问。所以，我们有必要专门讨论将状态的存储和管理，从单节点扩展为分布集群时的一系列问题。本节将讨论 3 种不同的状态集群方案，它们分别代表了一种典型的分布式计算架构设计思路，可谓是各有千秋。

## 5.4.1 基于 Redis 的状态集群

图 5-2 展示了使用 Redis 集群实现状态分布式存储和管理的原理。当采用 Redis 集群实现分布式状态存储和管理时，流计算集群和 Redis 集群节点是分离开的。流计算集群中的每个节点都可以任意访问 Redis 集群中的任何一个节点。这样的架构有一个非常明显的好处，即计算和数据是分离开的。我们在任何时候，可以任意地新增流计算节点，而不会影响 Redis 集群。反过来，我们也可以任意地新增 Redis 节点，而不会影响流计算集群。

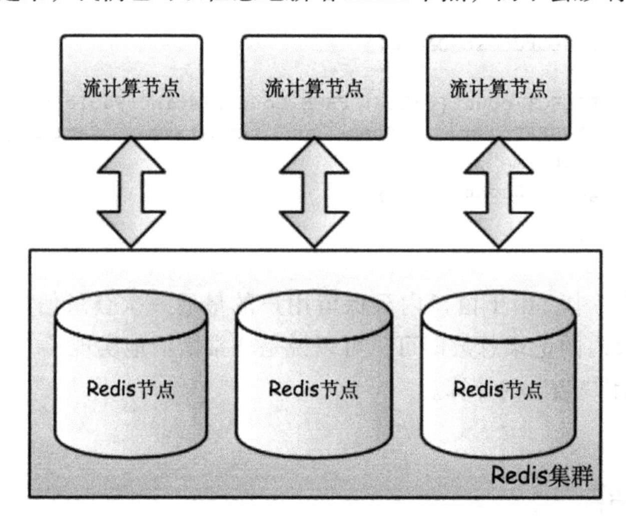


图 5-2　使用 Redis 集群实现状态分布式存储和管理的原理

这样的体系结构也有缺点。以“过去一天同一用户的总交易金额”这个时间维度聚合特征的计算为例。如果我们采用与 5.2.1 节相同的算法，就需要先将“1 天”分成了 24 个“1 小时”的子窗口，这样在查询计算时将有 24 次的 Redis GET 操作。假设这 24 个子窗口的状态数据是分散在 6 台 Redis 上的。如果不做任何优化设计，那么这一个特征计算就需要 24 次 I/O 操作，而且涉及与 6 台不同服务器的远程通信，这势必会对性能造成极大的影响。针对以上问题，我们该怎么办呢？我们可以根据“局部性原理”和“批次请求处理”的思想来优化解决方案。

## 5.4.2 局部性原理

局部性原理（见图 5-3）是指计算单元在访问存储单元时，所访问的存储单元应该趋向于聚集在一个局部的连续区域内。利用局部性原理可以更加充分地提高计算资源的使用效率，从而提高程序的性能。

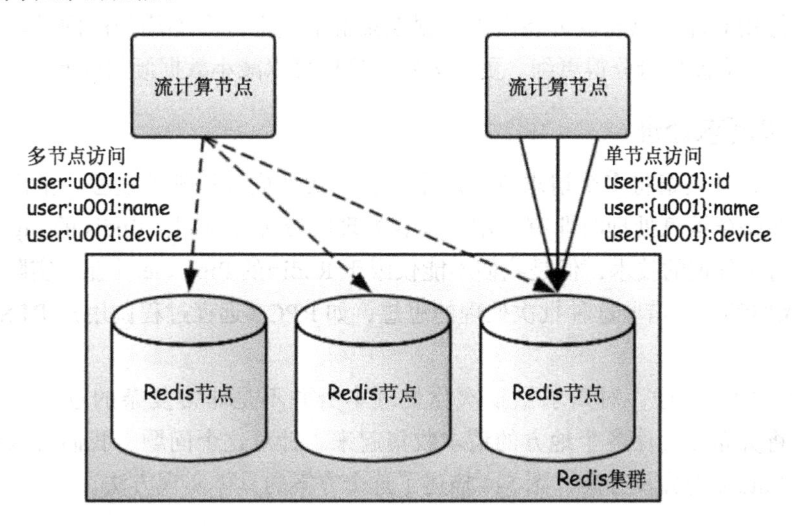


图 5-3　局部性原理：使用 hash 标签将属于同一用户的记录分配到相同的 Redis 节点

前面讲到在“过去一天同一用户的总交易金额”这个特征计算中，我们可能需要访问 6 台 Redis 节点上的数据。这是因为默认情况下，Redis 集群将数据按照 key 做 hash 计算后分散到各个槽（slot）中，而槽又分布在各个 Redis 节点上。如果我们能够让“同一用户”的状态数据保存在相同的槽里，就可以让这批数据存在于相同的 Redis 节点上。Redis 的官方集群方案 Redis Cluster 提供了贴心的标签（tag）功能，允许只使用 key 中的部分字段来计算 hash 值。具体而言，如果 hash_tag 指定为“{}”，那么当 key 含有“{}”的时候，就不使用整个 key 来计算 hash 值，而只对“{}”包括的部分字段计算 hash 值。例如，在使用标签功能后，每个小窗口内记录这个窗口交易总金额的 key 如下所示：

```
$event_type.{$userid}.$window_unit.$window_index
```

经过标签化的 key，相同用户的状态数据会落在相同的 Redis 节点。这样，我们只需要访问一个 Redis 节点即可。

现在数据位于同一个节点上了，那这有什么好处呢？好处多着呢。首先，我们可以放心大胆地使用 Redis 的各种多键指令了，如 MGET、MSET、SUNION 和 SUNIONSTORE 等。这些指令在操作过程中可以一次访问多个键，从而提高指令执行效率。而如果这些 key 不在同一个 Redis 节点上，则这些指令是不能使用的。其次，我们可以充分发挥 Redis 的 pipeline 功能。通过 Redis 的 pipeline 功能，可以一次性发送多条指令，这些指令间可以没有任何依赖关系。当执行完后，这些指令的结果一次性返回。通过这种批次传递和执行指令的方式，Redis 减少了平均每条指令执行时不必要的网络开销，提升了执行效率。同样地，如果这些数据不在同一个 Redis 节点上，我们就不能使用 pipeline 功能。所以，将相关数据放在相同的节点上，给我们留下更多的优化空间。经过上述的优化设计后，原本需要 24 次 I/O 操作的特征计算，最优情况下只需要一次 I/O 操作。这就是局部性原理的魅力所在！

当然，使用局部性原理也可能出现数据在集群节点上分布不均匀的问题。所以，在选择分区标签时，应该尽量分得更细、更均匀些，这样可以减小数据倾斜的问题。

### 5.4.3 批次请求处理

批次请求处理是指将多个请求收集起来后，一次性成批处理的过程。批次请求处理可以降低均摊在每条消息处理时非有效用于消息处理的资源和时间。Redis 的 pipeline 功能就是一种批次请求处理的技术，但是我们不能仅限于 Redis 的 Pipeline 功能。实际上，任何与 I/O 相关的操作都可以借鉴这种批次处理的思想，如 RPC（远程过程调用）、REST 请求、数据库查询等。

在实际开发过程中，对请求做批次化处理本身并不是非常复杂的过程，比较麻烦的是应该怎样将分布在程序各个地方的请求收集起来。针对这个问题，我们可以使用队列和 CompletableFuture 的异步方案，图 5-4 描述了这个方案的具体实现方法。

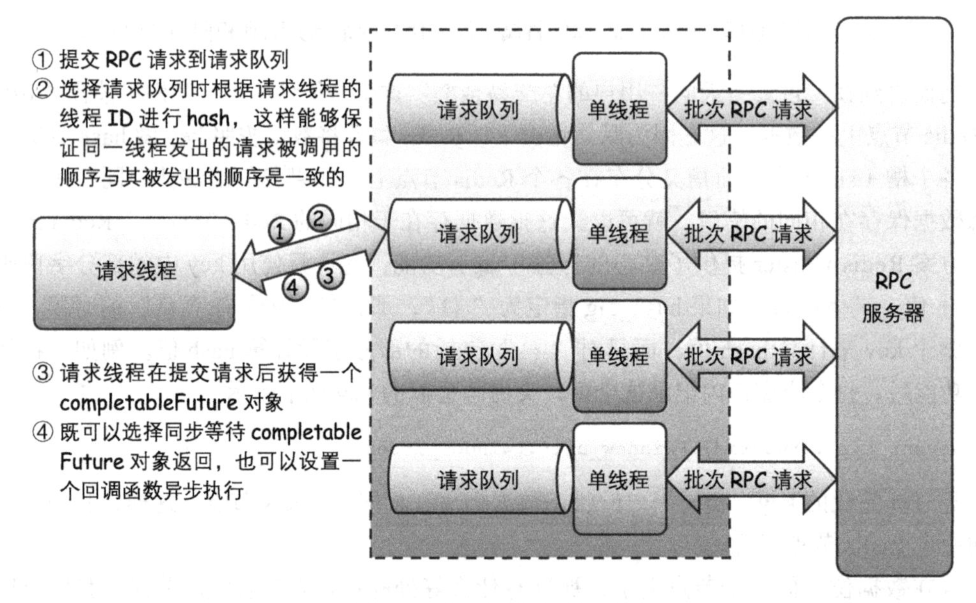


图 5-4　批次请求实现原理

当请求发起时，将请求提交给队列后获取一个 CompletableFuture 对象。而另外一个线程等着从这个队列中取出请求。当该线程取出的请求达到一定数量或者等待超过一定时间时，将取出的这批请求封装成批次请求，发送给请求处理服务器。当批次请求返回后，将批次结果拆解开，再依次使用 CompletableFuture 的 complete 函数将结果交给各个请求发起者。这样就实现了请求的批次化处理。

批次化处理的好处在于提高了请求处理的吞吐量，降低了每条请求平均响应时延，但是因为使用了队列和异步的方案，也有可能会提高特定某条请求的响应时延。因此，在实际开发中，读者需要综合考虑自己的场景选择最合适的方案。

### 5.4.4　基于 Apache Ignite 的状态集群

图 5-5 描述了 Apache Ignite 集群用于状态存储和管理的架构。从该架构图可以看出，当采用 Apache Ignite 来实现状态管理时，计算节点和数据节点是耦合在一起的，它们在相同的 JVM 内运行。每个 Apache Ignite 节点会保存全部集群数据中的一部分，流计算节点通过其嵌入的 Apache Ignite 节点来访问状态数据。而 Apache Ignite 数据格点自身的设计和实现机制，允许计算尽量只需要访问本地节点上的数据以完成计算任务，减少数据在网络间的流动。这种设计方案充分利用了 Apache Ignite 提供的数据格点能力，是一种典型的网格计算架构。

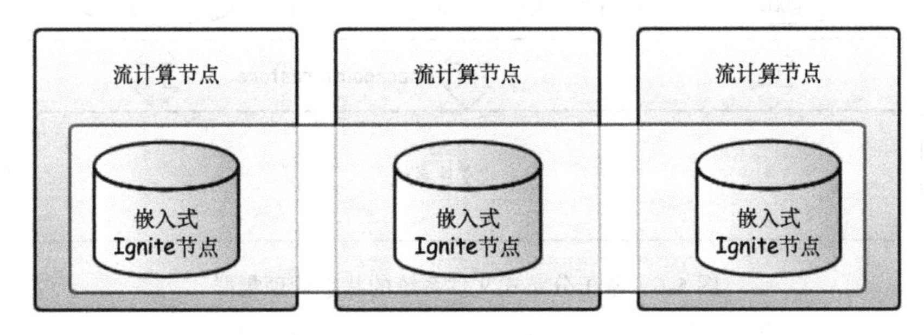


图 5-5　Apache Ignite 集群用于状态存储和管理的架构

采用 Apache Ignite 数据格点的方案，可以让我们不必过多考虑数据分区问题。Apache Ignite 会自行处理数据局部性及计算和数据亲和性的问题。Apache Ignite 提供的各种计算和查询接口屏蔽了分布式数据和分布式计算的复杂性，为我们开发分布式系统带来极大的便利性。网格计算中的所有节点都是平等的，当需要水平扩展集群时，只需要将新的节点添加到网格中即可。

不过将计算节点和数据节点耦合在同一个 JVM 后，增加了单一节点的复杂性，同时使计算资源的分配、管理和监控等变得更加复杂。这点需要读者在做方案选型时根据具体场景和需求自行定夺。

### 5.4.5　基于分布式文件系统的状态管理集群

除了上面两种状态管理的集群外，还有一种基于分布式文件系统的状态管理集群，这是一种非常典型的分布式状态管理方案。Flink 的状态管理采用的就是这种方案。

图 5-6 描述了基于分布式文件系统的状态管理集群。在这种分布式状态管理方案中，流计算节点针对状态的操作完全在本地完成，不涉及任何远程操作。但如果只是这样，那当需要扩展或收缩集群的节点数时，怎么保证能够读取到原来的状态信息呢？因此在每个

节点上，有专门的线程定期或在必要的时候（如任务关闭前），对状态进行 checkpoint。所谓 checkpoint，是指将本地状态后端的数据做快照（snapshot）之后，保存到分布式文件系统的过程。当集群在节点数变化后再重启时，各个节点首先从分布式文件系统中读取其所负责数据分片所在的快照，再将快照恢复到状态后端，这样各个节点就获得重启前的状态数据了，之后的计算又可以完全在本地完成。

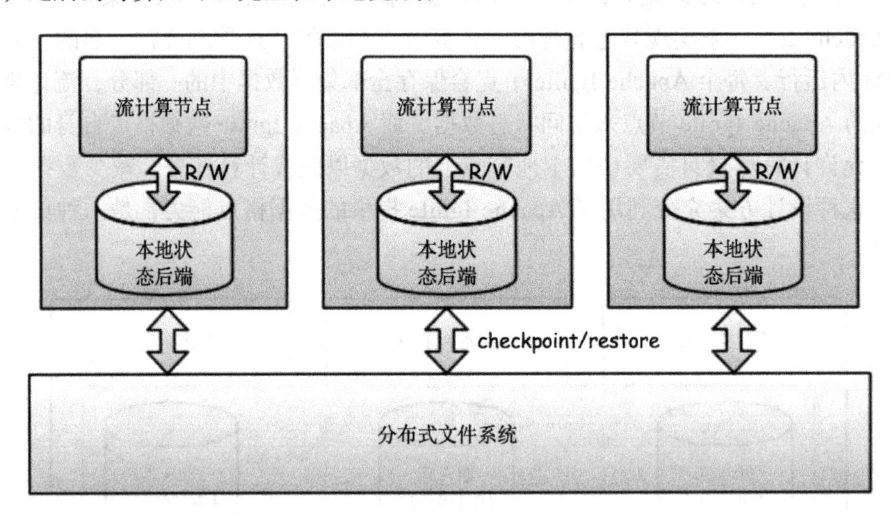


图 5-6　基于分布式文件系统的状态管理集群

这种方案的优势在于，流计算节点对状态的操作在本地完成，不需要任何远程操作。这样本地状态后端的选择可以非常丰富，给性能优化留下极大空间。例如，Flink 目前已经支持内存、文件系统和 RockDB 3 种状态后端。不过这种方案也有一个缺点，即不能在运行时动态扩展或缩小集群。当集群节点数变更时，需要重启集群。对应在 Flink 中，当需要改变算子的并行度（operator parallelism）时，必须重启作业。

## 5.5　本章小结

本章讨论了实时流计算应用中状态管理的问题。我们将实时流计算应用中的状态分为了流数据状态和流信息状态。可以说，这两种状态分别从两个不同的维度对流进行管理。流数据状态从时间角度对流进行管理，而流信息状态则从空间角度对流进行管理。流信息状态弥补了流数据状态只是对事件在时间序列上做管理的不足，将流的状态扩展到了任意空间。

将流数据状态和流信息状态这两个概念区分开，会指引我们将流计算应用本身的执行过程和流数据的信息管理机制解耦，这使得实时流计算系统的整体结构更加清晰。如果我们将前者理解为 CPU 的执行流水线，那么后者就相当于内存。实时流计算系统的这种架构非常像一个分布式的 JVM。

# 第 6 章　开源流计算框架

从第 2 章到第 5 章，我们先是从接收实时流数据开始，然后构建起一个单节点的流计算应用，之后用其实现实时流计算中主要的几种类型的数据处理计算，最后将其扩展为分布式系统。我们实现的这个实时流计算系统具有最基本的通用流计算框架雏形，它包含了流计算系统中的几个核心要素。

- 流的本质：事件异步处理，并形成流水线。
- 流的描述：DAG 拓扑结构。
- 流量控制：反向压力。
- 流的状态：流数据状态和流信息状态。

但是，如果以一个成熟通用的流计算平台标准来看，我们开发的这个流计算框架还有很长的路要走，这是因为这个框架存在以下问题。

1）它不是一个平台，只是一个编程框架。虽然其可以部署为集群，但它没有通常平台所要求的作业调度、资源管理等功能。

2）流的描述不够抽象。这包含两层意思：一是只使用了比较底层的异步编程 API，没提供更加上层的流计算编程 API，如 map、filter、reduce 等；二是 DAG 的执行是在单一节点上完成的，不像很多流计算平台 DAG 的节点可以分配到不同计算节点上执行。

3）作为流计算框架，只支持来一个事件就处理一个事件，不支持事件顺序校正，也不支持事件流按批次（各种窗口）处理。

4）不支持如至多一次（at most once）、至少一次（at least once）及恰好一次（exactly once）等消息传达性保证机制。

5）缺乏消息处理失败时的应对策略。

6）其他任何可能的问题。

或许我们可以逐步地在现有框架上实现这些功能，但是这将是一个漫长并具有很多不确定性的过程。因此，除了“闭门造车”外，我们还需要研究已有的各种流计算解决方案。如无特别必要，而又能满足产品需求，还是应该尽量选择已有开源且相对成熟的流计算方案。

当然，我们也不能一味贬低自己开发的流计算框架。一方面，在一些相对简单且硬件资源相对受限的场景下，如边缘计算领域，开发贴合实际使用场景的流计算应用可能是为数不多的选择。另一方面，“麻雀虽小、五脏俱全”，通过一步步实现这个原生态的流计算框架或应用，我们更能深刻地理解流计算系统要解决的问题、其中的难点及解决办法。事实上，笔者就用自己开发的流计算框架实现了一个针对流数据的特征计算引擎，并最终用于生产环境。在生产实践中发现，当明确了使用场景和功能边界后，我们的流数据特征计算引擎贴合业务，使用起来灵活方便、高效简洁，运维工作也十分简单轻松。或许这也正是“重复造轮子”的意义所在吧。

但不管怎样，我们还是不能止步于“闭门造车”。在本章中，我们将分析几种开源流计算框架，毕竟知己知彼方能百战不殆。通过对这些开源流计算框架的学习，我们能够更加全面地理解流计算系统，把握流计算的发展状况和前进方向。我们将从以下5个方面来考察各种流计算平台。

- 系统架构：理解一个流计算平台的设计架构，是使用这个流计算平台的基础。
- 流的描述：包括用于描述流计算应用运行步骤的DAG和相关的API。
- 流的处理：流的处理过程、相关的API及是否支持反向压力等。
- 流的状态：包括我们强调的流数据状态和流信息状态。
- 消息处理可靠性：如何保证消息传达的可靠性。

下面，让我们来一览开源流计算框架吧！

## 6.1 Apache Storm

Apache Storm（简称Storm）是一款由Twitter开源的大规模分布式流计算平台。Storm出现得较早，是分布式流计算平台的先行者。不过随着各种流计算平台的出现，Storm也在不断尝试着改进和改变。Storm可以说是最早被大家广泛接受的大规模分布式流计算框架，所以我们先从对Storm的讨论开始。

### 6.1.1 系统架构

图6-1展示了Storm系统架构。Storm集群由两种节点组成：Master节点和Worker节点。Master节点运行Nimbus进程，用于代码分发、任务分配和状态监控。Worker节点运行Supervisor进程和Worker进程，其中Supervisor进程负责管理Worker进程的整个生命周期，而Worker进程创建Executor线程，用于执行具体任务（Task）。在Nimbus和Supervisor之间，还需要通过Zookeeper来共享流计算作业状态，协调作业的调度和执行。

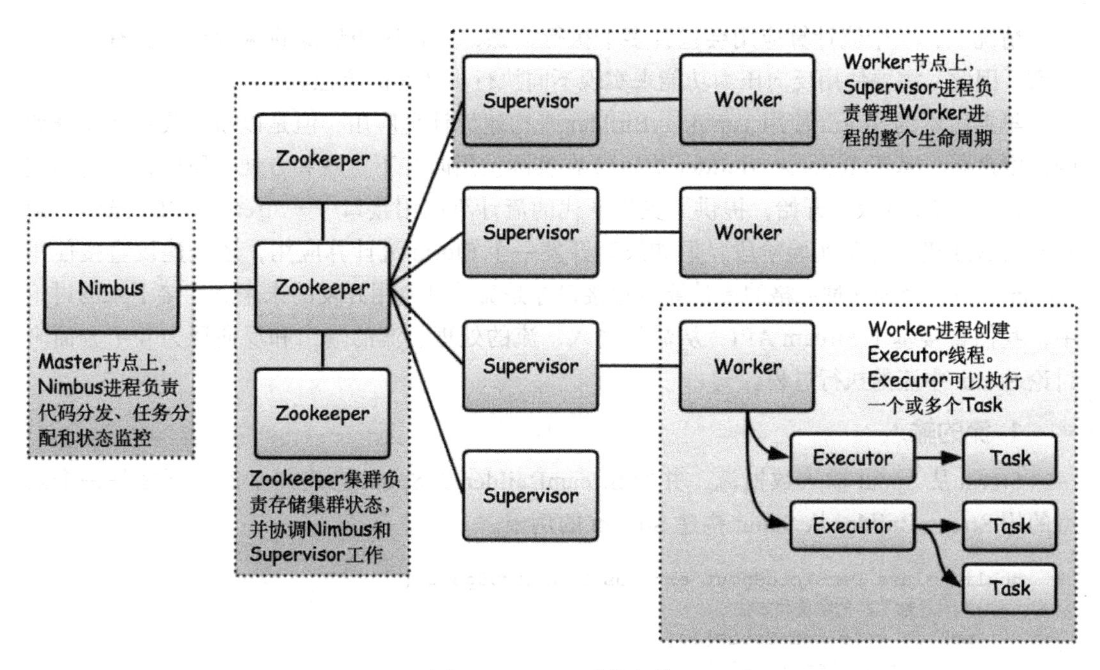


图 6-1　Storm 系统架构

## 6.1.2　流的描述

在 Storm 中，通过 Topology、Tuple、Stream、Spout 和 Bolt 等概念来描述一个流计算作业。

- Topology：也就是第 3 章中用来描述流计算作业的 DAG，它完整地描述了流计算应用的执行过程。当 Topology 部署在 Storm 集群上并开始运行后，除非明确停止，否则它会一直运行下去。这和 MapReduce 作业在完成后就退出的行为是不同的。Topology 由 Spout、Bolt 和连接它们的 Stream 构成，其中 Topology 的节点对应着 Spout 或 Bolt，而边则对应着 Stream。
- Tuple：用于描述 Storm 中的消息，一个 Tuple 可以视为一条消息。
- Stream：这是 Storm 中的一个核心抽象概念，用于描述消息流。Stream 由 Tuple 构成，一个 Stream 可以视为一组无边界的 Tuple 序列。
- Spout：用于表示消息流的输入源。Spout 从外部数据源读取数据，然后将其发送到消息流中。
- Bolt：Storm 进行消息处理的地方。Bolt 负责消息的过滤、运算、聚类、关联、数据库访问等各种逻辑。开发者在 Bolt 中实现各种流处理逻辑。

## 6.1.3　流的执行

流的执行是指在流计算应用中，输入的数据流经过处理最后输出到外部系统的过程。

通常情况下，一个流计算应用会包含多个执行步骤，并且这些步骤的执行步调极有可能不一致。因此，需要使用反向压力功能来实现不同执行步骤间的流控。

早期版本的 Storm 使用 TopologyBuilder 来构建流计算应用，但是以新一代流计算框架的角度来看，基于 TopologyBuilder 的 API 在实际使用时并不直观和方便。所以，与时俱进的 Storm 从 2.0.0 版本开始，提供了更加现代的流计算应用接口——Stream API。虽然目前 Stream API 仍然处于实验阶段，但如果新开发一个 Storm 流计算应用，还是建议直接使用 Stream API，因为这种风格的流计算编程接口才是流计算应用开发的未来。在接下来的讨论中，我们直接基于 Stream API，从流的输入、流的处理、流的输出和反向压力 4 个方面来讨论 Storm 中流的执行过程。

### 1. 流的输入

Storm 从 Spout 输入数据流，并用 StreamBuilder 从 Spout 构建一个流。下面是一个典型的用 StreamBuilder 从 Spout 构建 Stream 的例子。

```
public class DemoWordSpout extends BaseRichSpout {
    // 忽略了其他字段和方法
    public void nextTuple() {
        Utils.sleep(100L);
        String[] words = new String[]{"apple", "orange", "banana", "mango", "pear"};
        Random rand = new Random();
        String word = words[rand.nextInt(words.length)];
        this._collector.emit(new Values(new Object[]{word}));
    }
}

StreamBuilder builder = new StreamBuilder();
Stream<String> words = builder.newStream(new DemoWordSpout(), new
ValueMapper<String>(0));
```

Spout 的核心方法是 nextTuple，从名字上就可以看出这个方法的作用是逐条从消息源读取消息，并将消息表示为 Tuple。不同数据源的 nextTuple 方法的实现方式不相同。另外，Spout 还有两个与消息传递可靠性和故障处理相关的方法，即 ack 和 fail。当消息发送成功时，可以通过调用 ack 方法从发送消息列表中删除已成功发送的消息。当消息发送失败时，可以通过 fail 方式尝试重新发送或在最终失败时做出合适处理。

### 2. 流的处理

Storm 的 Stream API 与更新一代的流计算框架（如 Spark Streaming、Flink 等）更加相似。总体而言，它提供了 3 类 API。第一类 API 是常用的流式处理操作，如 filter、map、reduce、aggregate 等。第二类 API 是流数据状态相关的操作，比如 window、join、cogroup 等。第三类 API 是流信息状态相关的操作，目前有 updateStateByKey 和 stateQuery。下面是一个对 Stream 进行处理的例子。

```
wordCounts = words
    .mapToPair(w -> Pair.of(w, 1))
    .countByKey();
```

在上面的例子中，先用mapToPair将单词流words转化为计数元组流，然后通过countByKey将计数元组流转化为单词计数流wordCounts。

### 3. 流的输出

Storm的Stream API提供了将流输出到控制台、文件系统或数据库等外部系统的方法。目前Stream API提供的输出操作包括print、peek、forEach和to。其中，peek是对流的完全原样中继，并可以在中继时提供一段操作逻辑，因而peek方法可以用于方便地检测流在任意阶段的状况。forEach方法是最通用的输出方式，可以执行任意逻辑。to方法允许将一个Bolt作为输出方法，可以方便地继承早期版本中已经存在的各种输出Bolt实现。下面的例子演示了将单词计数流输出到控制台。

```
wordCounts.forEach(new WordCountExample.Print2FileConsumer());
public static class Print2FileConsumer<T> implements Consumer<T> {
    // 忽略了其他字段和方法
    public void appendToFile(Object line) {
        Files.write(Paths.get("/logs/console.log"),
            String.valueOf(line + "\n").getBytes(),
            StandardOpenOption.APPEND, StandardOpenOption.CREATE);
    }
    @Override
    public void accept(T input) {
        appendToFile(input);
    }
}
```

### 4. 反向压力

Storm支持反向压力。早期版本的Storm通过开启acker机制和max.spout.pending参数实现反向压力。当下游Bolt处理较慢，Spout发送出但没有被确认的消息数超过max.spout.pending参数设定值时，Spout就暂停发送消息。这种方式实现了反向压力，但有一个不算轻微的缺陷。一方面，静态配置max.spout.pending参数很难使得系统在运行时有最佳的反向压力性能表现。另一方面，这种反向压力实现方式本质上只是在消息源头对消息发送速度做限制，而不是对流处理过程中各个阶段做反向压力，它会导致系统的处理速度发生比较严重的抖动，降低系统的运行效率。

在较新版本的Storm中，除了监控Spout发送出但没有被确认的消息数外，还需监控每级Bolt接收队列的消息数量。当消息数超过阈值时，通过Zookeeper通知Spout暂停发送消息。这种方式实现了流处理过程中各个阶段反向压力的动态监控，能够更好地在运行时调整对Spout的限速，降低了系统处理速度的抖动，也提高了系统的运行效率。

### 6.1.4 流的状态

前面我们将流的状态分成两种：流数据状态和流信息状态。

在**流数据状态**方面，早期版本的Storm提供了Trident、窗口（window）和自定义批处理3种有状态处理方案。Trident将流数据切分成一个个的元组块（tuple batch），并将其分发到集群中处理。Trident针对元组块的处理，提供了过滤、聚合、关联、分组、自定义函数等功能。其中，聚合、关联、分组等功能在实现过程中涉及状态保存的问题。另外，Trident在元组块处理过程中可能失败，失败后需要重新处理，这个过程涉及状态保存和事务一致性问题。因此，Trident有针对性地提供了一套Trident状态接口（Trident State API）来处理状态和事务一致性问题。Trident支持3种级别的Spout和State：Transactional、Opaque Transactional和No-Transactional。其中，Transactional提供了强一致性保证机制，Opaque Transactional提供了弱一致性保证机制，No-Transactional未提供一致性保证机制。Storm支持Bolt按窗口处理数据，目前实现的窗口类型包括滑动窗口（sliding window）和滚动窗口（tumbling window）。

Storm支持自定义批处理方式。Storm系统内置了定时消息机制，即每隔一段时间向Bolt发送tick元组，Bolt在接收到tick元组后，可以根据需求自行决定什么时候处理数据、处理哪些数据等，在此基础上就可实现各种自定义的批处理方式。例如，可以通过tick实现窗口功能（当然Storm本身已经支持），或实现类似于Flink中watermark的功能（Storm本身也已经支持）等。

从2.0.0版本引入的Stream API提供了window、join、cogroup等流数据状态相关的API，这些API更加通用，使用起来也更方便，因此再次建议读者直接使用这类API来开发Storm流计算应用。

在**流信息状态**方面，早期版本Storm中的Trident状态接口包含对流信息状态的支持，并且还支持了3种级别的事务一致性。例如，使用Trident状态接口可以实现单词计数功能。但是Trident状态与Trident支持的处理功能耦合太紧，这使得Trident状态接口的使用并不通用。例如，在非Trident的Topology中就不能使用Trident状态接口了。所以，当使用Storm做实时流计算时，经常需要用户自行实现对流信息状态的管理。例如，使用Redis来记录事件发生的次数。不过，最新版本Storm的Stream API已经逐渐开始引入更通用的流信息状态接口，目前提供的updateStateByKey和stateQuery就是这种尝试。

### 6.1.5 消息传达可靠性保证

Storm提供了不同级别的消息可靠性保证机制，包括尽力而为（best effort）、至少一次（at least once）和通过Trident实现的精确一次（exactly once）。在Storm中，一条消息被完全处理，是指代表这条消息的元组及由这个元组生成的子元组、孙子元组、各代重孙元组都被成功处理。反之，只要这些元组中有任何一个元组在指定时间内处理失败，那就认为这条消息是处理失败的。不过，要使用 Storm 的这种消息完全处理机制，需要在程序开发时，配合 Storm 系统做两件额外的事情。首先，当在处理元组过程中生成了子元组时，需要通过 ack 告知 Storm 系统。其次，当完成对一个元组的处理时，也需要通过 ack 或 fail 告知 Storm 系统。在具体业务逻辑开发过程中，用户根据业务需要选择合理的消息保证级别实现即可。很多场景下并非一定要保证严格的数据一致性，毕竟越严格的消息保证级别通常实现起来也会越复杂，性能损耗也会更大。

## 6.2 Spark Streaming

如今在大数据的世界里，Spark 可谓是众所周知，风光无限了。在批处理领域取得巨大成功后，Spark 开始向流计算领域进军，于是诞生了 Spark Streaming。Spark Streaming 是建立在 Spark 框架上的实时流计算框架，提供了可扩展、高吞吐和错误容忍的实时数据流处理功能。

### 6.2.1 系统架构

图 6-2 描述了 Spark Streaming 的工作原理。Spark Streaming 构建在 Spark 平台上，充分利用了 Spark 的核心处理引擎。Spark Streaming 将接收的实时数据流分成一个个的 RDD，然后由 Spark 引擎对 RDD 做各种处理，其中每个 RDD 实际是一个小的块数据。所以，Spark Streaming 本质上是将流数据分成一段段块数据后，对其进行连续不断的批处理。

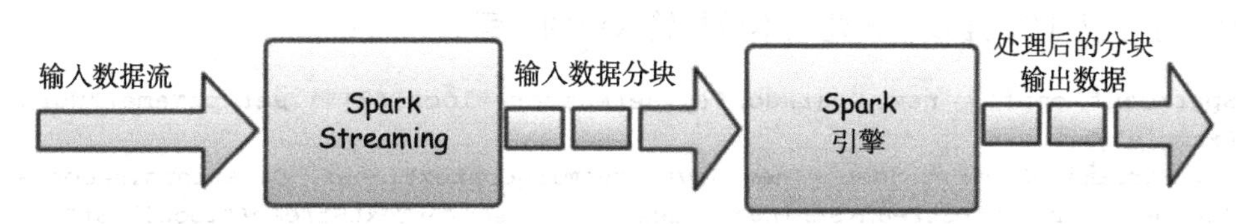


图 6-2　Spark Streaming 将流数据切分为块数据后进行处理

### 6.2.2 流的描述

对于流计算过程的描述，Sparking Streaming 包含以下核心概念。

- RDD：Spark 引擎的核心概念，代表一个数据集合，是 Spark 进行数据处理的计算单元。
- DStream：Spark Streaming 对流的抽象，代表连续数据流。在系统内部，DStream 由一系列的 RDD 构成，每个 RDD 代表一段间隔内的数据。
- Transformation：代表 Spark Streaming 对 DStream 的处理逻辑。目前，DStream 提供了很多与 Transformation 相关的 API，包括 map、flatMap、filter、reduce、union、join、transform 和 updateStateByKey 等。通过这些 API，可以对 DStream 做

各种转换，从而将一个数据流变为另一个数据流。

- Output Operations：Spark Streaming 将 DStream 输出到控制台、数据库或文件系统等外部系统中的操作。目前，DStream 支持的 output Operations 包括 print、saveAsTextFiles、saveAsObjectFiles、saveAsHadoopFiles 和 foreachRDD。由于这些操作会触发外部系统访问，所以 DStream 各种转化的执行实际上由这些操作触发。

### 6.2.3 流的执行

与 Storm 类似，我们从流的输入、流的处理、流的输出和反向压力 4 个方面来讨论 Spark Streaming 中流的执行过程。

#### 1. 流的输入

Spark Streaming 提供了 3 种创建输入数据流的方式。

- 基础数据源。通过 StreamingContext 的相关 API，直接构建输入数据流。这类 API 通常从 Socket、文件或内存中构建输入数据流，如 socketTextStream、textFileStream、queueStream 等。
- 高级数据源。通过外部工具类从 Kafka、Flume、Kinesis 等消息中间件或消息源构建输入数据流。
- 自定义数据源。当用户实现了 org.apache.spark.streaming.receiver 抽象类时，就可以实现一个自定义数据源了。

Spark Streaming 用 DStream 来表示数据流，所以输入数据流也表示为 DStream。下面的示例演示了从 TCP 连接中构建文本数据输入流的过程。

```
SparkConf conf = new SparkConf().setMaster("local[2]").setAppName("WordCount
Example");
JavaStreamingContext jssc = new JavaStreamingContext(conf, Durations.seconds(1));
JavaReceiverInputDStream<String> lines = jssc.socketTextStream("localhost", 9999);
```

#### 2. 流的处理

Spark Streaming 对流的处理是通过 DStream 的各种转化操作 API 完成的。DStream 的转换操作大体上也包含 3 类操作。第一类是常用的流式处理操作，如 map、filter、reduce、count、transform 等。第二类是流数据状态相关的操作，如 union、join、cogroup、window 等。第三类是流信息状态相关的操作，目前有 updateStateByKey 和 mapWithState。

下面是一个对 DStream 进行转化操作的例子。

```
// 将每一行分割成单词，然后统计单词出现次数
JavaDStream<String> words = lines.flatMap(x -> Arrays.asList(x.split(" ")).
iterator());
JavaPairDStream<String, Integer> pairs = words.mapToPair(s -> new
Tuple2<>(s, 1));
JavaPairDStream<String, Integer> wordCounts = pairs.reduceByKey((i1, i2) -> i1 + i2);;
```

在上面的例子中，先从 Socket 中读出文本流 lines，对每行文本分词后，用 flatMap 转化为单词流 words；然后用 mapToPair 将单词流 words 转化为计数元组流 pairs；最后，以单词为分组进行数量统计，通过 reduceByKey 转化为单词计数流 wordCounts。

### 3. 流的输出

Spark Streaming 允许 DStream 输出到外部系统，这是通过 DStream 的各种输出操作完成的。DStream 的输出操作可以将数据输出到控制台、文件系统或数据库等。目前 DStream 的输出操作有 print、saveAsTextFiles、saveAsHadoopFiles 和 foreachRDD 等。其中，foreachRDD 是一个通用的 DStream 输出接口，用户可以通过 foreachRDD 自定义各种 Spark Streaming 输出方式。下面的例子演示了将单词计数流输出到控制台。

```
wordCounts.print();
```

### 4. 反向压力

早期版本的 Spark 不支持反向压力，但从 Spark 1.5 版本开始，Spark Streaming 引入了反向压力功能。默认情况下，Spark Streaming 的反向压力功能是关闭的。当要使用反向压力功能时，需要将 spark.streaming.backpressure.enabled 设置为 True。

整体而言，Spark 的反向压力功能借鉴了工业控制中 PID 控制器的思路，其工作原理如下。首先，当 Spark 处理完每批数据时，统计每批数据的处理结束时间、处理时延、等待时延、处理消息数等信息。然后，Spark 根据统计信息估计处理速度，并将这个估计值通知给数据生产者。最后，数据生产者根据估计的处理速度，动态调整生产速度，最终使得生产速度与处理速度相匹配。

## 6.2.4　流的状态

在 Spark Streaming 中，流的状态管理是在部分 DStream 提供的转化操作中实现的。

在流数据状态方面，由于 DStream 本身将数据流分成 RDD 做批处理，所以 Spark Streaming 天然就需要对数据进行缓存和状态管理。换言之，组成 DStream 的一个个 RDD 就是一种流数据状态。在 DStream 上，提供了一些窗口相关的转化 API，实现对流数据的窗口管理。在窗口之上还提供了 count 和 reduce 两类聚合功能。另外，DStream 还提供了 union、join 和 cogroup 3 种在多个流之间做关联操作的 API。

在流信息状态方面，DStream 的 updateStateByKey 操作和 mapWithState 操作提供了流信息状态管理的方法。updateStateByKey 和 mapWithState 都可以基于 key 来记录历史信息，并在新的数据到来时对这些信息进行更新。不同的是，updateStateByKey 会返回记录的所有历史信息，而 mapWithState 只会返回处理当前一批数据时更新的信息。就好像，前者返回了一个完整的直方图，而后者只是返回直方图中发生变化的柱条。由此可见，mapWithState 比 updateStateByKey 的性能优越很多。从功能上讲，如果不是用于报表生成的场景，大多数实时流计算应用使用 mapWithState 会更合适。

### 6.2.5 消息传达可靠性保证

Spark Streaming 对消息可靠性的保证是由数据接收、数据处理和数据输出共同决定的。从 1.2 版本开始，Spark 引入 WAL（Write Ahead Logs）机制，可以将接收的数据先保存到错误容忍的存储空间。当开启 WAL 机制后，再配合可靠的数据接收器（如 Kafka），Spark Streaming 能够实现“至少一次”的消息接收功能。从 1.3 版本开始，Spark 又引入了 Kafka Direct API，进而可以实现“精确一次”的消息接收功能。由于 Spark Streaming 对数据的处理是基于 RDD 完成的，而 RDD 提供了“精确一次”的消息处理功能，所以在数据处理部分，Spark Streaming 天然具有“精确一次”的消息可靠性保证机制。

但是，Spark Streaming 的数据输出部分目前只具有“至少一次”的可靠性保证机制。也就是说，经过处理的数据可能会被多次输出到外部系统。在一些场景下，这么做不会有什么问题。例如，输出数据被保存到文件系统，重复发送的结果只是覆盖之前写过一遍的数据。但是在另一些场景下，如需要根据输出增量更新数据库，那就需要做一些额外的去重处理了。一种可行的方法是，在各个 RDD 中新增一个唯一标识符来表示这批数据，然后在写入数据库时，使用这个唯一标识符来检查数据之前是否写入过。当然，这时写入数据库的动作需要使用事务来保证一致性。

## 6.3 Apache Samza

Apache Samza（简称 Samza）最初是由 LinkedIn 开源的一款分布式流计算框架，之后贡献给 Apache 并最终孵化成一个顶级项目。在众多的流计算框架中，Apache Samza 算得上是一个非常独特的分布式流计算框架，因此我们有必要对其进行一番研究。

### 6.3.1 系统架构

相比其他流计算框架的复杂实现，Samza 的设计和实现可以说是简单到了极致。Samza 与本书第 3 章讨论的单节点实时流计算框架有相似的设计观念，认为流计算就是从 Kafka 等消息中间件中取出消息，然后对消息进行处理，最后将处理结果重新发回消息中间件的过程。Samza 将流数据的管理委托给 Kafka 等消息中间件，再将资源管理、任务调度和分布式执行等功能借助于诸如 YARN 这样的分布式资源管理系统完成，其自身的主要逻辑则是专注于对流计算过程的抽象及对用户编程接口的实现。因此，Samza 实现的流计算框架非常简洁，其早期版本的代码甚至不超过一万行。

以运行在 YARN 上的 Samza 为例，它就是一个典型的 YARN 应用。Samza 的系统架构如图 6-3 所示。Samza 的 YARN 客户端向 YARN 提交 Samza 作业，并从 YARN 集群中申请资源（主要是 CPU 和内存）用于执行 Samza 应用中的作业。Samza 作业在运行时，表现为多个副本的任务。Samza 任务正是流计算应用的处理逻辑所在，它们从 Kafka 中读取消息，然后进行处理，并最终将处理结果重新发回 Kafka。

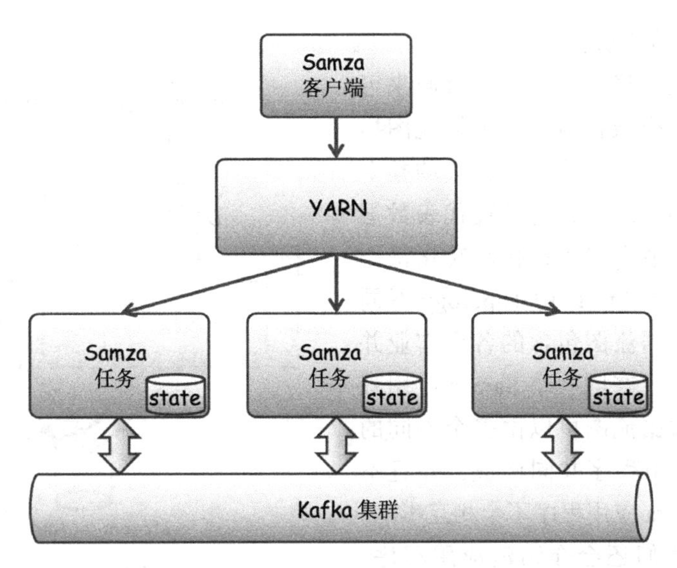


图 6-3　Samza 的系统架构

## 6.3.2　流的描述

Samza 对流（Stream）的描述涉及作业（job）、分区（partition）、任务（task）、数据流图（dataflow graph）、容器（container）和流应用程序（StreamApplication）等概念。

- 流。流是 Samza 处理的对象，由具有相同格式和业务含义的消息组成。每个流可以有任意多的消费者，从流中读取消息并不会删除这个消息。我们可以选择性地将消息与一个关键字关联，用于流的分区。Samza 使用插件系统实现不同的流。例如，在 Kafka 中，流对应一个主题中的消息；在数据库中，流对应一个表的更新操作；在 Hadoop 中，流对应目录下文件的追写换行操作。在本节后面的讨论中，我们主要基于 Kafka 流对 Samza 进行讨论。
- 作业。一个 Samza 作业代表一段对输入流进行转化并将结果写入输出流的程序。考虑到运行时的并行和水平扩展问题，Samza 又对流和作业进行了切分，将流切分为一个或多个分区，并相应地将作业切分为一个或多个任务。
- 分区。Samza 的流和分区很明显继承自 Kafka 的概念。当然 Sazma 也对这两个概念进行了抽象和泛化。Samza 的流被切分为一个或多个分区，每个分区都是一个有序的消息序列。
- 任务。Samza 作业又被切分为一个或多个任务。任务是作业并行化执行的单元，就像分区是流的并行化单元一样。每个任务负责处理流的一个分区。因此，任务的数量和分区的数量是完全相同的。通过 YARN 等资源调度器，任务被分布到 YARN 集群的多个节点上运行，并且所有的任务彼此之间都是完全独立运行的。如果某个任务在运行时发生故障退出了，则它会被 YARN 在其他地方重启，并继续处理与之前相同的那个分区。

- 数据流图。将多个作业组合起来可以创建一个数据流图。数据流图描述了 Samza 流计算应用构成的整个系统的拓扑结构，它的边代表数据流向，而节点代表执行流转化操作的作业。与 Storm 中 Topology 不同的是，数据流图包含的各个作业并不要求一定在同一个 Samza 应用程序中，数据流图可以由多个不同的 Samza 应用程序共同构成，并且不同的 Samza 应用程序不会相互影响。在后面我们还会介绍流应用程序，需要注意流应用程序和数据流图的不同之处。图 6-5 就展示了一个同样的数据流图使用不同流应用程序组合来实现的例子。

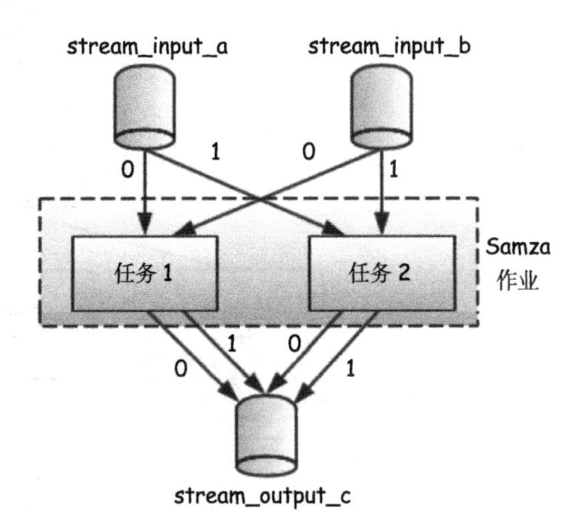


图 6-4　一个描述 join 操作的 Samza 作业

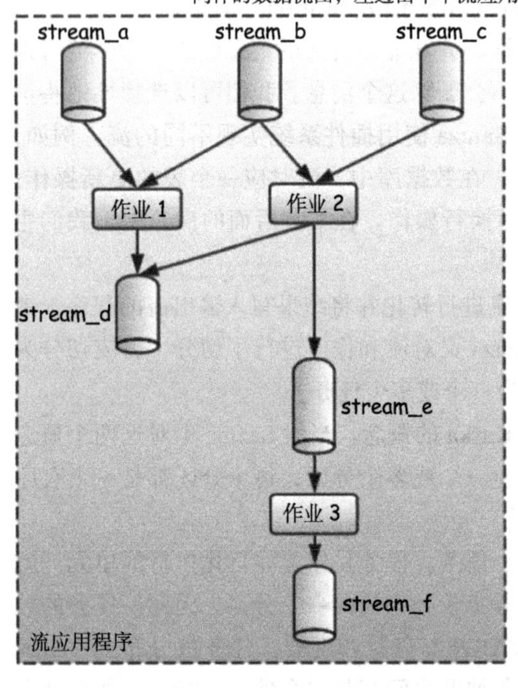


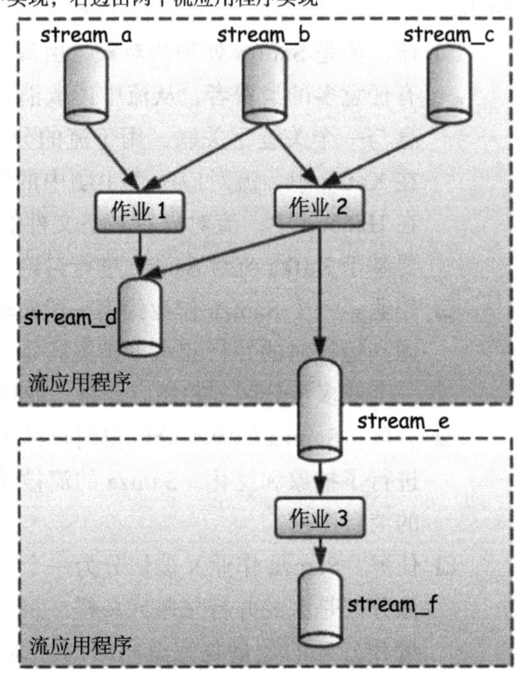


图 6-5　同样的数据流图可以使用多种方法实现

- 容器。前面所讲的分区和任务都是逻辑上的并行单元，它们不是对计算资源的真实划分。那什么才是对计算资源的真实划分呢？容器。容器是物理上的并行单元，每一个容器都代表着一定配额的计算资源。每个容器可以运行一个或多个任务。任务的数量由输入流的分区数确定，而容器的数量则可以由用户在运行时任意指定。
- 流应用程序。流应用程序是 Samza 上层 API 用于描述 Samza 流计算应用的概念。一个流应用程序对应着一个 Samza 应用程序，它相当于 Storm 中 Topology 的角色。如果我们将整个流计算系统各个子系统的实现都放在一个流应用程序中，那么这个流应用程序实际上就是数据流图的实现。如果我们将整个流计算系统各个子系统的实现放在多个流应用程序中，那么所有这些流应用程序共同构成完整的数据流图。

以上介绍了 Samza 的核心概念。这里还是需要强调下，Samza 中关于作业和任务的定义与 Hadoop MapReduce 框架中关于作业和任务的定义完全不同。在 MapReduce 中，一个 MaprReduce 程序就是一个作业，而一个作业可以有一个或多个任务。这些任务由作业解析而来，它们又分为 Map 任务和 Reduce 任务，分别执行着不同的任务。但是在 Samza 中，任务相当于作业的多个运行时副本，所有任务均执行着完全相同的程序逻辑，它们仅仅是输入 / 输出的流分区不同而已。所以，从这种意义上来讲，Samza 的作业和任务之间的关系就相当于程序和进程之间的关系。一个程序可以起多个进程，所有这些进程都执行着相同的程序代码。

### 6.3.3　流的执行

与 Storm 的发展非常相似，Samza 用于构建流计算应用的编程接口也经历了从底层 API 到上层 API 演进的过程，这其实也代表了流计算领域和 Samza 框架自身的发展历史。如果读者想更加清楚地理解框架背后的工作原理，可以详细研究底层 API。上层 API 更加“现代”，而且更加有助于我们理解流计算这种编程模式，所以我们在本节直接使用 Samza 的上层 API 来讲解 Samza 流的执行过程。我们同样从流的输入、流的处理、流的输出和反向压力 4 个方面来讨论 Samza 中流的执行过程。

#### 1. 流的输入

Samza 使用各种描述符来定义 Samza 应用的各个组成部分。以 Kafka 为例，Samza 提供了 KafkaSystemDescriptor 用于描述管理数据流的 Kafka 集群。对每一个 Kafka 输入流，我们创建一个 KafkaInputDescriptor 用于描述该输入流的信息，然后通过 Samza 流应用描述符 StreamApplicationDescriptor 的 getInputStream 方法创建消息流 MessageStream。

```
// Create a KafkaSystemDescriptor providing properties of the cluster
 KafkaSystemDescriptor kafkaSystemDescriptor = new KafkaSystemDescriptor(KAFKA_
 SYSTEM_NAME)
        .withConsumerZkConnect(KAFKA_CONSUMER_ZK_CONNECT)
        .withProducerBootstrapServers(KAFKA_PRODUCER_BOOTSTRAP_SERVERS)
        .withDefaultStreamConfigs(KAFKA_DEFAULT_STREAM_CONFIGS);
```

```
 // For each input or output stream, create a KafkaInput/Output descriptor
 KafkaInputDescriptor<KV<String, String>> inputDescriptor =
        kafkaSystemDescriptor.getInputDescriptor(INPUT_STREAM_ID,
            KVSerde.of(new StringSerde(), new StringSerde()));
// Obtain a handle to a MessageStream that you can chain operations on
   MessageStream<KV<String, String>> lines = streamApplicationDescriptor.getInp
      utStream(inputDescriptor);
```

在上面的代码中，我们创建了一个从 Kafka 读取消息的输入流 lines。Samza 用键值对表示消息，其中，键代表消息的主键，通常带有业务含义，如用户 ID、事件类型、产品编号等，而值代表消息的具体内容。在很多场景下，带有业务含义的键非常有用，如实现类似于 Flink 中 KeyedStream 的功能。

### 2. 流的处理

Samza 对流的处理是通过建立在 MessageStream 上的各种算子（Operator）完成的。MessageStream 上定义的算子主要包括两类，即流数据处理类算子和流数据管理类算子。流数据处理类算子包括 map、flatMap、asyncFlatMap、filter 等。流数据管理类算子包括 partitionBy、merge、broadcast、join 和 window 等。

下面是对 MessageStream 进行处理的示例。

```
lines
    .map(kv -> kv.value)
    .flatMap(s -> Arrays.asList(s.split("\\W+")))
    .window(Windows.keyedSessionWindow(
        w -> w, Duration.ofSeconds(5), () -> 0, (m, prevCount) -> prevCount + 1,
        new StringSerde(), new IntegerSerde()), "count")
    .map(windowPane ->
        KV.of(windowPane.getKey().getKey(),
            windowPane.getKey().getKey() + ": " + windowPane.getMessage().
            toString()))
    .sendTo(counts);
```

在上面的例子中，先将 Kafka 读出的键值对消息流 lines 转化为由其值组成的消息流，再用 flatMap 将每行的文本字符串转化为单词流；然后用 Windows.keyedSessionWindow 定义了一个以 5 秒钟为窗口进行聚合的窗口操作，这样原来的单词流会转化为以 <word, count> 为键值对的数据流；之后，再用 map 将数据流转化为其输出的格式，并最终发送到 Kafka，至此就完成了单词计数的功能。

### 3. 流的输出

与输入流对应，Samza 提供了 KafkaOutputDescriptor 用于描述将消息发送到 Kafka 的输出流。通过 Samza 流应用描述符 StreamApplicationDescriptor 的 getOutputStream 方法，就可以创建输出消息流 OutputStream。

```
KafkaOutputDescriptor<KV<String, String>> outputDescriptor =
    kafkaSystemDescriptor.getOutputDescriptor(OUTPUT_STREAM_ID,
        KVSerde.of(new StringSerde(), new StringSerde()));
OutputStream<KV<String, String>> counts = streamApplicationDescriptor.
   getOutputStream(outputDescriptor);
```

上面代码定义了将消息发送到 Kafka 的输出流 counts。

最后，将输入、处理和输出各部分的代码片段整合起来，我们就能得到实现单词计数功能的 Samza 流计算应用。

#### 4. 反向压力

Samza 不支持反向压力，但是它用其他方法避免 OOM，这就是 Kafka 的消息缓冲功能。由于 Samza 是直接借用 Kafka 来保存处理过程中的流数据的，所以即便没有反向压力功能，Samza 也不会存在内存不足的问题。但我们要明白，就算躲得过初一，也躲不过十五，磁盘容量再大，时间长了，磁盘也会被不断积压的消息占满。所以，在使用 Samza 时，我们还是需要对 Kafka 的消息消费情况和积压情况进行监控。当发现消息积压时，我们应立即采取措施来处理消息积压的问题。例如，可以给下游任务分配更多的计算资源。

需要注意的是，Samza 目前不支持在应用程序已经运行后修改流的分区数。在讨论完 Samza 的状态管理后，我们就能清楚地明白这是由 Samza 目前的流状态恢复机制限制造成的。在后面我们会看到更多的原因，Samza 在未来非常有可能会转而采用类似于 Flink 那样的分布式快照方式管理状态。但到目前为止，我们还是只能通过分配更多计算资源的方式来提升 Samza 作业的处理性能，但同时又不能改变分区数量。一种比较好的方式是一开始就给流设置更多的分区数，如设置 24 个分区，这样会起 24 个任务，然后在程序运行的初期设置较少的容器数。当业务流量增大，或发现某个作业处理能力偏低时，就给该作业分配更多的容器资源。

另外，除了显式的多级流水线外，Samza 还可能存在隐式的多级流水线。图 6-6 说明了这种问题。当使用 reparition 算子时，Samza 会在内部创建一个中间流用于暂存再分区后的数据。这个中间流也使用 Kafka 进行传输，所以如果 reparition 后的操作比较慢，则还是有可能出现消息不断积压的问题。因此，在进行 Kafka 的监控时，务必监控这些中间流的消息积压情况。

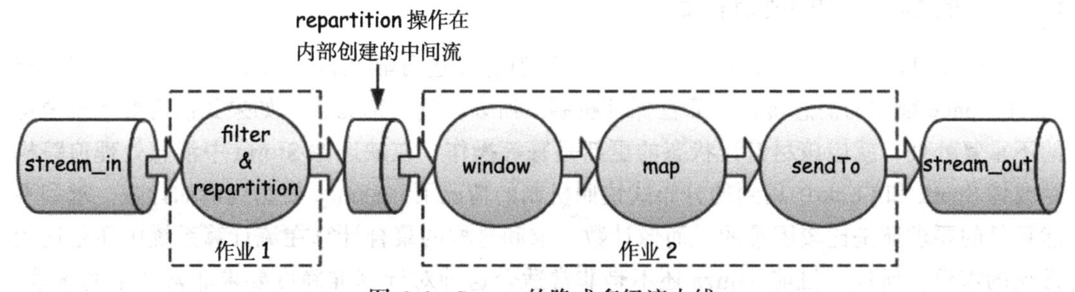


图 6-6　Samza 的隐式多级流水线

### 6.3.4 流的状态

Samza 支持无状态的处理和有状态的处理。无状态的处理是指在处理过程中不涉及任何状态处理相关的操作，如 map、filter 等操作。有状态的处理则是指在消息处理过程中需要保存一些与消息有关的状态，如计算网站每 5 分钟的 UV（Unique Visitor）等。Samza 提供了错误容忍的、可扩展的状态存储机制。

在**流数据状态**方面，由于 Samza 使用 Kafka 来管理其处理各个环节的数据流，所以 Samza 的大部分流数据状态直接保存在 Kafka 中。Kafka 帮助 Samza 完成了消息的可靠性存储、流的分区、消息顺序的保证等功能。

除了保存在 Kafka 中的消息外，在 Samza 的任务节点进行诸如 window、join 等操作会依赖于在缓冲区中暂存一段时间窗口内的消息，我们将这类 API 归于流数据状态管理。在 Samza 的 MessageStream 类中，与流数据状态管理相关的 API 包括 window、join、partitionBy。其中 partitionBy 又比较特殊，它不像 window、join 那样主要使用内存或诸如 RocksDB 的本地数据库来存储状态，而是将消息流按照主键重新分区后输出到以 Kafka 为载体的中间流。另外，Samza 还包括将两个流合并的 merge 操作（类似于 SQL 中的 UNION ALL 操作)，这种对流的合并操作实现起来相对简单，并不涉及状态操作。

在**流信息状态**方面，在 Samza 中，流信息状态可以通过对任务状态（task state）的管理完成。虽然 Samza 并不阻止我们在 Samza 任务中使用远程数据库来进行状态管理，但它还是极力推荐我们使用本地数据库的方式存储状态。这样做是出于对性能优化、资源隔离、故障恢复和失败重处理等多方面因素的考虑。

Samza 提供了 KeyValueStore 接口用于状态的存储。在 KeyValueStore 接口背后，Samza 实现了基于 RocksDB 的本地状态存储系统。当 Samza 进行状态操作时，所有的操作均直接访问本地 RocksDB 数据库，所以性能比跨网络远程访问的数据库高出很多，有时甚至能达到 2 到 3 个数量级的区别。另外，为了保障任务节点在其他节点重启时访问的是相同的状态数据，还会将每次写入 RocksDB 的操作复制一份到 Kafka 作为变更日志。这样，当任务在其他节点上重启时，能够从 Kafka 中读取并重放变更日志，恢复任务转移物理节点前 RocksDB 中的数据。

### 6.3.5 消息传达可靠性保证

Samza 目前只提供了 at-least-once 级别的消息传达可靠性保证机制，但是有计划支持 exactly-once 级别的消息传达可靠性保证机制。所以，到目前为止，如果我们需要实现消息的不重复处理，就应该尽量让状态的更新是幂等操作。在缺乏像 Storm 中消息处理追踪机制或像 Spark 和 Flink 中用到的分布式快照机制的情况下，Samza 要达到诸如计数、求和不能重复的要求还是比较困难的。而像计数、求和这样的聚合计算在流计算系统中还是比较常见的需求。所以，目前 Samza 还不是非常适合这种对计算准确度要求非常严格的场景。

笔者认为，Samza 在以后实现 exactly-once 级别消息传达可靠性保证机制时，也会采取类似于 Flink 的方案，即实现状态的 checkpoint 机制，在此基础之上实现分布式快照管理，最终实现 exactly-once 级别的消息传达可靠性保证机制。

## 6.4　Apache Flink

随着流计算领域的不断发展，关于流计算的理论和模型逐渐清晰和完善。Flink 是这些流计算领域最新理论和模型的优秀实践。相比 Spark 在批处理领域的流行，Apache Flink（简称 Flink）可以说是目前流计算领域最耀眼的新贵了。Flink 是一个分布式流处理和批处理平台，相比 Spark 偏向于批处理，Flink 的核心是流计算引擎。

### 6.4.1　系统架构

Flink 的系统架构如图 6-7 所示。Flink 是一个主从（master/worker）架构的分布式系统。主节点负责调度流计算作业，管理和监控任务执行。当主节点从客户端接收到与作业相关的 Jar 包和资源后，便对其进行分析和优化，生成执行计划，即需要执行的任务，然后将相关的任务分配给各个从节点，由从节点负责任务的具体执行。Flink 可以部署在诸如 YARN、Mesos 和 Kubernetes 等分布式资源管理器上，其整体架构与 Storm、Spark Streaming 等分布式流计算框架类似。与这些流计算框架不同的是，Flink 明确地把状态管理（尤其是流信息状态管理）纳入其系统架构中了。

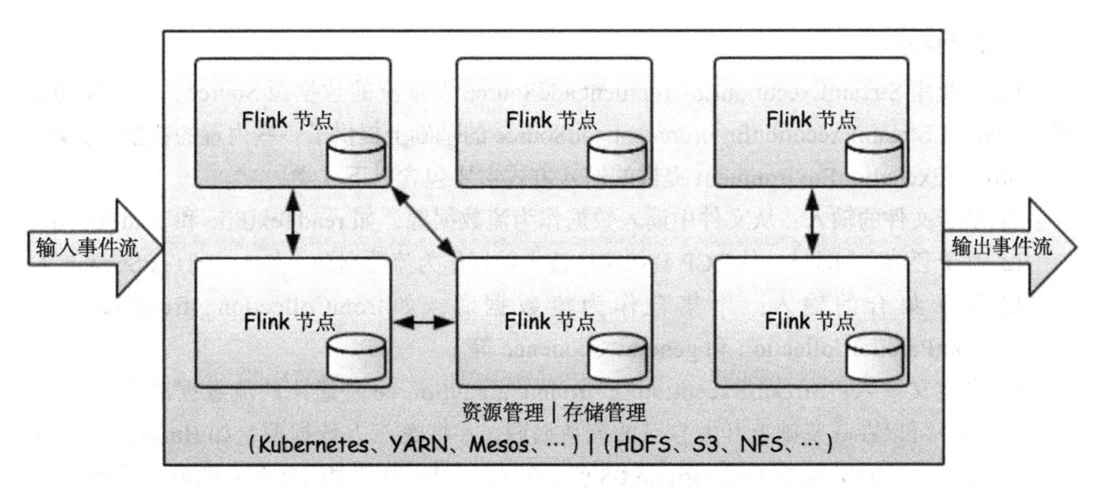


图 6-7　Flink 的系统架构

在 Flink 节点执行任务的过程中，可以将状态保存到本地，然后通过 checkpoint 机制，再配合诸如 HDFS、S3 和 NFS 这样的分布式文件系统，Flink 在不降低性能的同时实现了状态的分布式管理。

### 6.4.2 流的描述

在 Flink 中，DataStream 用来描述数据流。DataStream 在 Flink 中扮演的角色犹如 Spark 中的 RDD。值得一提的是，Flink 也支持批处理 DataSet 的概念，DataSet 内部同样由 DataStream 构成。在 Flink 中，这种将批处理视为流处理特殊情况的做法与 Spark Streaming 中将流处理视为连续批处理的做法截然相反。

Flink 的数据输入（Source）、处理（Transformation）和输出（Sink）均与 DataStream 有关。

- ❑ Source：用于描述 Flink 流数据的输入源，输入的流数据表示为 DataStream。Flink 的 Source 可以是消息中间件、数据库、文件系统或其他各种数据源。
- ❑ Transformation：将一个或多个 DataStream 转化为一个新的 DataStream，是 Flink 实施流处理逻辑的地方。目前，Flink 提供 Map、FlatMap、Filter、KeyBy、Reduce、Fold、Aggregations、Window、Union、Join、Split、Select 和 Iterate 等类型的 Transformation。
- ❑ Sink：Flink 将 DataStream 输出到外部系统的地方，如写入控制台、数据库、文件系统或消息中间件等。

### 6.4.3 流的执行

我们从流的输入、流的处理、流的输出和反向压力 4 个方面来讨论 Flink 中流的执行过程。

#### 1. 流的输入

Flink 使用 StreamExecutionEnvironment.addSource 设置流的数据源 Source。为了使用方便，Flink 在 StreamExecutionEnvironment.addSource 的基础上提供了一些内置的数据源实现。StreamExecutionEnvironment 提供的输入方式主要包含以下 4 类。

- ❑ 基于文件的输入：从文件中读入数据作为流数据源，如 readTextFile 和 readFile 等。
- ❑ 基于套结字的输入：从 TCP 套接字中读入数据作为流数据源，如 socketTextStream 等。
- ❑ 基于集合的输入：用集合作为流数据源，如 fromCollection、fromElements、fromParallelCollection 和 generateSequence 等。
- ❑ 自定义输入：StreamExecutionEnvironment.addSource 是通用的流数据源生成方法，用户可以在其基础上开发自己的流数据源。一些第三方数据源，如 flink-connector-kafka 中的 FlinkKafkaConsumer08 就是针对 Kafka 消息中间件开发的流数据源。

Flink 将从数据源读出的数据流表示为 DataStream。下面的示例演示了从 TCP 连接中构建文本数据输入流的过程。

```
final StreamExecutionEnvironment env = StreamExecutionEnvironment.
getExecutionEnvironment();
```

```
DataStream<String> text = env.socketTextStream("localhost", 9999, "\n");
```

### 2. 流的处理

Flink 对流的处理是通过 DataStream 的各种转化操作完成的。相比 Spark 中 DStream 的转化操作混淆了流数据状态管理和流信息状态管理，Flink 的设计思路更加清晰，明确地将流信息状态管理从流数据状态管理中分离出去。

DataStream 的转换操作只包含两类操作，一类是常规的流式处理操作，如 map、filter、reduce、count、transform 等。另一类是流数据状态相关的操作，如 union、join、cogroup、window 等。这两类操作都是针对流本身的处理和管理。从设计模式中单一职责原则的角度来看，Flink 关于流的设计显然更胜一筹。

下面是一个对 DataStream 进行转化操作的例子。

```
DataStream<WordWithCount> windowCounts = text
    .flatMap(new FlatMapFunction<String, WordWithCount>() {
        @Override
        public void flatMap(String value, Collector<WordWithCount> out) {
            for (String word : value.split("\\s")) {
                out.collect(new WordWithCount(word, 1L));
            }
        }
    })
    .keyBy("word")
    .timeWindow(Time.seconds(5), Time.seconds(1))
    .reduce(new ReduceFunction<WordWithCount>() {
        @Override
        public WordWithCount reduce(WordWithCount a, WordWithCount b) {
            return new WordWithCount(a.word, a.count + b.count);
        }
    });
```

在上面的例子中，先将从 socket 中读出文本流 lines，对每行文本分词后，用 flatMap 转化为单词计数元组流 pairs；然后用 keyBy 对计数元组流 pairs 从分组第一个元素（即 word）开始进行分组，形成分组的计数元组流 keyedPairs；最后用 timeWindow 以 5 秒为时间窗口对分组后的流进行划分，并在窗口上进行 sum 聚合计算，最终得到 wordCounts，即每 5 秒各个单词出现的次数。

### 3. 流的输出

Flink 使用 DataStream.addSink 设置数据流的输出方法。另外，Flink 在 DataStream.addSource 的基础上提供了一些内置的数据流输出实现。DataStream 提供的输出 API 主要包含以下 4 类。

- 输出到文件系统：将流数据输出到文件系统，如 writeAsText、writeAsCsv 和 writeUsingOutputFormat。

- 输出到控制台：将数据流输出到控制台，如 print 和 printToErr。
- 输出到套接字：将数据流输出到 TCP 套接字，如 writeToSocket。
- 自定义输出：DataStream.addSink 是最通用的流数据输出方法，用户可以在其基础上开发自己的流数据输出方法。例如，flink-connector-kafka 中的 FlinkKafkaProducer011 就是针对 Kafka 消息中间件开发的流输出方法。

下面的示例演示了将 DataStream 表示的流数据输出到控制台的过程。

```
windowCounts.print().setParallelism(1);
```

#### 4. 反向压力

Flink 对反向压力的支持非常好，不仅实现了反向压力功能，而且直接内置了反向压力的监控功能。Flink 采用有限容量的分布式阻塞队列来进行数据传递，当下游任务从消费队列读取消息的速度过慢时，上游任务往队列中写入消息的速度就非常自然地减慢了。这种反向压力的实现思路和使用 JDK 自带的 BlockingQueue 实现反向压力的方法基本一致。

值得一提的是，与 Storm 和 Spark Streaming 需要明确打开启动开关才能使用反向压力功能不一样的是，Flink 的反向压力功能是其数据传送方案自带的，不需特别再去实现，使用时也无须特别打开启动开关。

### 6.4.4 流的状态

Flink 是第一个明确地将流信息状态管理从流数据状态管理剥离出来的流计算框架。大多数流计算框架要么没有流信息状态管理，要么实现的流信息状态管理非常有限，要么流信息状态管理混淆在了流数据状态管理中，使用起来并不方便和明晰。

在**流数据状态**方面，Flink 有关流数据状态的管理都集中在 DataStream 的转化操作上。这是非常合理的，因为流数据状态管理本身属于流转化和管理的一部分。例如，流按窗口分块处理、多流的合并、事件乱序处理等功能的实现虽然也涉及数据缓存和有状态操作，但这些功能原本就应该由流计算引擎来处理。

在 DataStream 中，与窗口管理相关的 API 包括 Window 和 WindowAll。其中，Window 针对的是 KeyedStream，而 WindowAll 针对的是非 KeyedStream。在窗口之内，则提供了一系列窗口聚合计算的方法，如 Reduce、Fold、Sum、Min、Max 和 Apply 等。DataStream 提供了一系列有关流与流之间计算的操作，如 Union、Join、CoGroup 和 Connect 等。

另外，DataStream 还提供了非常有特色的 KeyedStream。KeyedStream 是指将流按照指定的键值，在逻辑上分成多个独立的流。在计算时，这些逻辑流的状态彼此独立、互不影响，但是在物理上这些独立的流可能合并在同一条物理的数据流中。因此，在 KeyedStream 具体实现时，Flink 会在处理每个消息前将当前运行时上下文切换到键值所指定流的上下文，就像线程栈的切换那样，这样优雅地避免了不同逻辑流在运算时的相互干扰。

在**流信息状态**方面，Flink 对流信息状态管理的支持，是其相比当前其他流计算框架更显优势的地方。Flink 在 DataStream 之外提供了独立的状态管理接口。可以说，实现流信息状态管理，并将其从流本身的管理中分离出来，是 Flink 在洞悉流计算本质后的明智之举。因为，如果 DataStream 是对数据在时间维度的管理，那么状态接口其实是在空间维度对数据的管理。Flink 之前的流数据框架对这两个概念的区分可以说并不是非常明确，这也导致它们关于状态的设计不是非常完善，甚至根本没有。

在 Flink 中，状态接口有两种类型：Keyed State 和 Operator State。它们既可以用于流信息状态管理，也可以用于流数据状态管理。

#### 1. Keyed State

Keyed State 与 KeyedStream 相关。KeyedStream 是对流按照 key 值做出的逻辑划分。每个逻辑流都有自己的上下文，就像每个线程都有自己的线程栈一样。当我们需要在逻辑流中记录一些状态信息时，就可以使用 Keyed State。例如要实现“统计不同 IP 上出现的不同设备数”的功能，就可以将流按照 IP 分成 KeyedStream，这样来自不同 IP 的设备事件会分发到不同 IP 独有的逻辑流中。然后在逻辑流处理过程中，使用 KeyedState 来记录不同设备数。如此一来，就非常方便地实现了“统计不同 IP 上出现的不同设备数”的功能。

#### 2. Operator State

Operator State 与算子有关。其实与 Keyed State 的设计思路非常一致，Keyed State 是按键值划分状态空间的，而 Operator State 是按照算子的并行度划分状态空间的。每个 Operator State 绑定到算子的一个并行实例上，因而这些并行实例在执行时可以维护各自的状态。这有点儿像线程局部量，每个线程都维护自己的一个状态对象，在运行时互不影响。例如，当 Kafka Consumer 在消费同一个主题的不同分区时，可以用 Operator State 来维护各自消费分区的偏移量。

Flink 1.6 版本引入了状态生存时间值（state time-to-live)，这为实际开发中淘汰过期的状态提供了极大的便利。不过美中不足的是，Flink 虽然针对状态存储提供了 TTL 机制，但是 TTL 本身实际是一种非常底层的功能。如果 Flink 能够针对状态管理提供诸如窗口管理这样的功能，那么 Flink 的流信息状态管理会更加完善和方便。

### 6.4.5　消息传达可靠性

Flink 基于 snapshot 和 checkpoint 的故障恢复机制，在内部提供了 exactly-once 的语义。当然，得到这个保证的前提是，在 Flink 应用中保存状态时必须使用 Flink 内部的状态机制，如 Keyed State 和 Operator State。因为这些 Flink 内部状态的保存和恢复方案都包含在 Flink 的故障恢复机制内，由系统保证了状态的一致性。如果使用不包含在 Flink 故障恢复机制内的方案存储状态，如用另外独立的 Redis 记录 PV/UV 统计状态，那么就不能获得 exactly-once 级别的可靠性保证，而只能实现 at-least-once 级别的可靠性保证。

要想在 Flink 中实现从数据流输入到输出之间端到端的 exactly-once 数据传送，还必须得到 Flink connectors 配合才行。不同的 connectors 提供了不同级别的可靠性保证机制。例如，在 Source 端，Apache Kafka 提供了 exactly once 保证机制，Twitter Streaming API 提供了 at most once 保证机制。在 Sink 端，HDFS rolling sink 提供了 exactly once 保证机制，Kafka producer 则只提供了 at least once 的保证机制。

## 6.5 本章小结

除了前面章节介绍的开源流计算框架外，还有很多其他流计算框架或平台，如 Akka Streaming、Apache Beam 等。这些流计算框架各具特色，例如，Akka Streaming 支持丰富灵动的流计算编程 API，可谓惊艳卓卓；而 Apache Beam 则是流计算模式的集大成者，大有准备一统流计算江湖的势头。

既然有这么多的流计算框架，那我们该如何面对琳琅满目的流计算框架呢？可以从两个角度来看待这个问题。

从横向功能特征的角度来看，其实所有流计算框架的核心概念都是相同的，只要我们掌握了流计算的核心概念，把握流计算框架中各种问题的关键所在，那么面对这些流计算框架，就不会感到眼花缭乱，乱了阵脚。

从纵向发展历史的角度来看，以 Flink 为代表的新一代流计算框架在理论和实践上都已日趋完善和成熟。当掌握了流计算中的核心概念后，不妨一开始就站在 Flink 这个巨人的肩膀上，开始在流计算领域的探索和实践。而作为有希望统一流计算领域的 Apache Beam，实际上它是构建在各种具体流计算框架上的更高一层的统一编程模式，它对流计算中的各种概念和问题做出了总结，是我们追踪流计算领域最新进展的一个好的切入点。

另外，目前大多数的流计算框架已经或正计划着支持 SQL 查询。这是一个非常好的特性，给流计算也添加上了大家都熟悉的操作界面。但是由于本书主要聚焦的是“流”这种计算模式最本质的东西，所以就略去了对 SQL 这层“皮肤”的讨论。不管怎样，如果 SQL 非常适合读者的使用场景的话，那么不妨去了解和使用它们。毕竟 SQL 也会成为未来流计算编程的一种普遍模式。

# 第7章　当做不到实时

前面的章节都是在讨论实时计算的问题，可在真实的世界中，很多事情不能如人愿，大多数问题并不能直接通过实时计算得到结果。一个典型的例子就反欺诈场景，这种场景经常需要用到类似于社交关系网络的二度关联图谱计算。在数据量较大的情况下，当前大多数硬件的计算能力和图数据库方案都不足以在高并发且实时的水平下完成二度关联图谱的计算。但是我们又迫切需要获得这些计算结果所带来的价值。在这种情况下，该如何做出合理的方案设计呢？本章就来讨论这个问题。

## 7.1　做不到实时的原因

虽然本书的主题是实时流计算，但是不得不承认的是，我们真实面对的绝大部分问题在当前普遍的硬件计算能力下，即使采用分布式、大数据等技术，也不能直接实时计算出想要的结果。那是不是说面对这些问题，就该彻底放弃实时计算的念头呢？不是的。虽然不能直接计算问题的答案，但是我们还是可以通过增量计算的方式来间接获得问题的实时答案。即使有时候这些答案稍有迟滞性和近似性，但是只要它们能够带来尽可能最新的信息价值，那它们也是有用的。

整体而言，做不到实时计算的原因可以分成3个方面：算法复杂度高、计算资源受限和数据量过大。

### 1. 算法复杂度高

有些时候，我们要解决的问题本身就具有复杂性。例如，在风控分析时，需要统计社交网络中二度联系人之间的关联关系；在异常检测时，需要随着时间的增长不断训练或更新统计模型或机器学习模型的参数等。这类问题算法的复杂度通常会大于 $O(N)$。当 $N$ 较大时，计算的时延在实时分析中变得不可接受，也就失去了实时的意义。

### 2. 计算资源受限

通常实时计算的资源包括CPU、内存和I/O。当计算资源中的一种或多种已经用完时，则计算任务会出现排队等待的情况，这会增加处理的时延。因此，针对线上系统的监控是一件非常重要的事情。很多时候，监控系统的存在不仅会避免线上事故的发生，而且会对性能优化做出改进提示。

### 3. 数据量过大

大多数情况下，计算不能实时完成，数据量过大是主要原因。一方面当数据量过大时，即使是时间复杂度为 $O$（log$N$）级别的算法，也可能因为数据分布在多个节点上，需要跨主机远程访问，带来过多 I/O 操作，导致计算时延增大。另一方面，数据量过大不仅会给存储管理带来复杂性，而且会对计算造成影响，如频繁 GC 造成 JVM 频繁卡顿。

针对上面 3 种不能做到实时计算的原因，或许我们能够通过具体问题具体分析的方式来逐一解决。但是，有没有一种普遍适用的方法来处理这类问题呢？答案是有的，这就是我们要讲的 Lambda 架构。

在具体讲解 Lambda 架构之前，我们首先要记住一条“铁纪”，即如果我们承诺要做一个实时流计算系统，那就一定要把这个流计算系统的所有环节做成实时响应的，一定不能让其中的任何一个环节是非实时的。这是因为，一旦流计算系统的某个环节是非实时的，根据“木桶原理”，这个流计算系统的处理速度就会受限于这个非实时环节，那么整个流计算系统也会变成非实时的，系统其他部分做出的实时计算努力也就失去了意义。记住这条“铁律”，还可以对我们优化整条流计算系统的性能带来帮助。只要发现某个环节处理慢了，就可以快速定位到这个环节，然后对这个环节做针对性的性能优化，如改进算法和分配更多计算资源。通过不断地迭代这个过程，可以持续改进整条流计算过程的性能。

## 7.2 Lambda 架构

从现在起，我们需要重新审视下自己是怎样开发程序，以及是怎样理解所开发的程序的。或许在实际的开发工作中，我们会出现以下一些日常情况：当我们开发 Web 后端时，认为无非就是增删查改，于是拿起 Spring Boot 就做了；当我们开发流计算应用时，认为无非就是消息过来就处理，于是拿起 Storm 就干了；当我们开发批处理任务时，认为无非就是将数据读出来后进行计算，然后输出结果就好了。是的，针对每一种任务，我们都知道怎么去完成这个任务，然后针对具体任务解决具体问题。

然后有一天，产品经理跑过来跟你说，功能需要增加；运维人员跑过来跟你说数据库要调整；刚来的新人需要你来指导，你需要跟他讲解系统的整体结构。这个时候你会发现，原来设计的系统已经根本理不清或者动不了了：到处是耦合的增删查改逻辑，到处是相互依赖的输入 / 输出，到处是乱七八糟的数据格式。想在原来的业务流程中插入一个业务模块，一定要对系统“大动干戈”；想要调整数据库，一定要修改程序代码；想要指导新人，一定要告诉他数据在哪里修改。

突然，你觉得好烦。似乎一切都开始变得失控，每动一处都是“伤筋动骨”。造成这些问题的祸根其实从一开始就埋下了。因为在设计系统的时候，你就没有一个整体的指导性原则。当我们开发流计算系统时，亦是如此。流计算系统的本质是对数据的实时处理和分析，所以我们首先应该理解数据系统的本质是什么。

### 7.2.1 数据系统和 Lambda 架构思想

数据系统用于根据过去所获取和累积的知识，回答当前提出的问题。这里面有两层信息。其一是积累知识。当有新的消息流入系统时，我们需要将它记录下来，这些消息会成为我们知识的一部分。其二是回答问题，我们在回答当前的问题时，依据历史积累的知识来回答这个问题。

数据系统一方面需要积累知识，另一方面可以回答问题。必须强调的是，积累知识和回答问题是两个独立的过程。积累知识可以是在任何时间、从任何地方收录数据，收录之后内部还有可能需要进一步归纳和整理。回答问题则是在任何时候，根据知识库所知道的一切来回答任何人提出的问题。

记住“积累知识”和“回答问题”这两个过程是独立的非常重要。因为这告诉我们，在设计有关数据系统的方案时，千万不要将“查询”和“更新”这两个过程耦合起来，否则知识积累的过程和回答问题的过程紧密关联，会让我们的系统在将来可能的需求变更或功能增强时变动起来非常困难。

Lambda 架构就是这样一个先积累知识后回答问题的数据系统。Lambda 架构将数据系统抽象为一个作用在数据全集上的函数。用公式表示就是：

```
query = function(all data)
```

这个公式还只能算是一个粗略概括，不能体现 Lambda 架构的核心观点，因为基本上所有的数据系统都可以用这个公式大体表示。Lambda 架构与众不同的地方是，它专门为解决大数据量场景下实时查询的问题而生，它将数据系统更精细地刻画为

```
query = function(all data) = function(batch data) + function(streaming data)
```

从上面的公式可以看出，当数据量太大而不能实时全量计算时，Lambda 架构将数据处理过程分成两部分。一部分是基于批处理的预计算，另一部分是基于流处理的实时增量计算。将这两部分计算结合起来，最终得到计算结果。

这里需要说明一下 Lambda 架构之所以取名为 Lambda 的原因，这有助于我们理解 Lambda 的思想。Lambda 架构将数据系统视为在不可变数据集上的纯函数计算，这与函数式编程的核心思想是不谋而合的。我们经常听说的 Lambda 表达式正是函数式编程的具体表现形式，如在 Java、Python 等编程语言就有 Lambda 表达式的存在。对函数式编程和 Lambda 表达式感兴趣的读者可自行查阅相关资料。

### 7.2.2 Lambda 架构

Lambda 架构最初由 Storm 流计算框架的作者 Nathan Marz 为构建大数据场景下低延时计算和查询的通用架构模式而提出。如图 7-1 所示，Lambda 架构总体上分为 3 层：批处理层（batch layer）、快速处理层（speed layer）和服务层（serving layer）。其中，批处理层和

快速处理层分别处理历史全量数据和新输入系统的增量数据，而服务层用于将批处理层和快速处理层的结果合并起来，以提供最终用户或应用程序的查询服务。

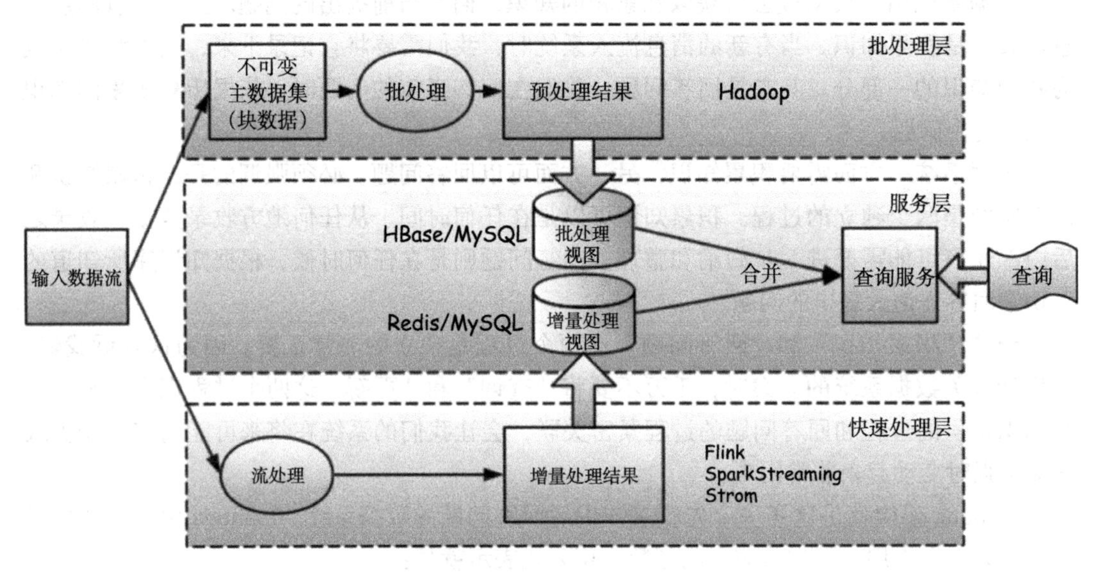


图 7-1　Lambda 架构

在 Lambda 架构中，各层的具体功能如下。

### 1. 批处理层

批处理层用于存储主数据集和预计算各种批处理视图。当数据进入批处理层时，数据被存储下来，并作为数据系统的主要数据集。由于全量的数据很大，计算比较耗时，所以批处理层的主要作用是对预定的查询进行预计算，并将计算结果保存下来。如果做得更精细些，批处理层可以基于计算结果生成各种视图，并构建相应的索引，以供后续快速检索和查询。

### 2. 快速处理层

在最标准的 Lambda 架构中，快速处理层的作用是实时计算在批处理层两次调度执行期间新到的增量数据，并将计算结果保存下来。在这种标准架构下，理论上快速处理层的输出结果与批处理层的输出结果在业务意义上应该是完全相同的。换言之，如果我们分别用两张数据库的表来存储批处理层和快速处理层的计算结果，那么这两张数据库表的表结构应该是相同的。只是因为分析的时间段不同，这两张表的数据记录不一样而已。但 Lambda 架构并非“定式”，在很多场景下，我们可以根据自己的需求对快速处理层做出改动。例如，既然前一次的批处理层计算结果已经存储在数据库中了，那为什么快速处理层就不可以直接使用这次的批处理层计算结果呢？事实上我们经常这样做，例如，用批处理层学习统计模型或机器学习模型，将模型结果保存到数据库，然后快速处理层从数据库中定期更新模型，并根据模型做出实时预测。

### 3. 服务层

服务层用于将批处理层和快速处理层各自计算所得结果合并起来，从而能够实时提供用户或应用程序在全量数据集上的查询结果。服务层对外提供的查询接口是只读的，这对实现高性能、无状态、高可靠的查询服务非常有用。所以，服务层在技术实现上结构相对简单，但它与具体的业务查询会结合得更加紧密。

Lambda 架构是一种架构设计思想，针对每一层的技术组件选型并没有严格限定，所以我们可以根据实际情况选择相应的技术方案。批处理层的数据存储方案可以选择 HDFS、S3 等大数据存储方案。批处理层的任务执行框架则可以选择 MapReduce、Hive、Spark 等大数据计算框架。批处理层的计算结果（如数据库表或者视图）由于需要被服务层或快速处理层高速访问，所以可以存放在诸如 MySQL、HBase 等能够快速响应查询请求的数据库中。快速处理层是各种实时流计算框架的用武之地，如 Flink、Spark Streaming 和 Storm 等。快速处理层对性能的要求更加严苛，其计算结果可以写入像 Redis 这样具有超高性能表现的内存数据库中。当接收到查询请求时，服务层可以分别从存储批处理层和快速处理层计算结果的数据库中取出相应的计算结果并做出合并，作为最终的查询输出。

## 7.2.3　Lambda 架构在实时流计算中的运用

本章最初的出发点是讨论当我们在实时流计算系统中不能够直接实现某些实时计算目标时应该如何处理，我们提出的解决方案是 Lambda 架构。那么具体应该怎样将 Lambda 架构引入我们的实时流计算系统中呢？

在以实时流计算为主体计算流程的体系中，并非要由服务层来提供最后全量数据的查询输出，而是由分散在流计算框架各个节点处的计算逻辑单元直接使用批处理层的计算结果，如图 7-2 所示。

以风控系统中的特征提取和风险评分为例。特征提取系统需要并发提取数十个特征，在这些特征中，有些特征的计算耗时很短，可以立刻实时计算出结果，如计数、求和等；而另外一些特征的计算非常耗时，不能够实时得到结果，如二度关系图的计算。所以，按照 Lambda 架构将计算的实时部分和离线部分分离的思想，我们把不能够实时计算的特征分离成实时计算和离线计算两部分，其中，实时计算是在离线计算结果的基础上进行的增量计算。与特征提取系统一样，风险评分系统也会有类似的问题，模型参数需要根据在线数据每天进行一次更新，这时也需要将模型和评分过程分离为离线计算和实时计算两部分。其中，离线计算用于训练更新模型参数，实时计算用于进行在线风险评分。

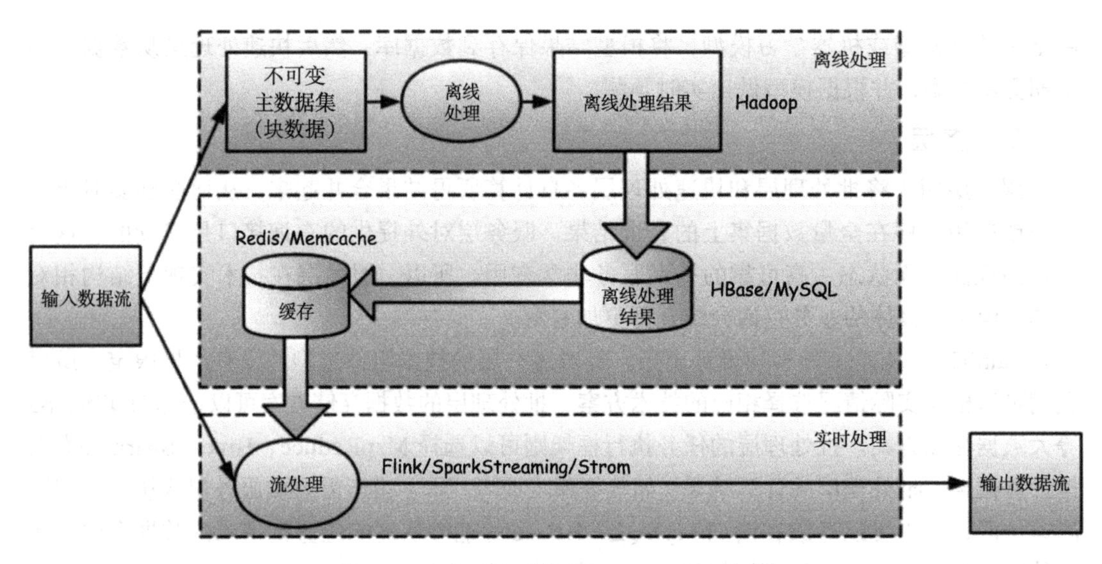


图 7-2 在实时流计算中运用 Lambda 架构

## 7.3 Kappa 架构与架构实例

Lambda 架构为开发大数据量下的实时应用提供了一种切实有效的通用模式。通过将数据和处理分为批处理层、快速计算层和服务层 3 个相对独立的层次，Lambda 架构降低了大数据在持续更新过程中问题的复杂性，并能够实时获得在全部数据集合上的查询结果。不过 Lambda 架构也存在一些问题，其中最主要的就是，对于同一个查询目标，需要分别为批处理层和快速计算层开发不同的算法实现。也就是说，对于同一套大体相同的逻辑，需要开发两种完全不同的代码，这给开发、测试和运维都带来一定的复杂性和额外工作量。

### 7.3.1 Kappa 架构

为了解决 Lambda 架构中因为批处理层和快速计算层“异质”带来的复杂性问题，LinkedIn 的 Jay Kreps 在 Lambda 架构的基础上提出了 Kappa 架构。Kappa 架构的核心思路是将批处理层用快速处理层的流计算技术替换。这样一来，批处理层和快速处理层均使用相同的流处理逻辑，在开发、测试和运维上都有一个更统一的框架，从而降低了开发、测试和运维的成本。

最初的 Kappa 架构建立在 Kafka 的基础上，这大概就是这种架构名字的首字母为 K 的原因。Kappa 这个名字给部分刚接触这种架构模式的开发人员（如笔者）带来一个很微妙的疑惑。对于像笔者这样从传统批处理转向流处理（特别是在大数据领域）的开发人员来说，其或多或少都会对 Kafka 能不能存储 HDFS 量级的离线数据持一定的怀疑态度，不确定这种做法是否合理。这种怀疑有一定道理，毕竟我们可以在 Kafka 存储 1 周、1 个月，甚至

1 个季度的数据，但是如果时间线真的很长，如三年五载，再加上数据量真的超级大，如 T 级甚至 P 级，这种数据就这样“裸”着放在 Kafka 中，是不是真的合适？现在笔者敢说，这样做是合理的。这种直接管理和存储流式数据的功能正是 Kafka 最初的设计目标之一。即便没有 Kafka，这种直接管理和存储流式“大”数据的“数据库系统”也是非常有用的，所以一定会有人开发这样的“流式数据库系统”。如果你对 Kafka 不满意，但又实在想要一个这样的流式数据库，那么，话说自己造一个轮子也是有趣的事呢！

如果我们从数据处理的角度来看 Kappa 架构的离线处理部分，还会有更加清晰的认识。对于主流流计算框架，如 Flink 和 Spark Streaming 等，“流数据”和“块数据”的区别已经开始逐渐模糊。在 Flink 中，块数据处理相关 API 的底层就是用流数据来实现的，而且在未来的 Flink 开发计划中还将进一步地去掉块数据处理相关 API，最终统一为流处理 API。在 Sparking Streaming 中，众所周知的概念就是“流”是由一系列的“块”组成的，流数据的处理最终转化为块数据的处理。不管是“流”就是“块”，还是“块”就是“流”，这都说明以“流”这种统一的方式来处理数据已经是各主流大数据处理框架的共识。换言之，“流”已然是大势所趋。所以，即便没有像 Kafka 这样的消息中间件，我们也可以先将流数据以块的方式存储在 HDFS 上，然后以“流”的方式对其进行读取和处理，这样同样达到了将批处理层替换为流计算的目的，统一了 Lambda 架构中的批处理和快速处理层的开发界面，减少了开发、测试和运维的复杂程度。

所以，在诸如 Kafka 和 Pulsar 等新一代流式大数据存储方案，以及 Flink 和 Spark Streaming 等新一代流计算框架的双重加持下，用 Kappa 架构取代 Lambda 架构成了自然而然的选择。Kappa 架构如图 7-3 所示。

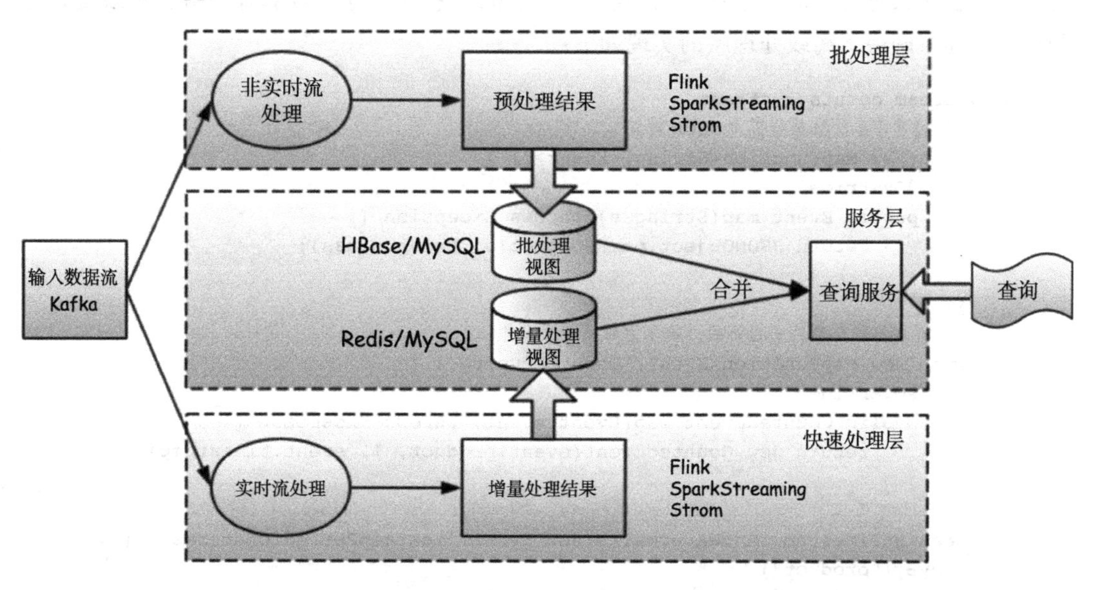


图 7-3　Kappa 架构

从图 7-3 可以看出，Kappa 架构本质上依旧是 Lambda 架构的一种，只是原本用作离线的批处理层被流计算取代了。在使用 Kappa 架构时，不管是用 Kafka 等“流数据库”存储数据，还是用 HDFS 等分布式文件系统存储数据（没错，未尝不可，记住 Flink 能够用流的方式处理 HDFS 上的块数据），对于离线部分的数据，保存所需分析时间窗口的数据，过期数据可以（或者说必须）通过设置过期策略进行淘汰。例如，如果要分析的数据是过去 3 天的数据，就设置超期时间为 3 天，只保留 3 天的数据。然后设置定时任务，定期对时间窗口内的全量数据进行处理，处理的结果保存到数据库中。当新的离线计算结果出来后，旧的离线计算结果就可以删除了。由于快速处理层同样采用流计算方式，所以批处理层和快速处理层可以用完全相同的流计算框架和大体相同的流计算代码来实现，无非两者设定的时间窗口、滑动周期有所不同而已。例如，离线计算部分的时间窗口为 3 天，计算耗时 20 分钟，我们设置这个离线任务每 30 分钟调度一次。同时，设置实时计算部分的窗口为 30 分钟，计算耗时很短，如 10 秒，设置每 15 秒执行一次。将两者每次计算的结果都存入数据库，然后就可以为服务层实时提供（最多有 15 秒时延）最近 3 天的全量数据的查询结果了。相比没有快速计算层时每次查询都至少有 20 分钟的时延，采用 Lambda 架构能够将查询时延降低到 15 秒，而采用 Kappa 架构后不仅时延减少到了 15 秒，而且只需要开发一套代码就可以同时实现离线部分和实时部分的处理逻辑。

### 7.3.2 Kappa 架构实例

正所谓“光说不练假把式”，下面我们就来使用 Flink 实现 Kappa 架构。假设现在需要统计“过去 3 天每种商品的销售量”，我们在 Kappa 架构中将这个计算任务分为离线处理层和快速处理层两层。离线处理层的实现如下：

```
DataStream counts = stream
    // 将字符串的数据解析为 JSON 对象
    .map(new MapFunction<String, Event>() {
        @Override
        public Event map(String s) throws Exception {
            return JSONObject.parseObject(s, Event.class);
        }
    })
    // 提取出每个事件中的商品，转化为商品计数事件
    .map(new MapFunction<Event, CountedEvent>() {
        @Override
        public CountedEvent map(Event event) throws Exception {
            return new CountedEvent(event.product, 1, event.timestamp);
        }
    })
    .assignTimestampsAndWatermarks(new EventTimestampPeriodicWatermarks())
    .keyBy("product")
    // 对于批处理层，使用滑动窗口 SlidingEventTimeWindows
.timeWindow(Time.days(3), Time.minutes(30))
```

```
// 最后是批处理窗口内的聚合计算
    .reduce((e1, e2) -> {
        CountedEvent countedEvent = new CountedEvent();
        countedEvent.product = e1.product;
        countedEvent.timestamp = e1.timestamp;
        countedEvent.count = e1.count + e2.count;
        countedEvent.minTimestamp = Math.min(e1.minTimestamp, e2.minTimestamp);
        countedEvent.maxTimestamp = Math.min(e1.maxTimestamp, e2.maxTimestamp);
        return countedEvent;
    });;
```

在上面的批处理层实现中，我们采用了长度为 3 天、步长为 30 分钟的滑动时间窗口。也就是说，每 30 分钟会计算一次 3 天内各个商品的销售量。

快速处理层的实现如下：

```
DataStream counts = stream
    // 将字符串的数据解析为 JSON 对象
    .map(new MapFunction<String, Event>() {
        @Override
        public Event map(String s) throws Exception {
            return JSONObject.parseObject(s, Event.class);
        }
    })
    // 提取出每个事件中的商品，转化为商品计数事件
    .map(new MapFunction<Event, CountedEvent>() {
        @Override
        public CountedEvent map(Event event) throws Exception {
            return new CountedEvent(event.product, 1, event.timestamp);
        }
    })
    .assignTimestampsAndWatermarks(new EventTimestampPeriodicWatermarks())
    .keyBy(x -> x.product)
    // 对于批处理层，使用翻转窗口 TumblingEventTimeWindows
    .window(TumblingEventTimeWindows.of(Time.seconds(15)))
    // 最后是批处理窗口内的聚合计算
    .reduce((e1, e2) -> {
        CountedEvent countedEvent = new CountedEvent();
        countedEvent.product = e1.product;
        countedEvent.timestamp = e1.timestamp;
        countedEvent.count = e1.count + e2.count;
        countedEvent.minTimestamp = Math.min(e1.minTimestamp, e2.minTimestamp);
        countedEvent.maxTimestamp = Math.min(e1.maxTimestamp, e2.maxTimestamp);
        return countedEvent;
    });;
```

在上面的快速处理层实现中，我们采用了长度为 15 秒的翻转时间窗口。也就是说，每 15 秒会计算一次 15 秒内各个商品的销售量。相信聪明的读者们看到这时已经发现 Kappa 架构的优势所在了——在上面批处理层和快速处理层的实现中，除了两个窗口的类型不一样以外，其他代码是完全一样的！是不是非常惊艳呢？要知道这给开发和运维减少了太多

太多的工作量啊！

在批处理层和快速处理层各自计算出结果后，需要将计算结果存入数据库，具体如下：

```
public class JdbcWriter extends RichSinkFunction<CountedEvent> {
    // 将每个窗口内的计算结果保存到数据库中
    private String inset_sql = "INSERT INTO table_counts(id,start,end,product,v_
            count,layer) VALUES(?,?,?,?,?,?) " +
            "ON DUPLICATE KEY UPDATE start=?,end=?,product=?,v_count=?,layer=?;";

    private long slideMS = 0;
    private long slideNumberInWindow = 0;
    private String layer = null;

    public JdbcWriter(long slideMS, long slideNumberInWindow, String layer) {
        this.slideMS = slideMS;
        this.slideNumberInWindow = slideNumberInWindow;
        this.layer = layer;
    }

    @Override
    public void invoke(CountedEvent value, Context context) throws Exception {
        // 通过对滑动或翻滚的步长取整，以对齐时间窗口，从而方便后续合并离线部分和实时部分的计
        算结果
        long start = value.minTimestamp / slideMS;
        long end = value.maxTimestamp / slideMS + slideNumberInWindow;
        String product = value.product;
        int v_count = value.count;
        String layer = this.layer;
        String id = DigestUtils.md5Hex(Joiner.on("&").
        join(Lists.newArrayList(start, end, product, layer)));

        preparedStatement.setString(1, id);
        preparedStatement.setLong(2, start);
        preparedStatement.setLong(3, end);
        preparedStatement.setString(4, product);
        preparedStatement.setInt(5, v_count);
        preparedStatement.setString(6, layer);
        preparedStatement.setLong(7, start);
        preparedStatement.setLong(8, end);
        preparedStatement.setString(9, product);
        preparedStatement.setInt(10, v_count);
        preparedStatement.setString(11, layer);
        preparedStatement.executeUpdate();
    }
}
```

在上面的实现中，我们将批处理层和快速处理层的结果都存入了数据库。最后服务层就只需要通过一条简单的 SQL 语句就能将两者的计算结果合并起来了，具体如下：

```
SELECT product, sum(v_count) as s_count from
```

```
(
    SELECT * FROM table_counts WHERE start=? AND end=? AND layer='batch'
    UNION
    SELECT * FROM table_counts WHERE start>=? AND end<=? AND layer='fast'
) as union_table GROUP BY product;
```

在上面的代码中，我们使用 UNION 操作将批处理层和快速处理层的结果合并起来，然后在这个合并的表上，通过分组聚合计算即可非常方便并且精确地计算出“过去 3 天每种商品的销售量”了。

## 7.4　本章小结

本章主要讨论了当我们实在不能通过单一的流计算框架来实现计算目标时，采用 Lambda 架构来间接实现我们的实时计算目标。Lambda 架构是一种构建数据系统的思想，将数据分析的过程定义为在不可变数据集合上的纯函数计算。数据系统的构建过程分成了两步，第一步是收集一批数据形成不可变数据集，第二步是在不可变数据集上进行数据处理和分析。这种数据系统的构建思路，不仅可以应用于离线处理部分，而且可以应用于实时处理部分。离线处理部分和实时处理部分分别衍生出了 Lambda 架构的批处理层和快速处理层。

由 Lambda 架构演进而来的 Kappa 架构，通过流来统一编程界面，确实极大地简化了数据系统的构建过程。虽然在架构体系和实际代码开发过程中，Kappa 相比 Lambda 具有更好的一致性，但是这并不意味着 Kappa 比 Lambda 架构更好，它们有各自的意义和价值。Lambda 架构代表的是一种更通用的架构思想，指导我们在碰到不能直接用实时计算方式解决大数据问题时，不妨尝试采用这种离线和实时相结合的折中方案。Kappa 架构的最大价值则是启发我们尽量用流式计算框架来统一离线计算和实时计算。

在实际的项目开发过程中，并不是所有的任务都适合用流计算的方式来完成。到目前为止，不管是在丰富度、成熟度，还是在可用的第三方工具库数量方面，采用批处理方式实现的算法比采用流处理方式实现的算法，都要优越很多。另外，是选择将离线计算和实时计算统一起来，还是将研发工程师和数据工程师各自的生产力和创造力发挥出来，也是值得商榷的事情。所以，我们需要根据具体的业务场景、已有技术积累、团队研发能力等多方面因素设计出最终能够实际落地的架构方案。

# 第8章　数据传输

前面章节讨论的都是数据流处理相关的问题，本章开始讨论流计算系统中的数据传输系统。就像楚汉相争天下时，不管刘邦在前线多么气势磅礴、浩浩荡荡，都需要萧何在后方给他及时运送粮草、补充兵马，这样才能够保证刘邦的大军在前线专注于英勇杀敌，并最终取得楚汉相争的胜利。数据传输系统就是流计算系统中的“萧何”，虽然它不是“打仗”的核心，但是没有它保证“粮草”快速和通顺地运转，流计算系统就不能稳定、可靠、高效地运行，进而不能发挥出实时流计算系统潜在的价值。数据传输系统承担了整个实时流计算系统的数据传输任务，是遍布实时流计算系统各处的“血管系统”。

数据传输是一个在多系统间进行通信的过程。传统典型的系统间通信方式是远程方法调用，也就是我们常说的RPC，如在Hadoop中广泛使用的AVRO RPC和Protobuf RPC，以及在微服务架构中更加广泛使用的REST。在实时流计算系统中，由于“流数据”的特点，我们通常使用一种与“流”更加契合的通信方式，即基于消息中间件的数据传输方式，如RabbitMQ、Apache Kafka和Apache Pulsar等。

除了消息中间件以外，大多数开源流计算框架在其系统内部实现了自己的数据传输方法。大体上，我们可以将这些在分布式计算节点间进行数据传输的方案理解为一种功能更加专一的跨进程间消息队列。它们的基本功能是在两个进程之间进行数据传输，更复杂的功能则包括数据持久化和反向压力等。我们可以将这些跨进程间的消息队列理解为简化版或定制版的消息中间件。

本章将重点讨论实时流计算系统中多个子系统或业务模块间通过消息中间件进行数据传输的问题。

## 8.1　消息中间件

在计算机领域，但凡在两个不同应用或系统间传递的数据，都可以称为消息。例如，在TCP/IP协议的4层模型中，数据链路层在两个MAC地址间传递的数据可以称为消息，网络层在两个IP地址间传递的数据可以称为消息，传输层在两个套接字间传递的数据可以称为消息，应用层在两个进程间传递的数据也可以称为消息。

在实时流计算应用开发过程中，我们主要关心的是具有业务含义的数据。这些数据在流计算应用的各个业务逻辑处理单元间传递，我们亦称其为消息。这些消息可以表现为字符串、JSON对象或AVRO对象等。当在两个业务逻辑处理单元间传递消息时，需要先将这些消息对象序列化为字节数组，然后经网络传递，最后由消息消费方接收并反序列化，恢复为最初的消息模样。

或许我们会觉得直接在诸如 TCP/UDP 等网络协议的基础上，开发两个系统之间的消息传递系统是一件简单、轻松的事情。但当我们真正开始着手实现这个系统时，就会发现问题并没有其表面所展现的那么简单。考虑消息需要高性能、高可靠、顺序地传递，系统重启或故障恢复时需要进行消息持久化和多副本存储，消息数据量暴增时需要具备横向扩展处理能力，多种不同平台之间传递数据流时需要实现不用语言的客户端等。可以说，当你千辛万苦完成了所有这些特性的开发时，那么必须恭喜你，你一定已经成为软件开发的大神级人物！但同时，你也一定已经忘记了最初构建业务系统的目的是什么。

## 8.1.1　为什么使用消息中间件

当我们专注于实时流计算应用的业务逻辑开发时，急需一个开箱即用并且成熟可靠的数据传输系统。这时候就是消息中间件发挥作用的时刻了。消息中间件替我们解决了流计算系统中数据传输的绝大多数问题。我们只需要使用消息中间件提供给我们的各种 API 与其对接，就可以轻而易举地实现消息在两个系统之间的传输，而其他关于高性能、高可靠、跨平台等一系列的问题，完全交由消息中间件自行实现和处理。

在此，我们需要“表彰”下消息中间件在帮助我们构建流计算系统过程中的几大功绩。

### 1. 将上下游业务逻辑处理单元解耦

高内聚、低耦合已经是软件领域老生常谈的设计原则了。在第 2 章讲解数据接收模块时，我们通过队列将数据接收服务内部的几个处理步骤分离开。如果将这个过程放大到更大的系统，将每个处理步骤放大为一个业务模块，那就可以用消息中间件来替换原本在处理步骤间使用的队列。回想我们平时在开发软件系统时，如果有多个开发人员开发业务流程的不同业务模块，那么是不是通过消息中间件将彼此间的开发过程隔离开更好。只要上下游的开发人员间约定好消息的格式，就可以开始各自的开发工作，并且彼此之间的任务边界、责任边界一目了然。当软件上线发生问题时，也只需要查看各个模块的输入 / 输出是否正常即可，可以非常方便、容易地定位线上问题发生的地方。

### 2. 缓冲消息和平滑流量高峰

第 3 章谈到，流计算系统是一种天然的异步处理系统。在流计算系统中，上下游之间的业务逻辑的复杂程度不尽相同，从而上下游间的处理速度也会不同。反向压力是解决这种上下游处理速度不一致问题的手段之一。有些时候，线上业务会在某些时间段出现流量高峰。例如，每天早、中、晚 3 个时间段的广告点击量通常是最高的。又如，商家在做推广活动时，流量突然暴涨也是司空见惯的事情。这个时候，通过消息中间件将短时间内的高峰流量缓存在消息队列中，同时各个业务模块依旧在尽其所能地处理消息队列中积压的消息。如此一来，既保证了系统平稳运行，又最大程度发挥了系统的处理能力。

### 3. 使系统的处理能力能够横向扩展

大部分消息中间件支持 $M$（$M \geqslant 1$）个消息生产者和 $N$（$N \geqslant 1$）个消息消费者的模式。这样，消息的生产者和消费者的数量实际上是完全独立的。消费者来不及处理生产者输入消息中间件的消息时，可以部署更多的消息消费者来处理消息。所以，消息中间件使得流计算系统的横向扩展能力得到显著增强。

### 4. 消息高可靠传递

就像任何软件都有 Bug 一样，线上服务可能会因为各种各样的原因而失败，可能是软件本身的 Bug 导致服务进程退出、可能是服务日志没有及时清理而磁盘写满、可能是系统内存不足导致服务进程被操作系统杀掉、可能是云服务厂商的光纤被施工队挖断导致服务器宕机等。为了保证实时流计算系统中的数据不会因为服务的失败而丢失，最基本的要求是能够对数据进行持久化。而为了提供更可靠的数据恢复保证，通常还会对数据进行多副本保存。当消息中间件和服务重启时，服务失败前尚未处理的消息不会丢失掉。越来越多的消息中间件提供了消息的可靠传递机制，如最少一次传递，甚至是精确一次传递，让我们能够更加专注于业务逻辑的开发，而不是将宝贵的精力和时间耗费在底层的消息传递可靠性保证上。

### 5. 消息的分区和保序

或许有些读者会觉得分区和保序怎么能够搅合在一起？实时上，这是一种 de facto 的最佳实践经验。如果消息中间件没有提供消息的分区功能，那么要实现保序就只能由客户端使用单一线程来读取消息，然后按照特定的 key 来将消息分发到多个工作线程的任务队列中去。如若不然，就不能保证消息是严格按照其输入的顺序来被处理的。这是因为多线程的执行通常是相互抢占的，先拿到消息的线程可能会在较后的时间执行，这样就破坏了消息处理的时序。而如果将所有消息都交由同一个线程来处理，这或多或少会掣肘并发度的提高。而如果消息在一开始输入消息中间件时就按照特定的 key 进行分区并保证分区内的顺序，那么只需要给每个分区分配一个线程来消费和处理消息，就能够在保证消息在业务逻辑上有序的同时，大幅提高系统的并发处理能力。这种用分区消息局部有序性来取代全体消息整体有序性的做法，在很多业务场景下都能够满足对消息顺序的要求，同时不会影响处理性能的水平扩展，是一种很好的实践经验。

以上就是我们总结的消息中间件的几点“功绩”了。必须提到的是，以消息中间件为核心的 SOA 系统架构模式曾经深深影响过一代系统开发人员。直到现在，SOA 系统架构模式还在许多企业级架构中发挥着重要作用。虽然 SOA 系统架构模式不是本章重点，但仍然建议读者自行查阅相关资料了解其历史。毕竟“以史为鉴，可以知兴替”，通过对系统架构模式演进过程的研究，我们会更加深刻地理解现代软件系统架构。

## 8.1.2　消息中间件的工作模式

消息中间件最简单的工作模式是点对点模式，即我们经常听到的点对点（Point-to-Point,

P2P）模式。图 8-1 展示了消息中间件点对点模式的工作原理。用 Java 中的 BlockingQueue 来描述点对点模式是非常合适的，消息生产者将消息发送到消息中间件的某个队列中，同时消息消费者从这个队列的另一端接收消息。生产者和消费者之间是相互独立的。点对点模式的消息中间件支持多个消费者，但是一条消息只能由一个消费者消费。

发布 / 订阅模式是消息中间件的另一种工作模式。发布 / 订阅模式的功能更强，使用场景更多，是大多数消息中间件的主要工作模式。图 8-2 展示了消息中间件发布 / 订阅模式的工作原理。在发布 / 订阅模式中，我们先定义好一个具有特定意义的主题（topic），消息生产者将所有属于这个主题的消息发送到消息中间件中代表这个主题的消息队列上，然后任何订阅了这个主题、对该主题感兴趣的消息消费者都可以接收这些消息。发布 / 订阅模式使得消息生产者和消息消费者之间的通信不再是一种点到点的传输，而是由消息中间件作为代理人统一管理消息的接收、组织、存储和转发，这样减少了系统中所有生产者和消费者之间的连接数量，从而降低整个系统的复杂度。和点对点方式不同，发布到主题的消息会被所有订阅者消费。

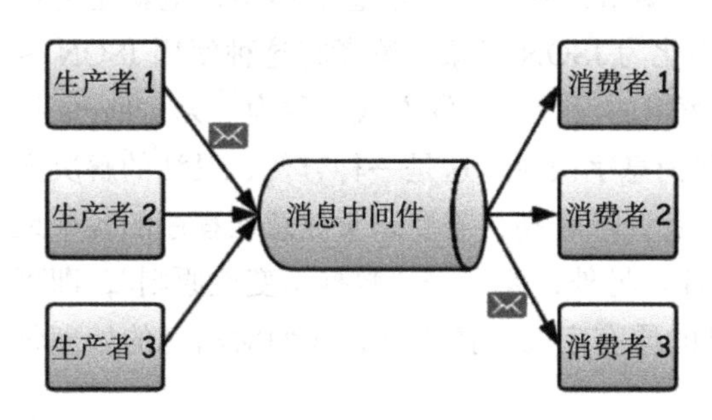


图 8-1　消息中间件点对点模式的工作原理

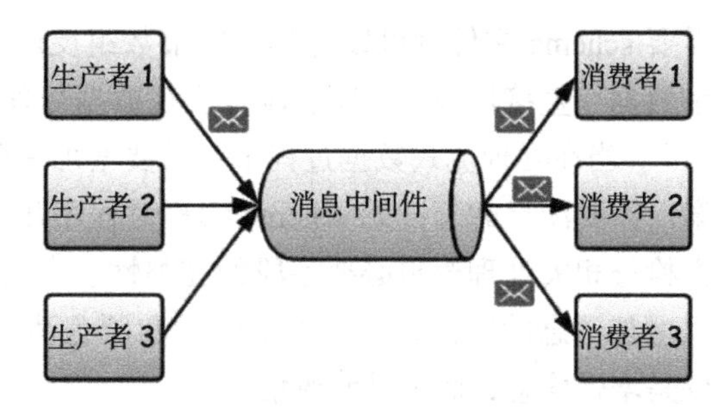


图 8-2　消息中间件发布 / 订阅模式的工作原理

发布 / 订阅模式存在一个负载均衡问题。当发布者消息量很大时，单个订阅者的处理能力逐渐变得不足，于是我们将多个订阅者节点组成一个订阅组以共同处理某个主题的消息，这样在订阅组内部的订阅者节点之间就实现了负载均衡，使得消费者的处理能力能够水平扩展。图 8-3 展示了消息中间件中一种带负载均衡功能的发布 / 订阅模式。

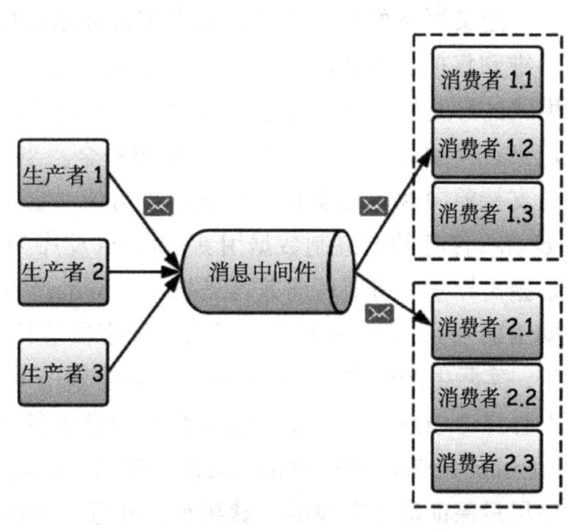


图 8-3　带负载均衡功能的发布 / 订阅模式

## 8.1.3　消息模式

消息中间件包揽了消息传递过程中的大部分事情，当我们开始业务模块的开发时，只需要定义好业务模块和业务模块之间的通信协议（也就是消息模式）即可。所谓消息模式，也可以说是消息的定义，再说白点儿，就是定义消息有哪些字段、字段的类型、字段的排列顺序、字段是否必需等。或许我们觉得这不就是定义消息吗，列出文档不就可以了。但是在实际产品开发过程中，消息模式随产品版本的迭代和更新，有时候会成为一个非常恼人的问题，就像睡觉时耳边嗡嗡做势的蚊子。所以，这里我们要讨论下几种消息模式的处理方式。

### 1. 无模式（弱模式）

无模式（弱模式）也是一种模式。很多 Java 开发者尤其喜欢用类来表达一个实体，这是非常好的习惯。但是像 Python 这样动态语言的开发者则并不是十分热衷于预先规定一个对象必须有哪些字段，他们只需要大致知道一个对象有哪些字段，然后在程序需要某个字段的地方有那个字段即可。当数据在实时流系统中被逐步处理和进行信息增强时，一些临时字段、可选字段、推导字段会逐渐附加到消息上。这个时候，使用无格式的消息模式未必不是一种好的选择。以 JSON 为代表的一类数据格式是无模式消息的典型，也就是说不需要 schema 文件就可以将其从字节数组反序列化为 JSON 对象。笔者将这种使用 JSON 表示数据，直接操作 JSON 字段，实现数据处理逻辑的设计和开发方式，称为“无 schema 编程”。当在处理流式数据过程中，需要增加一些消息字段时，这是一种方便、灵活的解决方案。需要注意的是，无 schema 编程对程序开发者要求较高，需要非常注意在程序的各个地方检查相关处理逻辑必要字段的完整性和合法性。另外，要遵守“数据不变性原则”，即可以增加消息的字段，但是不要修改和覆盖消息的原有字段。换言之，我们对消息的处理仅仅是增强信息，而不是修改信息。

### 2. 强模式

定义严格的数据模式，是大家喜闻乐见的事情，不仅仅是开发，也包括产品、测试、运维和售前。以 Avro、Thrift、Protobuf 为代表的数据组织方案是强消息模式的代表。强模式的好处是字段在反序列化为对象的时候，自动对字段的完整性进行检查，再配合类的定义，使用起来更加方便、高效和安全。当采用强模式表达消息时，应该尽可能地选择既支持前向兼容也支持后向兼容的方案。前向兼容是指当 schema 新加字段后，如果以旧 schema 保存的二进制数据用新 schema 反序列化，那么新加字段应该设置为默认值，而不是抛出异常。所谓后向兼容是指当 schema 新加字段时，如果以新 schema 保存的二进制数据用旧 schema 反序列化，那么新加字段应该被忽略，而不是抛出异常。这样做的原因在于，实际生产中线上系统非常可能混合新旧两种 schema 对应的二进制数据。例如，在新版本客户端 SDK 发布后，市面上仍旧会有很多旧版本客户端 SDK 的用户。虽然 Avro、Thrif、Protocol buffers 等序列化框架都支持前、后向兼容，但是产品迭代更新 schema 时，还是应该尽量保证消息字段的一脉相承，并且应该仔细阅读各种序列化框架前、后向兼容的限制条件，不要随意删除字段、修改字段名称和调整字段顺序，否则稍不注意就会出现反序列化结果和预期不一致的问题。

#### 3. 版本控制

任何时候，给接口或协议添加版本控制都是明智之举，消息模式亦是如此。在消息模式的首位添加一个版本控制字段总归是好的，这样当数据模式被改得面目全非时，依旧能够通过不同版本执行不同逻辑分支的方式留下处理所有新旧格式消息的余地。另外，版本控制有助于数据处理失败时的问题追溯和分析。

### 8.1.4　使用消息中间件的注意事项

第 1 章已经讨论了在消息中间件选型时的一些基本考量因素，如吞吐量、延迟、高可用、持久化和水平扩展。这里，我们补充几个在实际开发中需要考虑的问题。

#### 1. 消息传达的可靠性

大多数流计算平台会对消息传达的可靠性做出一定程度的保证，如尽力而为、至少一次或精确一次等。关于这点，我们在前面对比各种开源实时流计算平台时已有所讨论，这里不再赘述。作为流计算系统中数据的传输中枢，消息中间件自身对消息传递可靠性的保证亦是如此。很多开发者认为“精确一次”理所当然是最好的消息可靠性保证机制，有了它就不用考虑任何消息传递失败的问题。但笔者认为，不管是消息中间件还是流计算平台，大多数情况下都不要过度依赖消息中间件能够提供给你“精确一次”的保证。一方面，保证“精确一次”会非常显著地降低系统性能；另一方面，不同系统所承诺的“精确一次”语义或多或少有所区别，使用起来还有一定限制。

基本上，所有“精确一次”级别的可靠性保证机制都是通过框架内部的一套封闭且完备的逻辑来实现的。所以，开发者想要使用“精确一次”级别的可靠性服务，就必然限定在框架提供的 SPI 或服务下完成，如 Storm 的 ACK 机制和 Trident、Flink 的 checkpoint 机制和 Keyed State 及 Operator State 等。相比实现一个独立且完整的模块，一边开发业务逻辑一边还得照顾框架本身的工作机制实在是一件琐碎的事情。另外，当我们需要与不受框架约束的外部存储（如文件、数据库等）交互时，就脱离了流计算框架的保护，到头来开发者还是需要自己去保证消息的“精确一次”。如果我们不明真相，以为框架提供了“精确一次”就万事大吉，忽略了与外部存储交互时对失败的处理，那么开发出来的程序就很不安全了。

总的来说，消息中间件至少应该能够提供“至少一次”级别的传达可靠性保证。至于“精确一次”级别的可靠性，其实现起来更加复杂，使用起来也有更多约束条件，性能也需要考量。“精确一次”和“至少一次”之间的差异就像 lock 和 try lock 之间的区别。相比前者，选择后者时更显乐观，但使用时需要更加谨慎，如此才能在保证结果正确的同时获得更好的性能表现。

#### 2. 消息重放

昨日重现，或者朝花夕拾，都是美好的事情。消息重放是流计算系统中时不时会遇到的问题。重放的原因可能是某段时间消息处理程序崩溃，需要补跑数据，也可能是模型更新，需要重新训练模型参数。实现消息重放最“直接”的方式是将消息从其保存的地方重新拉出来，再次发往消息中间件，但这种方法可能并非最优。将消息从块存储设备读出来，还原消息格式和顺序，再重新发往消息中间件，整个过程都涉及比较多的定制开发工作。特别是当需要重放的主题比较多时，定制开发工作会变得十分烦琐。好在现在越来越多的消息中间件开始支持数据存储功能。也就是说，它们不再是简单的消息发布 / 订阅系统，还是流数据存储系统，可以将一定时间范围内的数据流保存下来。当需要重放消息时，只需将“播放点”设置到重放开始的地方，即可完美复现之前的数据流。

## 8.2 Apache Kafka

终于到了专门讲解 Apache Kafka 的章节了，笔者竟然还有一点点儿小激动，这是因为 Kafka 确实是笔者喜欢的软件之一（其他还包括 Git、Linux、Java、Python、Redis、Hadoop、Flink、Ignite 等）。Kafka 是由 LinkedIn 开源的一个用于管理和处理流式数据的发布 / 订阅消息系统。它具备超高性能、分布式、错误容忍等优良特性，非常适合用于实时传输流式大数据。可以说，Kafka 是我们构建流计算系统的必备利器。

相比其他消息中间件，Kafka 最初的设计目标不仅仅是一个普通的消息中间件，它更被设计为一种全新的数据管理方式。Kafka 可以直接以流的方式来存储、查询和管理数据。想想在 Kafka 横空出世之前，当需要存储流式业务数据时，需要用诸如 Flume 这样的日志收集工具先将消息从消息中间件中拉取出来，然后将消息写入数据库或文件系统。而现在，业务数据可以直接以数据流的方式原封不动地保存在 Kafka 中，如无必要，无须再将其转储到其他数据存储系统。Kafka 这种新颖的流数据管理方式极大地简化了管理流数据的复杂度，并且具有许多优良的功能。例如，Kafka 的实现天然就是分布式架构，支持消息持久化和多副本存储，并且可以灵活地横向扩展等。

### 8.2.1 Kafka 架构

Kafka 由 ZooKeeper 集群和若干 broker（代理）节点组成。典型的 Kafka 应用还包括若干消息生产者和消息消费者。

ZooKeeper 是一个分布式系统协调器。协调器这个名字可能不太好理解，但是可以借助进程内的锁来理解。例如，在 JVM 内部，我们可以使用可重入锁（ReentrantLock）来协调多个线程对相同资源的安全访问。而在分布式环境下，进程内的锁不再可用，于是需要使用类似于 ZooKeeper 这样的分布式系统协调器来同步多个节点上进程对相同资源的安全访问。Kafka 正是使用 ZooKeeper 来协调集群中的各种角色实例及存储集群中的各种元数据信息的。

broker 代表组成 Kafka 集群的每台 Kafka 服务器。由于 Kafka 是发布 / 订阅模式的消息中间件，因此生产者在发送消息前，必须创建消息的主题（topic）。Kafka 的主题由一个或多个分区（partition）组成，这些分区分布在各个 broker 服务器上。由于高可用设计的原因，每个分区还可以设置为一个或多个副本（replica），并且同一个 broker 服务器上最多部署该分区的一个副本。正因为如此，当 Kafka 中的某个 broker 服务器发生故障或停机时，只要一个主题设置的分区副本数量比宕机的 broker 服务器数量多，理论上该主题（topic）的消息就不会丢失。

图 8-4 展示了 Kafka 的工作原理。当消息生产者往某个主题发送消息时，消息被发送到该主题的某个分区，并最终写入该分区的每一个副本。Kafka 一个设计非常巧妙的地方是，broker 并不会"认真"记录一条特定的消息是否被消费了，而是用偏移量来"笼统"记录分区中消息的生产情况和消费情况，这为消息的重放或跳跃带来极大方便。任何时候只需要修改消费者记录的偏移量，就可以让消费者重新消费已经消费过的消息，或者跳过一些积压太多从而放弃处理的消息。

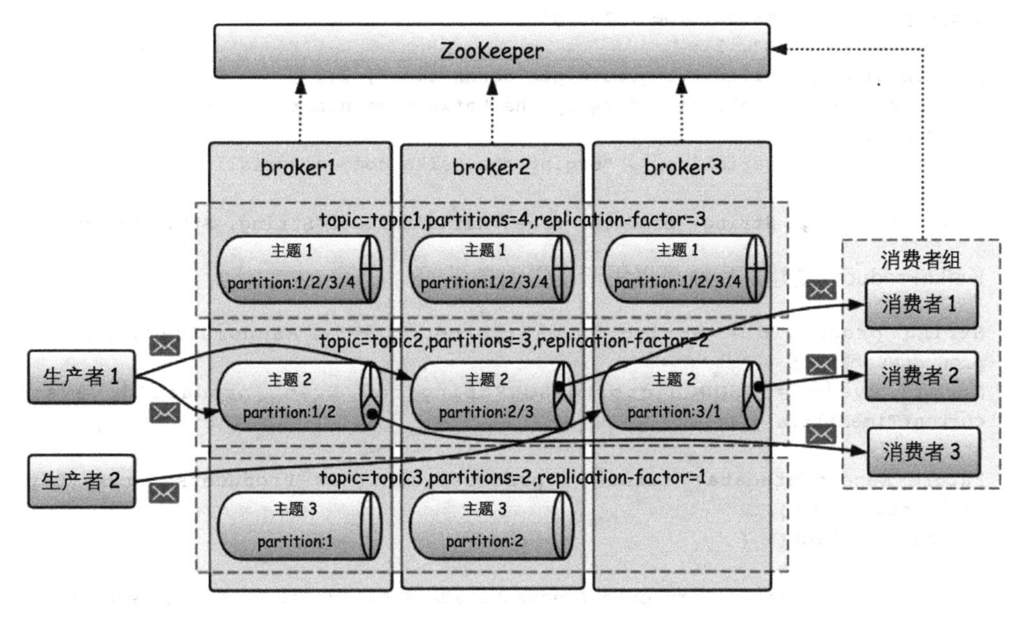


图 8-4　Kafka 的工作原理

对于存储在 broker 上的消息，都会设置一个超期策略，可以是按时间超期或按数量超期，超期的消息会被淘汰。这是一个非常好的功能，可以避免磁盘无休止地写下去，最终将磁盘写满。事实上，笔者认为，不仅仅是流数据，任何类型的线上数据都不会是永远有效的。这有两点含义：一方面提醒我们在设计数据存储系统（如写日志、存数据库等）时，务必设置一个超期淘汰机制；另一方面，提醒我们在为业务设计实体关系模型时，应该认真考虑数据在业务意义下的真实有效时间。可以说，缺乏数据实效考虑的系统，确定、一定以及肯定会运行得不长久！

### 8.2.2 Kafka 生产者

通过 Kafka 提供的生产者相关 API，可以将消息发送给 Kafka。整体而言，Kafka 生产者 API 使用起来还是比较简单的。首先创建一个 KafkaProducer 对象，然后根据需要发送消息的主题、内容及一个可选的分区键值，创建一个 ProducerRecord 对象，之后就可以通过 KafkaProducer 对象的 send 方法，以同步或异步的方式将消息发送出去了。下面是按照这个过程发送消息的示例代码。

首先，创建 KafkaProducer 对象：

```
Properties props = new Properties();
props.put("bootstrap.servers", "localhost:9092");
props.put("acks", "all");
props.put("batch.size", 16384);
props.put("linger.ms", 1);
props.put("buffer.memory", 33554432);
props.put("compression.type", "gzip");
props.put("retries", 1);
props.put("max.in.flight.requests.per.connection", 2);
props.put("key.serializer", "org.apache.kafka.common.serialization.
StringSerializer");
props.put("value.serializer", "org.apache.kafka.common.serialization.
StringSerializer");
Producer<String, String> producer = new KafkaProducer<String, String>(props);
```

KafkaProducer 创建好后就可以用于发送消息了：

```
String productId = String.format("product_%d", RandomUtils.nextInt(0,
productNumber));
String event = JSONObject.toJSONString(new Event(productId, System.
currentTimeMillis()));

Future<RecordMetadata> future = producer.send(new ProducerRecord<>(topic,
productId, event),
    new Callback() {
        @Override
        public void onCompletion(RecordMetadata metadata, Exception exception) {
            if (exception == null) {
                logger.info(String.format("succeed to send event[%s]", event));
            } else {
                logger.error(String.format("failed to send event[%s]", event));
            }
        }
    });
    // future.get() // 同步发送方式
```

在上面的代码中，我们首先创建了一个代表将被发送消息的 ProducerRecord 对象。然后，将其用 KafkaProducer 的 send 方法发送出去。KafkaProducer 的 send 方法是一个异步方法，它将消息添加到消息发送缓冲区后就立刻返回。这种异步设计允许 KafkaProducer 在系统内部批次发送消息，从而提高消息发送的效率。如果需要在客户端确认消息发送是否成功，则可以采用 future 的 get 方法，等到 get 方法返回或抛出异常，就可以知道消息是发送成功还是发送失败了。

虽然 Kafka 性能卓越，提供的 API 也简单、易用，但是使用时还是要根据具体的使用场景来调整 KafkaProducer 的配置参数，否则 Kafka 的性能优势就容易发挥不出来，甚至不符合业务对数据的要求。例如，在金融交易系统中，消息丢失或消息重复是不允许的，可以接受的延迟最大为 500 毫秒，而且系统对吞吐量要求较高，希望每秒钟可以处理一百万个消息。而在分析广告点击的场景中，允许丢失少量的消息或出现少量的消息重复，延迟可以大一些，只要不影响用户体验即可。不同的使用场景对生产者 API 的使用和配置会有直接的影响。如果生产者 API 使用不当，则程序性能还会极大地受到影响，导致性能不尽如人意。

在配置 KafkaProducer 时，我们需要考虑以下 4 个方面。

### 1. 消息的可靠性

ACK 是消息在被认为“已提交”之前，生产者需要 leader 确认的请求应答数，目前 ACK 有 3 个取值。当 acks 设置为 0 时，KafkaProducer 发送请求后不需要等待 broker 的确认信号就立马返回，此时 KafkaProducer 发送消息的速度最快、吞吐率最高，但是由于根本不管 Kafka 服务器是否正确接收了消息，所以它不能保证消息全都发送成功。当 acks 设置为 -1 时，KafkaProducer 发送请求后必须等待所有副本的确认信号才能返回，此时 KafkaProducer 发送消息的可靠性最高，但速度最慢、吞吐率最低。当 acks 设置为 1 时，KafkaProducer 发送请求后必须等待 leader 副本的确认信号才能返回。很显然，这是一种在消息的可靠性和发送速度之间的平衡方案。

### 2. 同步或异步

笔者曾一度认为 ACK 是控制消息同步还是异步发送的参数，后来在一次生产性能事故中，才发现自己对这个参数的理解有误。在那次事故中，本来 KafkaProducer 的 acks 设置为 1，笔者认为这种配置下 KafkaProducer 的发送方式为异步的，后来添加 producer.type 为 async 的设置后，程序发送消息的性能大幅提升。经过认真思考后，笔者才明白，异步发送的目的是收集消息后批次发送，从而提升消息的发送效率，但这并不代表发送线程完全不理会消息是否发送成功。在 KafkaProducer 的发送线程中，当消息发送失败时，依旧需要重试并尽可能让消息发送成功。如果最终消息真的发送失败，那么在 KafkaProducer.send( ) 函数返回的 Future 对象中，要么抛出异常，要么由回调函数进行失败处理。总之，它不会对消息是否可靠发送到 Kafka 不管不顾，这绝不是“异步”的副作用，只是说 acks 的设置会影响发送线程对消息是否发送成功的判断而已。例如，当 acks 为 0 时，发送线程发送消息时总是会显示成功。而当 acks 为 -1 时，只要有一个副本没有写入成功，那么发送线程发送消息就会失败，这个时候，发送线程要么会重发消息，要么会进行失败处理。总体来说，异步发送方式会极大地提高消息发送的性能，会提高消息发送的时延，但是不会影响消息发送的可靠性。

### 3. 批次发送

将消息收集到一起后，由固定的几个发送线程专门按批次发送消息，一方面可以减少过多 I/O 线程的切换及出入操作系统内核态的次数，另一方面会减小均摊在每条消息上的非有效数据开销，从而整体提高消息发送的吞吐能力。KafkaProducer 的 batch.size 参数可以控制批次发送的消息数量，而 lingger.ms 参数则可以控制收集消息的时间。当收集消息达到一定数量或者时间达到设定值时，这批消息就会被一次性发送给 Kafka。整体而言，batch.size 越大，吞吐能力越强，但是发送时延会增加，可能会导致消费者在一段时间内没有消息可以处理，而 lingger.ms 则控制了消息发送的最大时延。所以，需要根据实际使用场景和生产流量情况做好 batch.size 和 lingger.ms 之间的平衡。

### 4. 压缩

KafkaProducer 能够对发送的消息进行压缩，然后由消费者接收并对其进行解压。压缩的过程会带来一定的 CPU 开销，但是压缩有两个好处，一是减少消息发送时的网络流量，二是减少消息占用的磁盘空间。对于规模比较大的消息，可以对消息进行压缩。不过 Kafka 支持压缩并不表示 Kafka 适用于传输大文件，大文件的传输通过诸如 HDFS 这样的分布式文件系统来实现比较好，毕竟 Kafka 本质上还是一个消息中间件而已。

## 8.2.3 Kafka 消费者

在开始演示 Kafka 消费者从 Kafka 读取消息前，我们需要首先理解 Kafka 消费者相关的几个概念，以帮助我们理解 Kafka 是如何实现发布 / 订阅模式的。

### 1. 消费者和消费者组

在前面的章节中，我们已经知道，消息中间件点对点模式和发布 / 订阅模式最大的区别是后者在消费消息时，同一消息能够被多个消费者消费。而为了提高消费者处理消息的能力，还可以允许多个消费者共同处理同一主题的消息。为了同时实现这两个目标，Kafka 创造性地引入“消费者组”这一概念。同一主题的消息能够被多个消费者组消费，各个消费者组相互独立，互不影响。但在同一个消费组里的消费者，则齐心协力共同处理同一主题下的消息，当一个消息被一个消费者认领后，同一个消费者组里的其他消费者就不再认领该消息，这样就保证了能够横向扩展并行处理的消费者数量。

### 2. 消费者和分区

Kafka 主题中的数据在具体存储时，又分成了若干个分区。在同一个消费者组内，任何一个分区在同一时刻都只允许有一个消费者负责读取该分区中的消息。所以，如果一个主题有 3 个分区，而消费组内有 6 个消费者，则只有 3 个消费者能够读取消息。当这 3 个消费者其中之一退出时，就会从另外 3 个消费者中选择一个接替退出的那个消费者继续读取分区的消息。图 8-5 说明了消费者和分区之间的各种关系。

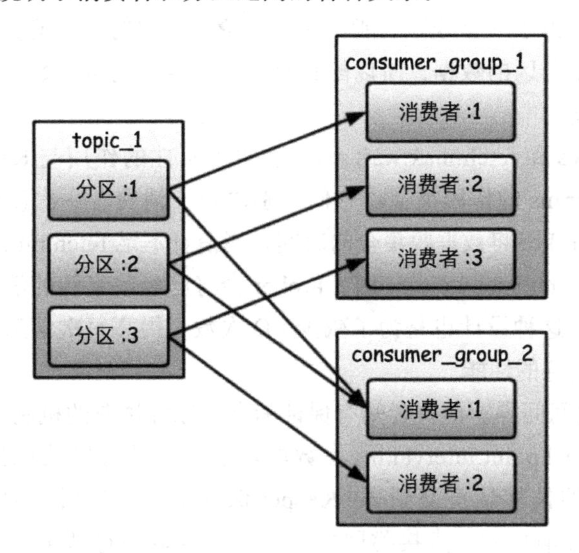


图 8-5　消费者和分区之间的各种关系

下面我们来演示 Kafka 消费者从 Kafka 中读取消息的过程。首先创建 KafkaConsumer 对象。

```
Properties props = new Properties();
    props.put("bootstrap.servers", "localhost:9092");
    props.put("group.id", " KafkaConsumerExample");
    props.put("auto.offset.reset", "latest");
    props.put("key.deserializer","org.apache.kafka.common.serialization.
              StringDeserializer");
    props.put("value.deserializer", "org.apache.kafka.common.serialization.
              StringDeserializer");
    KafkaConsumer<String, String> consumer = new KafkaConsumer<>(props);
```

然后让 KafkaConsumer 订阅某些主题。

```
consumer.subscribe(Arrays.asList(topic));
```

最后，KafkaConsumer 从主题中消费消息。

```
while (true) {
    ConsumerRecords<String, String> records = consumer.poll(100);
    for (ConsumerRecord<String, String> record : records) {
        logger.info(String.format("receive key[%s], event[%s]", record.key(),
                  record.value()));
    }
}
```

与 KafkaProducer 类似，KafkaConsumer 也只有在合理配置之后才能发挥出其最佳的性能。主要的考虑因素有以下 3 点。

- 消费者组内消费者的数量。影响 KafkaConsumer 性能最重要的因素是消费者组内消费者的数量。由于一个分区只能被同一消费者组内的一个消费者读取，而一个消费者可以读多个分区的数据，所以配置超过分区数的消费者数量并不会提升主题中消息处理的速度。
- fetch.min.bytes 和 fetch.max.wait.ms，这两个属性的作用与 KafkaProducer 的 batch.size 和 lingger.ms 的作用类似。它们分别决定了消费者一次读取消息的条数及最多等待 Kafka broker 将数据收集全的时间。当消息不足 fetch.min.bytes 定义的字节数，而时间达到 fetch.max.wait.ms 时，broker 会将已经收集到的消息一次性返回给消费者。很明显，这种设计也是为了减少 I/O 次数，提高每次消息有效载荷，从而提高消费者读取消息的性能。
- checkpoint 时间间隔。消费者侧有保证消息可靠性读取的机制。这就是 replica.high.watermark.checkpoint.interval.ms 参数的功能。当从分区读取出消息后，可以将本次读取消息的偏移量提交到 ZooKeeper 保存下来。当后续因为处理失败等原因，需要重新处理消息时，直接跳回标记点重新读取消息即可。如果每次都设置一个 checkpoint，那么我们将永远不会丢失消息，但是这样做会明显地影响消费者性能。如果我们隔一段时间或对一定数量的消息数设置 checkpoint，就可以在性能和可靠性之间获得一个合适的平衡点。

### 8.2.4 将 Kafka 用于数据总线

前面讲了很多 Kafka 技术细节的内容，那在我们实际构建实时流计算系统时应该怎样定位 Kafka 呢？笔者认为可以将 Kafka 定位为数据总线。之所以这样定位，主要考虑到 Kafka 的超高吞吐率、高可水平扩展性及能够直接高可靠地存储流式数据这三大特点。另外，Kafka 的主题按分区存储及消费者组概念的引入，使编写高并发和高性能的系统非常便捷；而使用偏移量来任意重放消息或跳过积压消息的功能，对运维和开发人员实在是太贴心了。可以说，Kafka 不愧是专门为大数据时代设计的数据总线。

在前面章节提到的风控系统中，我们就是使用 Kafka 在各个子系统中进行流数据的传递的。但更一般的情况是，Kafka 作为整个数据系统的数据总线，为所有需要对接数据系统的子系统提供同一的数据接口。图 8-6 描述了 Kafka 作为数据总线的场景，Kafka 将日志、监控、交易、互联网、物联网等各种来源的数据整合起来，然后将这些数据交由各种离线、在线、实时的数据处理工具进行处理和分析，最后将原始数据或处理结果存储到各种数据存储系统。

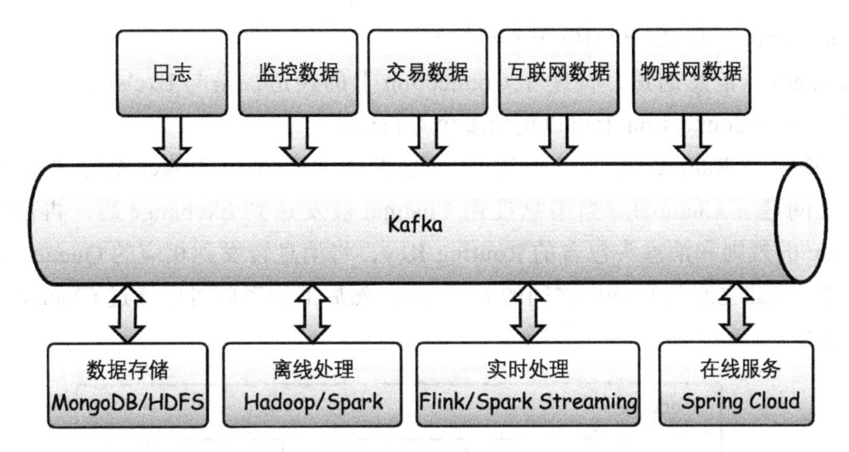


图 8-6　Kafka 作为数据总线的场景

## 8.3　RabbitMQ

RabbitMQ 是一款流行的开源消息队列系统。相比后起之秀 Kafka，RabbitMQ 在设计和实现上更显传统和精致。RabbitMQ 构建在高并发、高可靠语言平台 Erlang 上，具有出色的性能及卓越的可靠性，这两个主要原因让 RabbitMQ 获得了广泛的应用。Rabbit 最初应用于金融系统这种对性能和可靠性都非常严苛的场景，从这一事实我们就能略微感受到 RabbitMQ 的性能和可靠性是多么强大。

### 8.3.1　RabbitMQ 架构

RabbitMQ 严格遵守了 AMQP 标准，其实现的架构也是非常清晰的。按照 AMQP 标准定义，RabbitMQ 实现了一系列的组件，其中对理解 RabbitMQ 整体架构非常重要的组件包括以下几种。

- Broker：RabbitMQ 的服务节点，多个 Broker 能够组建为集群。
- Vhost：虚拟主机，是对 Broker 的逻辑划分，可以实现诸如资源隔离和用户权限隔离的功能。
- Exchange：消息交换器，用于将消息按照设定的规则路由到一个或多个队列。
- Queue：消息队列，用于暂存由 Exchange 投递的消息。
- Binding：绑定，相当于 Exchange 的路由表，将 Exchange 和 Queue 按照设定的路由规则绑定起来。
- Routing Key：路由主键，Exchange 在执行路由规则时使用的主键，是一个消息头。
- BindingKey：指定哪些 RoutingKey 会被路由到相应 Exchange 绑定的 Queue 中。
- Producer：消息生产者，指发送消息到 Broker 的客户端程序。
- Consumer：消息消费者，指从 Broker 读取消息的客户端程序。

- Connection：与 RabbitMQ 服务器的连接。
- Channel：消息通道，构建于 Connection 上的通道，是与 Exchange 或 Queue 的连接，一个 Connection 上可以构建多个 Channel。

图 8-7 展示了 RabbitMQ 的工作原理。当消息生产者往 Broker 发送消息时，先与 Exchange 之间建立 Channel。当消息经由 Channel 被发送到 Exchange 后，再由 Exchange 根据 Binding 的规则和消息头包含的 Routing Key，将消息转发到相应的 Queue。当消费者读取消息时，先建立起与 Queue 之间的 Channel，然后消费者就可以通过 Channel 从 Queue 中读取消息了。

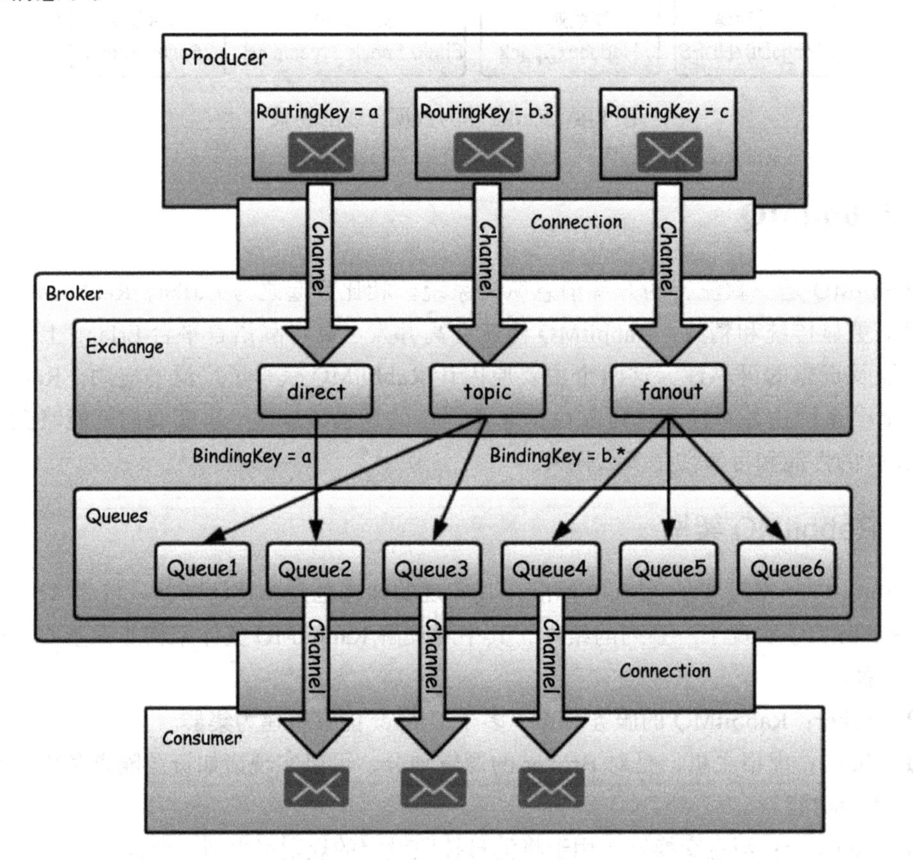


图 8-7 RabbitMQ 的工作原理

## 8.3.2 RabbitMQ 的使用

我们分别从生产者和消费者两个角度来讲解 RabbitMQ 的使用方法。首先来看 RabbitMQ 生产者端的程序：

```
public class RabbitMQProducerExample {
    private static final Logger logger = LoggerFactory.getLogger(RabbitMQProduce
```

```
                                        rExample.class);

    public static void main(String[] args) throws Exception {
        ConnectionFactory factory = new ConnectionFactory();
        factory.setHost("localhost");
        factory.setPort(5672);
        factory.setUsername("admin");
        factory.setPassword("admin");
        factory.setVirtualHost("/"); // 从 'http://127.0.0.1:15672/#/vhosts' 查看
        vhost 名字
        Connection connection = factory.newConnection();
        Channel channel = connection.createChannel();

        String exchangeName = "exchange001";
        channel.exchangeDeclare(exchangeName, BuiltinExchangeType.DIRECT,true,
                                false, false, new HashMap<>());
        String queueName = "queue001";
        channel.queueDeclare(queueName, true, false, false, null);

        String routingKey = "routingkey001";
        channel.queueBind(queueName, exchangeName, routingKey);

        int samples = 1000000;
        int productNumber = 5;
        for (int i = 0; i < samples; i++) {
            String productId = String.format("product_%d", RandomUtils.nextInt
                                            (0, productNumber));
            String event = JSONObject.toJSONString(new Event(productId, System.
                                                   currentTimeMillis()));
            channel.basicPublish(exchangeName, routingKey, null, event.getBytes
                                 (Charsets.UTF_8));
            logger.info(String.format("send event[%s]", event));
            Tools.sleep(1000);
        }
    }
}
```

然后来看 RabbitMQ 消费者端的程序：

```
public class RabbitMQConsumerExample {
    private static final Logger logger = LoggerFactory.getLogger(RabbitMQProduce
                                        rExample.class);

    public static void main(String[] args) throws Exception {
        ConnectionFactory factory = new ConnectionFactory();
        factory.setHost("localhost");
        factory.setPort(5672);
        factory.setUsername("admin");
        factory.setPassword("admin");
        factory.setVirtualHost("/"); // 从 'http://127.0.0.1:15672/#/vhosts' 查看
        vhost 名字
```

```
        Connection connection = factory.newConnection();
        Channel channel = connection.createChannel();

        String exchangeName = "exchange001";
        channel.exchangeDeclare(exchangeName, BuiltinExchangeType.DIRECT,true,
                                false, false, new HashMap<>());
        String queueName = "queue001";
        channel.queueDeclare(queueName, true, false, false, null);

        String routingKey = "routingkey001";
        channel.queueBind(queueName, exchangeName, routingKey);

        Consumer consumer = new DefaultConsumer(channel) {
            @Override
            public void handleDelivery(String consumerTag, Envelope envelope,
              AMQP.BasicProperties properties, byte[] body) throws IOException {
                String event = new String(body, Charsets.UTF_8);
                logger.info(String.format("receive exchange[%s], routingKey[%s],
                       event[%s]",
                        envelope.getExchange(), envelope.getRoutingKey(),
                        event));
            }
        };
        channel.basicConsume(queueName, true, consumer);
    }
}
```

从消费者和生产者的代码可以看到，这两者都通过 exchangeDeclare、queueDeclare 和 queueBind 创建并绑定了交换器和队列。初看起来，这是一个很奇怪的做法，因为怎么同时在消费者和生产者两端创建同样的资源呢？其实这是有原因的，考虑到消费者和生产者是相互独立的程序，它们谁先上线连接到 RabbitMQ 是不可预先知道的。为了减少消费者和生产者之间的耦合，我们也不应该对谁先连接到 RabbitMQ 做出任何要求和假设，所以将创建资源的程序在消费者和生产者的代码中都做一次是有必要的，这种做法也是 RabbitMQ 官方推荐的做法。当然，在实际开发中具体怎么做还是看业务场景的，如果有专门的模块管理消息路由器和队列，那么在消费者和生产者两端都不需要创建这些资源了。

### 8.3.3 将 RabbitMQ 用于配置总线

在 8.2 节中，我们将 Kafka 在实时流计算系统中的作用定位为数据总线。既然已经有 Kafka 这么出色的数据总线了，那么 RabbitMQ 在实时流计算系统中又承担什么角色呢？

首先不能否认的是，虽然和 Kafka 比较起来，RabbitMQ 的性能少了一个数量级，但 RabbitMQ 本身也是一个性能不错的消息中间件，所以在一些性能要求相对不是非常高的场景下，使用 RabbitMQ 做数据总线也并无不妥，毕竟 RabbitMQ 最初的应用场景就是金融系统领域。

在大数据领域，已经有诸如 Kafka 这样的高性能数据总线后，用 RabbitMQ 充当数据总线会略显性能不足。但是 RabbitMQ 遵循定义良好的 AMQP 实现，具有高度的严谨性，数据丢失概率更低，路由灵活，支持事务，也有更好的实时性。这些特性让 RabbitMQ 非常适用于配置系统，充当配置系统中配置总线的角色。

下面我们就以 RabbitMQ 在 Spring Cloud Config 中的应用为例来看看它是如何充当 Spring Cloud 微服务系统的配置总线的。

在图 8-8 中，当向 Config Server 发送 /bus/refresh 请求时，Config Server 就通过 RabbitMQ 总线，将刷新配置的命令发布到每一个微服务实例上去。当各个微服务实例收到这条消息后，就会从 Config Server 重新获取配置，并刷新本地配置。如此就完成了微服务系统动态更新配置的过程。

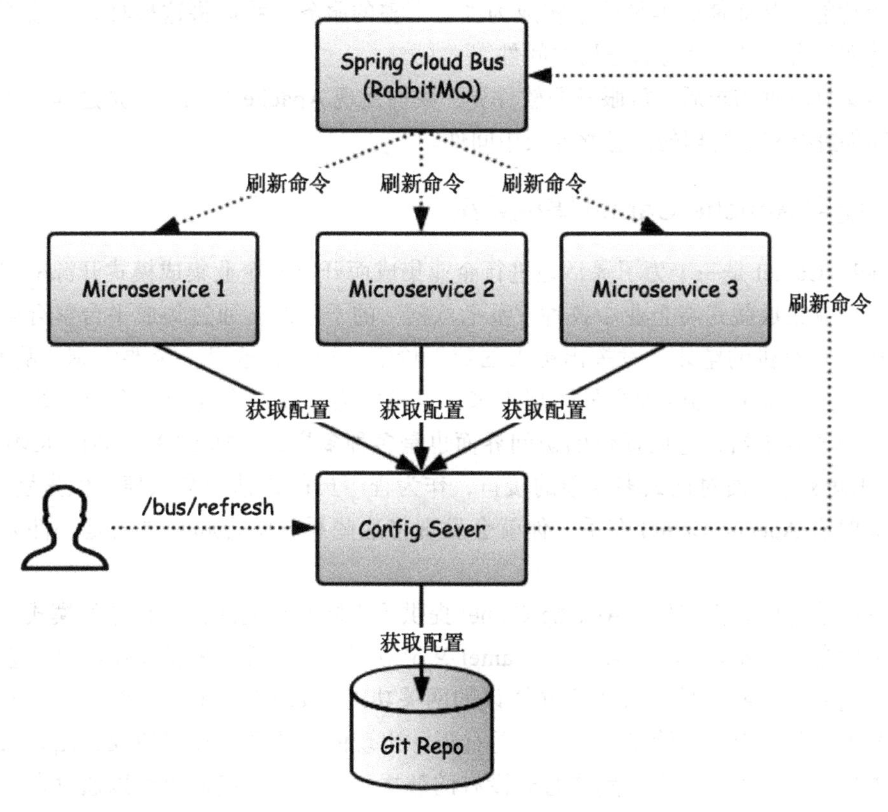


图 8-8　Spring Cloud 微服务系统的配置总线

## 8.4　Apache Camel

在构建复杂的业务系统时，消息中间件一般是较底层的基础件，离具体业务逻辑有较大距离。举个例子，在风控系统中，我们需要按照客户的设定对进入系统的事件执行不同的风控策略，而不同的风控策略有不同的规则集合，不同的规则又需要使用不同的特征，不同的特征又需要不同的特征子系统来进行计算。在这种场景下，事件进入系统后所走的路由完全由用户在UI上动态设置，我们在构建和部署系统时是不能预先知道的。另外，在系统不断的演进过程中，新的场景、策略、规则和特征还会不断添加进来。如果对底层消息路由的管理没有一个统一的规划和设计，全靠人工来创建和管理底层的消息中间件，如创建消息主题和队列等，那么我们的系统会变得越来越复杂，越来越难管理，直到最终系统的运维和升级都会变得举步维艰。

为了能够更好地管理和维护底层的消息中间件，让其能够平滑地跟随业务系统演进和升级，我们需要在消息中间件上添加一个消息服务层。消息服务层将底层消息中间件封装起来，隐藏消息中间件的具体操作细节，对上层提供统一风格的协议转换、消息路由和服务端点等功能，从而使数据传输系统成为独立完整的服务。我们将这种具有一致管理界面的消息管理平台定义为消息服务层中间件。

当定义好软件需求后，放眼开源软件界，我们发现Apache Camel正是这样一个对底层消息中间件进行有效管理的消息服务层中间件。

### 8.4.1 使用Apache Camel集成系统

Apache Camel是一个为了灵活地进行企业集成而开发的企业集成模式开源框架。说得通俗些，企业集成就是将企业中各种“乱七八糟”的子系统，通过集成平台整合起来，让它们形成一个有机的整体，发挥出更大的数据价值。注意，这里一定要强调“乱七八糟”才能将Apache Camel的强大之处体现出来。这是因为，在一个复杂的企业系统中，其业务系统可能非常丰富，它们提供的访问界面也是多种多样的，如EJB、JSM、RMI、FTP、HTTP、HDFS等。面对这么多复杂的接口，作为程序员的你估计会疯掉。但先别急着疯，如果你此时有Apache Camel在手，你就会发现将这些系统整合起来真的是一件易如反掌的事。

像一般消息中间件那样，Apache Camel提供了不同系统之间消息传递的模式，即点对点模式和发布 / 订阅模式。但Apache Camel又绝对不是一个简单的消息中间件，它还提供了大量的组件，这些组件实现了不同协议的网关功能，如EJB、JSM、RMI、FTP、HTTP和HDFS等。基本上，不管是传统的还是最近才出现的新式数据接口协议，Apache Camel都对其支持。对于少数非常特别或暂时没有的数据接口协议，我们也可以通过自行开发相关网关程序来实现。除此以外，Apache Camel的核心是一个路由引擎，可以支持丰富灵活的路由规则，甚至是动态路由。这些功能特性都让Apache Camel成为企业集成模式的优秀实践，让其在企业集成场景下大显身手。

下面我们通过一个例子来领略一下用Apache Camel集成系统是一件多么简单且令人身心愉悦的事情。

```
from("quartz://timer001?trigger.repeatInterval=1000&trigger.repeatCount=-1")
.to("http://localhost:8080/hello")
.convertBodyTo(String.class)
.process(new Processor() {
    @Override
    public void process(Exchange exchange) throws Exception {
        // 为消息设置一个用于分区的 key
        String key = UUID.randomUUID().toString();
        System.out.println("key: " + key);
        exchange.getIn().setHeader(KafkaConstants.KEY, key);
    }
})
.to("kafka:localhost:9092?topic=kafka-example&requestRequiredAcks=-1");
```

上面的代码使用"from("quartz://timer001?trigger.repeatInterval=1000&trigger.repeatCount=-1")"配置了一个定时任务，每隔 1 秒发送一个 HTTP 请求到微服务，然后将请求返回的结果发送到消息中间件 Kafka。

虽然 Apache camel 的系统集成功能非常强大，但是我们还是要聚焦于本书的主题——实时流计算系统。下面我们将重点讲述 Camel 在流计算系统中的数据路由功能。通过 Camel 的消息路由功能，我们可以对流数据的路由进行方便、灵活的管理。

## 8.4.2　使用 Apache Camel 管理流数据路由

Apache Camel 支持灵活的路由方式，当我们使用 Camel 管理数据流的路由时，经常会用到 Camel 的条件路由功能和动态路由功能。下面的示例代码演示了如何将不同类型的事件发送到不同子系统对应的 Kafka 主题中去。

```
from("kafka:localhost:9092?topic=input_events2&groupId=CamelStaticRouteExample&
autoOffsetReset=latest&serializerClass=kafka.serializer.StringEncoder")
.process(new Processor() {
    @Override
    public void process(Exchange exchange) throws Exception {
        System.out.println(String.format("get  event[%s]", exchange.getIn().
                        getBody(String.class)));
        exchange.getIn().setHeader(KafkaConstants.KEY, UUID.randomUUID().
        toString());
        exchange.getIn().setHeader("event_type", JSONObject.parseObject(exchange.
                                getIn().getBody(String.class)).getString
                                ("event_type"));
        exchange.getIn().removeHeader(KafkaConstants.TOPIC);
        // 必须删除 KafkaConstants.TOPIC，否则 Camel 会根据这个值无限循环发送
    }
})
.choice()
.when(header("event_type").isEqualTo("click"))
.to("kafka:localhost:9092?topic=click&requestRequiredAcks=-1")
.when(header("event_type").isEqualTo("activate"))
```

```
.to("kafka:localhost:9092?topic=activate&requestRequiredAcks=-1")
.otherwise()
.to("kafka:localhost:9092?topic=other&requestRequiredAcks=-1");
```

相比静态路由，Camel的动态路由稍微复杂一些，除了需要配置DSL外，还需要编写对应的Java代码来实现动态路由的逻辑。另外，在初次使用Camel的动态路由时，十有八九会掉进一个消息无限循环发送的“坑”里。所以，这里必须指出，Camel的官方文档特意强调，dynamicRouter必须返回null来表示动态路由过程的结束，否则Camel将一直按照dynamicRouter返回的URI将消息循环投递下去。通过下面的动态路由代码实现，我们也能更清楚地理解这点。

```
from("kafka:localhost:9092?topic=input_events2&groupId=CamelSwitchRouteExample&a
utoOffsetReset=latest&serializerClass=kafka.serializer.StringEncoder")
.process(new Processor() {
    @Override
    public void process(Exchange exchange) throws Exception {
        System.out.println(String.format("get  event[%s]", exchange.getIn().
                                        getBody(String.class)));
        exchange.getIn().setHeader(KafkaConstants.KEY, UUID.randomUUID().
        toString());
        exchange.getIn().setHeader("event_type", JSONObject.parseObject
                                   (exchange.getIn().getBody(String.class)).
                                   getString("event_type"));
        // 必须删除KafkaConstants.TOPIC，否则Camel会根据这个值无限循环发送
        exchange.getIn().removeHeader(KafkaConstants.TOPIC);    }
})
.dynamicRouter(method(DynamicRouter.class, "slip"));


public class DynamicRouter {
    private static final Logger logger = LoggerFactory.getLogger(DynamicRouter.
    class);

    public String slip(Exchange exchange) {
        Integer currentEndpointIndex = exchange.getProperty("currentEndpointInd-
                                      ex", Integer.class);
        if (currentEndpointIndex == null) {
            currentEndpointIndex = 0;
        }
        exchange.setProperty("currentEndpointIndex", currentEndpointIndex + 1);

        String eventType = exchange.getIn().getHeader("event_type", String.
        class);
        if (StringUtils.isEmpty(eventType)) {
            return null;
        }

        List<String> endpoints = getEndpoints(eventType);
```

```
        if (CollectionUtils.isEmpty(endpoints)) {
            return null;
        }

        if (currentEndpointIndex >= endpoints.size()) {
            return null;
        }

        String endpoint = endpoints.get(currentEndpointIndex);
        String topic = parseTopicFromEndpoint(endpoint);
        exchange.getIn().setHeader(KafkaConstants.TOPIC, topic);
        logger.info("send event[%s] to endpoint[%s]", exchange.getProperty
                ("eventId"), endpoint);
        return endpoint;
    }

    private List<String> getEndpoints(String eventType) {
        Map<String, List<String>> eventEndpoints = new HashMap<>();
        eventEndpoints.put("click", Arrays.asList(
                "kafka:localhost:9092?topic=subsystem1&requestRequiredAcks=-1",
                "kafka:localhost:9092?topic=subsystem2&requestRequiredAc
                ks=-1"));
        eventEndpoints.put("activate", Arrays.asList(
                "kafka:localhost:9092?topic=subsystem1&requestRequiredAcks=-1",
                "kafka:localhost:9092?topic=subsystem2&requestRequiredAcks=-1",
                "kafka:localhost:9092?topic=subsystem3&requestRequiredAc-
                ks=-1"));
        eventEndpoints.put("other", Arrays.asList(
                "kafka:localhost:9092?topic=subsystem2&requestRequiredAcks=-1",
                "kafka:localhost:9092?topic=subsystem3&requestRequiredAc-
                ks=-1"));
        return eventEndpoints.get(eventType);
    }

    private String parseTopicFromEndpoint(String endpoint) {
        String[] params = endpoint.split("\\?")[1].split("&");
        for (String param : params) {
            String[] splits = param.split("=");
            if ("topic".equals(splits[0])) {
                return splits[1];
            }
        }
        return null;
    }
}
```

在上面的代码中，我们定义了一个动态路由类 DynamicRouter，其中的 slip 方法完成了具体动态路由的算法。在 slip 方法中，使用 currentEndpointIndex 记录当前路由端点的索引，当任何时候需要结束动态路由过程时，均通过返回 null 值来终结路由的继续执行。

## 8.5 本章小结

在本章中，我们针对流计算系统中的数据传输，讲述了3种不同功能和角色的消息传递中间件。其中，Apache Kafka由于其优秀的吞吐能力和流数据存储能力，非常适于承担大数据时代的数据总线角色；RabbitMQ由于遵从AMQP标准实现，数据可靠性更高，实时性更好，并且支持丰富的不同语言客户端，在实时流计算系统中非常适合用做配置总线；Apache Camel则由于其灵活的路由功能，以及对底层消息中间件和各种数据协议端口的一致性封装，是不错的消息服务层中间件，可以有效管理底层消息中间件。

本章虽然讲解了3个具体的消息中间件，但它们的功能角色是不一样的。笔者更在意的是让读者了解并领悟3种不同角色消息中间件在流计算系统中各自的作用及承担的职责。至于具体的消息中间件，除了本章讲解的3种消息中间件外，其实还有很多种，如ZeroMQ、ActiveMQ、Apache RocketMQ及Apache Pulsar等，有兴趣的读者可以自行查阅相关资料。

# 第9章　数据存储

在前面8章中，我们已经讲述了实时流计算最主要的部分，这些内容决定了实时流计算系统的与众不同。不管实时流计算系统有多少特殊之处，它的核心处理对象归根到底是数据。从数据采集、数据处理到数据输出、数据呈现的各个阶段都会涉及数据存储的问题。数据存储的目的可以是保存各种实体关系，如用户账号和交易记录；也可以是保存计算结果，以供后续报表查询和展现；还可以是辅助计算，如特征计算时状态的存储和加快请求响应的缓存；再就是对原始数据的保存和备份，以供后续分析。一个完整的实时流计算系统基本上包含了上面所有类型及用途的数据存储方案。因此，我们有必要专门讨论一下实时流计算系统中各种数据存储的问题。

## 9.1　存储的设计原则

说到数据存储，大多数程序开发者最先想到的是SQL（结构化查询语言）和关系型数据库。没错，不管是在理论方面还是实际生产应用方面，支持SQL的关系型数据库早已取得巨大的成功，让人印象深刻。直到有一天，NoSQL横空出世，其光芒一下子盖过昔日王者SQL，一时风光无限，甚至笔者还曾经真实碰到过下面的一场对话：

```
A君：咱们为什么要用这个数据库啊，它有什么优势吗？
B君：因为它是NoSQL啊！
```

随着大数据库的兴起，各种以分布式系统架构设计的分布式数据库或数据仓库，不管是SQL的，还是NoSQL的，都如雨后春笋般被开发出来。数据库的种类和选择变得更加丰富多彩。

我想大家都应该想过这个问题，为什么有这么多各种各样的数据库啊？不说SQL与NoSQL之分，也不说分布式与非分布式之分，即使同样是SQL数据，还有MySQL和PostgreSQL、Oracle和SQL Server等。它们不都是存储数据的地方吗？为什么没有一种数据存储方案能够解决所有场景的问题呢？很可惜的是，至少在现阶段，我们确实没有这样的数据库。如果某天，CPU的性能比现在提升几亿倍，内存容量比现在提升几亿倍，磁盘和I/O性能也比现在提升几亿倍，并且它们的价格比现在还便宜几十倍，那这个时候就要恭喜你了，你将获得一个支持所有场景的万能数据库。想想是不是有点儿小激动？不过从白日梦中醒来，我们就知道存在各种数据库的根本原因了，即现有数据库的计算能力还不足以满足所有场景下各种类型查询任务的要求。因此，需要针对专门的特定场景，做出专门的设计、优化。这么做的结果是，每种数据库都有它擅长的特定场景，没有一种数据库能够胜任所有场景。我们已经知道没有在所有场景下都能使用的数据库“银弹”了。因此，选择哪种数据库，由具体的场景来决定。在实时流计算系统中，我们会遇到以下5种涉及数据存储的场景。

### 1. 实时流计算

在实时流计算中，经常需要记录各种状态，如第5章提到的流信息状态，这些状态通常是各种聚类数据和历史信息数据。在实时流计算的过程中，这些状态种类多样，并且需要频繁地更新和读取，对数据的灵活性和访问性能有着较高的要求。对于实时流计算中的状态存储，通常选择NoSQL数据库，这有两方面的原因。一方面，NoSQL数据库的数据模型更加灵活，可以简化程序逻辑。例如，Redis支持丰富的数据结构，让我们在计算和维护各种状态时非常便捷。另一方面，NoSQL数据库的性能通常比传统关系型数据库的性能更好。例如，Redis单节点能支持每秒10万次的读写性能，非常适合记录实时流计算中的各种状态。

### 2. 离线分析

经过实时流计算后，数据本身和计算结果通常会被保存下来，一方面可以做数据备份，另一方面可以做各种报表统计或离线分析。针对这种目的的数据存储，通常使用诸如HDFS的大数据文件系统。特别是如今，Apache Hadoop已经非常成熟，构建在其上的查询和分析工具也多种多样，如Hive、HBase和Spark等。这些分析工具统一在Apache Hadoop的生态体系内，给以后更多的方案探索和选择留有很大余地。

### 3. 点查询

除了数据备份、离线报表或离线分析这类数据存储外，还有一类偏重于提供实时查询计算结果的存储。这种查询更多是一种点查询，即根据一个或多个键来查询相应的值。针对这种目的的查询，通常选择NoSQL数据库并结合缓存的存储方案。当然，如果要查询的结果是结构化数据，则也可以使用关系型数据库。不过对于这种目的的查询而言，通常需要较高的请求处理能力和较低的时延，因此应该尽量避免复杂查询，如join操作。由于文档数据库采用JSON格式组织和存储数据，可以灵活地设计数据结构且避免不必要的关联计算，因此文档数据库非常适用于点查询。

### 4. Ad-Hoc查询

除了点查询外，还有一类用于交互式查询的存储方案。例如，通常实时流计算的计算结果会通过UI来呈现，如果UI要提供交互式的查询体验，那么这会涉及Ad-Hoc查询。对于这类查询的存储方案选择，在设计时一定要考虑到前端UI的需求变化，而不能选择一个“僵硬”的数据存储方案；否则当UI需求发生变化，需要调整各种查询条件时，这对后端存储的变更可能是一个巨大且痛苦的挑战。针对这种情况，推荐使用搜索引擎一类的存储方案，如 ElasticSearch。

### 5. 关系型数据库

最传统的关系型数据库技术及其结构化查询语言几乎在任何的数据系统中都不会缺席。所以，关系型数据库在实时流计算系统中也有一席之地。特别是在数据量不大，变更不太频繁时，关系型数据库相比 NoSQL 数据库具有非常明显的优势。一方面，成熟的关系型数据库技术十分适用于那些对数据的完整性和一致性要求非常严格的场景。另一方面，标准的结构化查询语言是大多数开发、数据和运维人员熟悉的查询工具，使用起来更加方便。在实时流计算系统中，典型的关系型数据库使用场景包括存储各种元数据和业务实体数据。

以上比较概略地描述了各种数据存储方案的特点及它们各自适用的场景。在这 5 种存储场景中，关于“实时流计算”部分的数据存储，我们在第 5 章讲述有关“状态”存储的内容时已经非常详细地讨论过了，因此本章不再赘述。本章接下来将重点讨论其他 4 种使用场景的存储方案。

## 9.2　点查询

点查询是指通过给定主键值或索引值来查询数据库中某条记录的过程。点查询每次最多返回一条记录。点查询的过程如图 9-1 所示。说得更直白些，点查询类似于 Java 中 Map 类的 get 操作，给定一个主键或者复合主键查出至多唯一的结果。

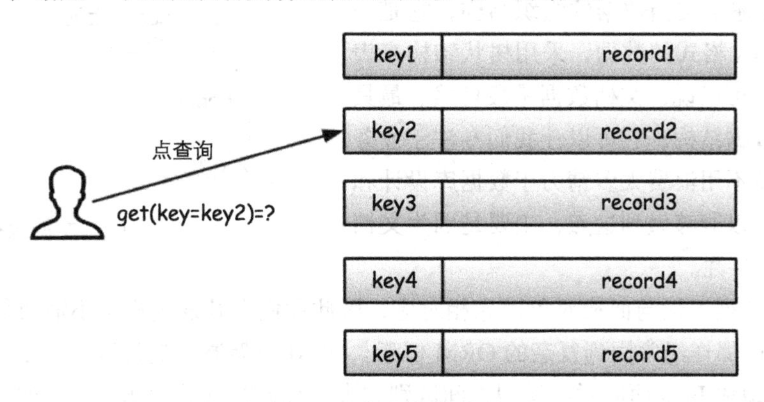


图 9-1　点查询的过程

在实时流计算的场景中，点查询主要用于计算结果的查询。当实时流计算系统在完成每个事件的分析后，需要将结果保存下来，以供后续查询和使用。这种查询是针对给定主体获取其各种属性的过程，因此只用到代表主体的主键或索引。例如，通过事件 ID 来查询某个事件的异常指数，通过用户 ID 来查询用户的信用得分，通过设备 ID 来查询设备的风险指数等。其中，异常指数、信用得分、风险指数都是实时流计算的输出结果。在业务系统做决策时，需要以这些结果作为参考依据。

针对点查询的数据库是比较丰富的。传统的关系型数据库如 MySQL、MongoDB 等，都很适合存储此类数据。

### 9.2.1 数据灵活性

数据的灵活性在于当数据的结构或字段变更时，是否需要大幅度地修改原有数据库表定义。在关系型数据库中，表定义和表之间的依赖关系构成了结构化查询的基础。明确的表定义和表之间的依赖关系使得数据有一个清晰完整的视图，但与之而来的问题是数据失去了灵活性。例如，在实时流计算分析中，有些计算结果是动态字段。换言之，这些字段在分析结果中可能有，也可能没有。例如，针对 IP 的异常度分析结果放在 ip.anomaly 字段中，而针对用户自定义字段 cst_f1 的异常度分析结果放在 cst_f1.anomaly 字段中。用关系型数据库来构建这种数据关系，会让表定义和表之间的依赖关系变得十分复杂，不便于程序设计。另外，即使我们设计出了这套复杂的表组织结构，当数据发生结构变化和字段变更时，我们也不得不修改表定义。如果程序还使用了 ORM 框架，那么对应的实体类也需要修改，这部分的变更也会变得冗杂和烦琐。

因此，实时流计算系统更加倾向于用 NoSQL 来存储计算结果，更加具体地说是文档数据库。顾名思义，文档数据库是用于存储文档的数据库。图 9-2 描述了文档数据的组织结构，它是一种类似于 JSON 格式的数据，采用树状结构来表示一条记录。可以说，文档数据是最自然、最具有生产力的数据结构，它可以让我们专注于业务逻辑本身，而不用浪费太多精力于数据库设计和管理上。之所以能够做到这点，主要是因为文档数据具备以下特性。

```
{
  "_id": "ecf0029caff5056591b0ce7d",
  "firstname": "Alain",
  "lastname": "Zhou",
  "address": {
    "street": "广富林路",
    "city": "上海",
    "province": "上海",
    "zip": "200000"
  },
  "hobbies": ["reading", "coding"]
}
```

图 9-2 文档数据

- 文档数据天然与面相对象概念相对应，因此我们在开发过程中不需要像访问关系型数据库那样经常用到复杂的 ORM 框架。ORM 框架原本是为解决关系型数据库中关系模型和 Java 面向对象模型之间区别太大、相差甚远的问题而引入的，现在文档数据天然就是一个对象，所以可以省略 ORM 层。
- 查询更加直接、高效。关系型数据库非常强调数据库设计范式，虽然这些理论很精巧，但在实际开发过程中，为了方便，数据通常有很多冗余。原因很简单，我要描述一个事件，将这个事件的属性添加到文档某个字段即可。而如果某个字段还有子属性，如地址又分省、城市、街道，那就嵌套一层对象。这样，设计数据库的表结构会显得非常自然，没有太多的理论压力。这样做还有一个好处，即在查询时不必使用复杂的 join 查询，这一方面简化了查询的过程，另一方面提升了查询的速度，因为数据是作为一个文档存放在一个地方的，不需要跨表读取。

- 文档数据库的数据结构更加灵活。我们通常会将同一个主题（具有大体相同的数据结构）的数据作为文档放入同一个集合中，但是文档数据库不会强制要求这些文档的数据结构完全一致。这一方面可以让我们更加灵活地使用各个字段，如用一个 map（映射表）字段来存储用户的特有属性，不同用户的属性可以各不相同；另一方面，当以后再给数据结构增加新的字段时，不需要像关系型数据库那样修改表定义。曾记否，每次修改线上表结构，是不是都觉得是一场大冒险？

## 9.2.2 MongoDB 数据库

MongoDB 是一种文档数据库。在 MongoDB 中，不需要为存储的数据指定明确的格式定义（schema）。MongoDB 中的一个文档对应着传统关系型数据库中的一条记录，但是文档是 JSON 格式的。通常，我们把具有相同数据结构的文档放在同一个 MongoDB 集合中。MongoDB 集合类似于关系数据库中的表，不过我们在使用集合时，无须提前创建它。

对于初次接触 MongoDB 的人员来说，部署一个稳定、可靠的 MongoDB 集群是不太容易的，主要原因在于 MongoDB 中的角色和概念较多，部署方式也非常灵活。笔者在以往工作中碰到太多有关 MongoDB 的问题了，有些是因为配置不当，有些是因为使用不当，回想起来也是心有余悸，所以必须在这里对 MongoDB 集群稍作讨论。图 9-3 所示的 MongoDB 集群是比较通用的高可用 MongoDB 集群方案。Shard Server 是 MongoDB 数据库的主体，用于数据存储和查询执行，每个 Shard 负责 MongoDB 数据库的一个分区，同一个 Shard 的多个副本之间高可用。Mongos 是路由节点，类似于 Nginx 的角色，用于接收客户端的请求，并将请求路由到对应的 Shard Server 上去。Config Server 类似于 Kafka 集群中的 ZooKeeper 角色，用于存储集群的配置和状态信息。Mongos Server 由 mongos 命令启动，Shard Server 和 Config Serve 均由 mongod 命令启动。

在搭建和使用 MongoDB 集群时，我们需要注意以下几个问题。

- **必须合理指定 Shard Server 的内存**。这是构建稳定、可靠的 MongoDB 集群必须要注意的事项，因为 MongoDB 非常容易消耗内存。默认情况下，Shard Server 内部缓存的空间为“50% ×（内存总量 -1GB)”（由 storage.wiredTiger.engineConfig.cacheSizeGB 参数设定），但当我们像在图 9-3 中那样在同一台物理节点部署多个 Shard Server 实例时，就要明确指定各个实例的内存使用量，此时分配给每个 Shard Server 的内部缓存空间应该相应改为“50% × ( 内存总量 -1GB) ÷ Shard Server 数量”。另外，Shard Server 真实使用的内存空间会比配置的内部缓存更多一些，根据笔者经验，一般会超出 30% ～ 50%，所以在设置内部缓存大小时要为超出部分预留一定配额。Mongos Server 和 Config Server 占用的内存很少，只需要几百兆内存即可。
- **最好为集合指定一个用于分区的 shard key**。在 MongoDB 中，只有分片集合才能被分布在多个节点上，集群才具备水平扩展能力。所以，没有 shard key 的集合，数据只能集中在一个节点上，这会影响这个集合的查询性能及高可用能力。

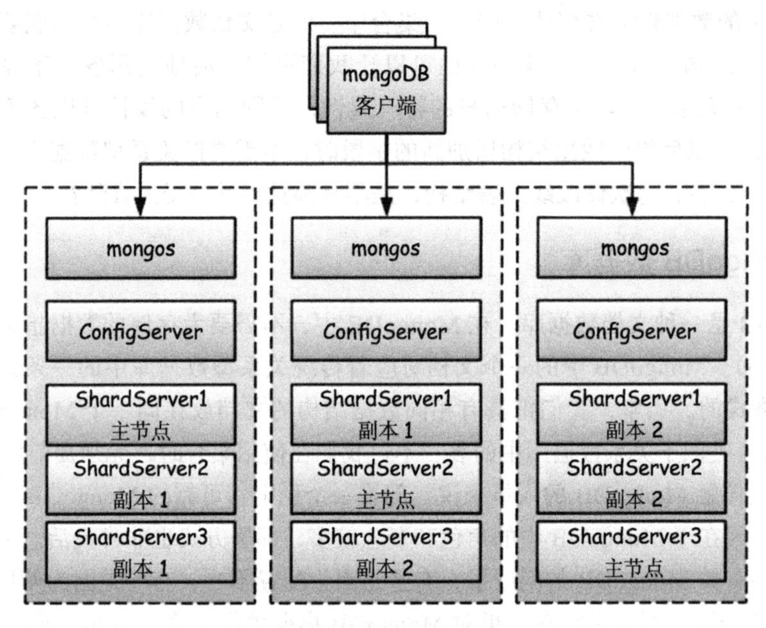


图 9-3　MongoDB 集群

- **最好为数据设置过期淘汰时间**。没有数据是永远有用的，所以必须认真考虑数据的量级及数据的有效时长，否则上线后的 MongoDB 有一天会成为你的噩梦，如半夜起来修复 MongoDB 集群。
- **为查询设置合适的索引**。有索引的查询和没有索引的查询是“兔子”和“乌龟”的区别。根据查询条件合理设置索引是非常有必要的事情。
- **单个集合的数据量不能过大**。当 MongoDB 单个集合的数据量太大时，基本上可以考虑放弃在线调整集合的机会了。9.2.3 节还将专门讨论这个问题。

说了这么多 MongoDB 的坏话，大家也不要被吓住。如果规划和管理好了，那么 MongoDB 作为文档数据库所具备的灵活性会让我们使用起来方便很多。所以，只要场景合适，我们大可放心地使用 MongoDB 数据库。

### 9.2.3　数据过期和按时间分表

对于一个用于在线实时查询的数据库而言，数据过期的问题非常重要。甚至可以说，如果没有考虑数据过期的问题，那这个系统就不应该上线。这是因为，在实时流计算系统中，新的分析结果会不断地写入数据库，随着时间流逝，数据库的数据会越来越多。如果不考虑淘汰过期数据，则一段时间后数据库溢出，查询效率降低，导致系统不可用。在 MongoDB 中，这个问题尤其明显。MongoDB 在实际使用中是比较消耗内存和 I/O 资源的，当 MongoDB 中的数据量很大时，如果不小心做了包含全表扫描（即使已经使用了索引）过程的查询，则 MongoDB 会出现查询缓慢甚至一段时间内卡死的现象。

因此，我们需要严格地控制数据库中每个数据组的数据量，在 MongoDB 中，就是要严格控制每个集合的数据量。这样做其实有 3 个非常重要的意义。

第一，严格控制每个表的数据量，可以保证在这个表上的查询都是可以即时返回的，不会出现一个全表查询堵死其他所有查询的情况。

第二，在实时查询系统中，数据的有效性本身就是有时间范围的。例如，我们提取的“过去一天同一设备上登录的不同用户数”这种特征在一天之后其实就没有意义了。

第三，某些对数据的查询本身就具有时间上的局部连续性。例如，经过实时流计算系统分析后的事件被存放在 MongoDB 后，在接下来的几秒内就会被决策系统查询访问，之后决策系统也不会再查询这个事件。

所以，在实时系统中，针对点查询选择的数据库，我们一定要考虑好数据过期淘汰的方案。对于支持 TTL 的数据库来说，可以方便地设置每条记录的过期时间，这样写入数据和查询数据非常方便，与没有 TTL 并无太大区别。对于不支持 TTL 的数据库来说，可以使用按时间分表的方式来存储数据。例如，将每天的数据存储在一个 MongoDB 集合（MongoDB Collection）中，然后执行定时任务定期地删除过期的表。

虽然使用数据库自带 TTL 支持的方案对于开发而言非常方便，但是笔者还是认为使用按时间分表的方式来实现数据过期淘汰也是非常有必要的，因为这样做有如下优点。

第一，每张表的数据量完全可控，维持在一个较小的范围内，可以稳定地控制每次请求响应的速度。

第二，每张表代表一个时间段的数据，当出了问题需要复盘，或者需要查找问题时，非常容易定位问题数据。

第三，当数据结构变更时，可以明确地限定变更时间。因为旧时间段的数据和新时间段的数据是完全隔离开的，不会出现冲突的问题；可以逐表地迁移数据，而不会出现一个遍历查询卡住其他所有线上查询的情况。

当然，这样做也有几个缺点。

第一，如果不知道点查询对象的时间段，就需要依次查询所有表。这一点可以通过在查询时带上一个时间戳参数的方案来避免。通过这个时间戳，可以提示（hint）要查询的数据大概在哪个时间段，从而缩小查找的范围。

第二，如果查询的目标在多个时间段内，就需要对多次查询结果再做一次合并。这个问题不会出现在点查询这种情形下，因为点查询最多只返回一个结果。但是在问题复盘或分析问题时，如果需要做这种跨表查询，就需要分析人员自行写脚本来分析了。

其实，以上这些缺点提示我们在实时查询数据库时，可以添加一层数据库服务层。如图 9-4 所示，在数据库服务层中封装好内部所有的分表等操作，屏蔽复杂性，对外提供 REST 或 RPC 接口，从而简化业务层应用程序的开发。

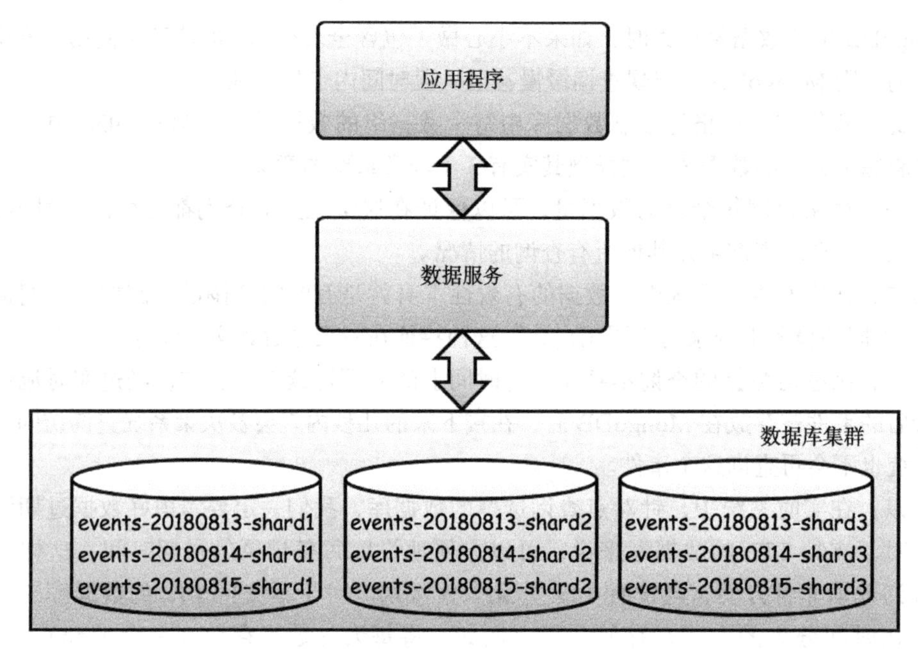


图 9-4 数据库服务

## 9.3 Ad-Hoc 查询

Ad-Hoc 查询也称为即席查询，是用户为了某个查询目的，灵活选择查询条件并提交数据库执行，最终生成相应查询结果的过程。例如，一种常见的 Ad-Hoc 查询例子就是平时我们临时接到领导想要查看某项业务指标的任务，然后使用客户端连接到数据库，即时编写 SQL 语句并执行，然后将得到的查询结果上报给领导。

在实时流计算系统中，有时候需要将计算结果最终呈现给最终用户查看。这里的最终用户可能是运营人员，也可能是做决策的领导，还可能是客户。对于最终用户而言，直接写 SQL 并不方便，而且不现实，因为他们并不知道数据的具体细节。因此，这个时候通常会有一个用户友好的图形化界面来引导用户设置查询条件，用户通过单击相应按钮即可以看到各种图形和报表。说到报表系统，其典型特点是分析的内容丰富多样，可能是某个维度的排序，也可能是某几个组合维度的聚合，还可能是关键字的匹配过滤。特别地，UI 通常还需要提供给用户各种查询条件的选择功能，如用户可以选择查询的时间范围、排序方式、过滤条件等。总之，这是一个需求千变万化的场景。作为一个开发人员，可能现在你的脑海中已经浮现出产品经理那轻松的一句："这不就是加一个查询条件的事么！"。

除了需求灵活多变、查询千变万化以外，报表系统的查询还有一个特点，即它们是需要近实时返回结果的。也就是说，当触发查询后，必须在数秒以内将结果呈现在 UI 上，否则用户会等得不耐烦，造成不好的用户体验。同时，报表系统的查询频次不会太高，只有在用户需要查看报表时才需要进行查询操作。所以，相比数据上报接口使用的频率而言，报表查询的频次会低很多。

针对报表这种查询灵活、需要近实时响应结果的场景而言，比较好的选择是使用搜索引擎一类的数据存储和查询方案，ElasticSearch 就是一个不错的选择。这是因为，搜索引擎通常采用倒排索引的方式来管理查询数据。诸如 MySQL 这样的非倒排索引数据库，如果要针对指定的查询条件加快查询效率，则必须预先建好索引。可是，在报表系统这种场景下，一方面，查询需要灵活多变、随意组合；另一方面，随着产品的演进，需求可能在不断调整和增加。这就需要我们在数据库中建立大量的单键索引和多键索引。而在产品新版本上线时，还可能需要更新索引和新增新索引。这一切都增加了开发和运维的复杂性。当数据量已经很多时，在上面新增一个索引可能需要耗用数小时的时间，这会严重影响线上数据库的可用性，甚至有可能直接导致线上数据库不可用。相比而言，采用倒排索引的数据库自动为数据建立字典和倒排索引表，不需要我们再为查哪些字段、建哪些索引的问题而耗费过多精力。

## 9.3.1　倒排索引

倒排索引（inverted index）是一种新颖的索引方法，常用于搜索引擎，是文档检索中最常用的数据结构。下面我们以搜索同时包含“我”“爱”“你”3 个字文档为例来讲解倒排索引的原理。

```
文档 1：我喜欢你
文档 2：我爱你
文档 3：我很爱你
```

为了实现倒排索引，首先需要对每个文档进行“分词”处理。所谓“分词”，就是将文档切分成一个个单独的词。简单起见，我们将把每个字作为一个词。经过分词处理后，结果如下：

```
文档 1：我、喜、欢、你
文档 2：我、爱、你
文档 3：我、很、爱、你
```

在这些文档中，所有出现的词构成了一个字典：

```
{我，喜，欢，你，爱，很}
```

以这个字典为基础，构建倒排索引，即统计字典中的每个字出现在哪些文档中：

```
"我"：{文档 1，文档 2，文档 3}
"喜"：{文档 1}
"欢"：{文档 1}
"你"：{文档 1，文档 2，文档 3}
"爱"：{文档 2，文档 3}
"很"：{文档 3}
```

所以，搜索包含“我”“爱”“你”这3个字的文档，结果是这3个字各自所在文档集合的交集：

```
{文档1，文档2，文档3} ∩ {文档2，文档3} ∩ {文档1，文档2，文档3} = {文档2，文档3}
```

我们再直观地检查下，文档2和文档3正好包含“我”“爱”“你”这3个字，而文档1则不包含这3个字，这正是我们要达到的目的。上面的过程就是构建倒排索引的过程。

从上面的过程可以看出，倒排索引实际上为文档集合中的每一个分词都构建了它包含在哪些文档中的索引。当我们需要按多个条件（也就是多个分词）查询文档时，只需要将它们各自出现的文档集合求交集即可。在具体工程实现中，可以通过位图（bitmap）来记录索引，这样极大地节省了存储空间，并且通过布尔运算就能实现集合间的交集、并集等操作，极大地提高了查询的效率。倒排索引的这种特点使得它非常适用于搜索引擎领域。

在我们的报表系统中，倒排索引构建所有分词的索引且查询迅速的特点也完全满足查询的灵活性和准实时性要求。

### 9.3.2 ElasticSearch

ElasticSearch是一个实现了倒排索引的全文搜索引擎，可以在TB级别的数据量规模下做到准实时搜索。ElasticSearch支持丰富多彩的查询类型，并且运行稳定、可靠，集群部署、扩展和维护都非常方便。

由于ElasticSearch具备以下4个特点，所以它非常适用于报表系统。

1）ElasticSearch支持丰富的过滤、分组、聚合、排序等查询，可以充分、灵活地从一个或多个维度分析数据，这正是报表系统查询的核心所在。

2）ElasticSearch执行OLAP（On-Line Analytical Processing，联机分析处理）查询性能十分优异。在TB级别的数据规模下，ElasticSearch做各种OLAP查询，能够做到准实时，也就是数秒级别，是不是很赞！

3）ElasticSearch集群搭建和扩展非常容易，并且稳定、可靠。可以说，ElasticSearch是笔者使用的所有分布式系统中最方便、最可靠、最省心的分布式系统。

4）数据存入ElasticSearch，不需要专门预先针对OLAP查询设计各种聚合任务。这点在产品不断演进时非常重要，因为一开始的时候，可能产品经理自己也不知道以后会展示哪些报表，而使用ElasticSearch这类数据存储和查询都非常灵活的存储方案可以减少太多以后的麻烦。

图9-5展示了ElasticSearch集群的组成。该集群由3个物理节点组成，并且我们在其中创建了一个包含5个分片（shard）且每个分片又包含两份副本（replica）的索引（index）。在ElasticSearch中，“索引”相当于关系型数据库中的“表”。当一个索引包含的文档非常多时，可以通过分片的方式将其分布到多个节点上去。在ElasticSearch中，可以对各个分片创建多份冗余副本，这一方面保障了数据安全，实现了集群的高可用，另一方面副本也

可以参与执行查询请求，从而提升集群整体的性能表现。

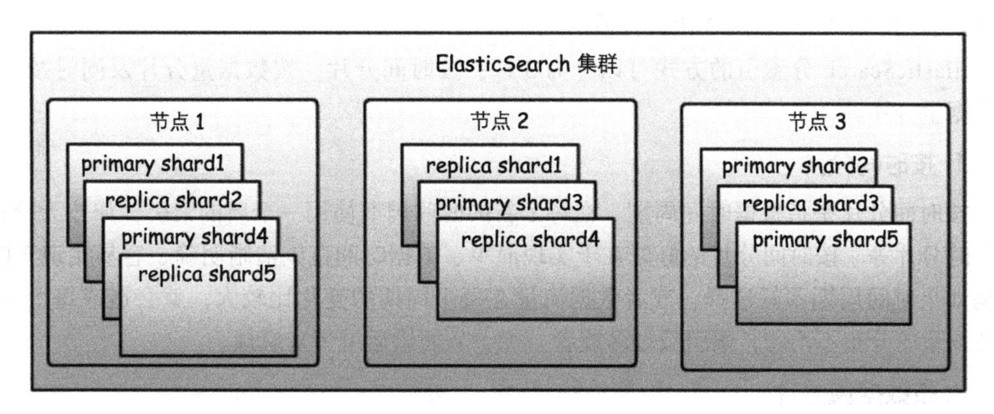


图 9-5　ElasticSearch 集群的组成

## 9.3.3　分索引存储

虽然 ElasticSearch 有很多优点，但是在使用过程中，还是需要注意一些问题。ElasticSearch 有两种方式组织大量数据：一种是用一个大索引，索引内部分成很多分片；另一种是用多个索引，每个索引内部用较少的分片，图 9-6 就是按日期分成多个索引存储的示例。由于 ElasticSearch 的查询有一个非常好的特性，即同一个查询是可以跨多个索引的，所以这两种方案对于查询范围相同的查询请求而言是没有太大区别的。

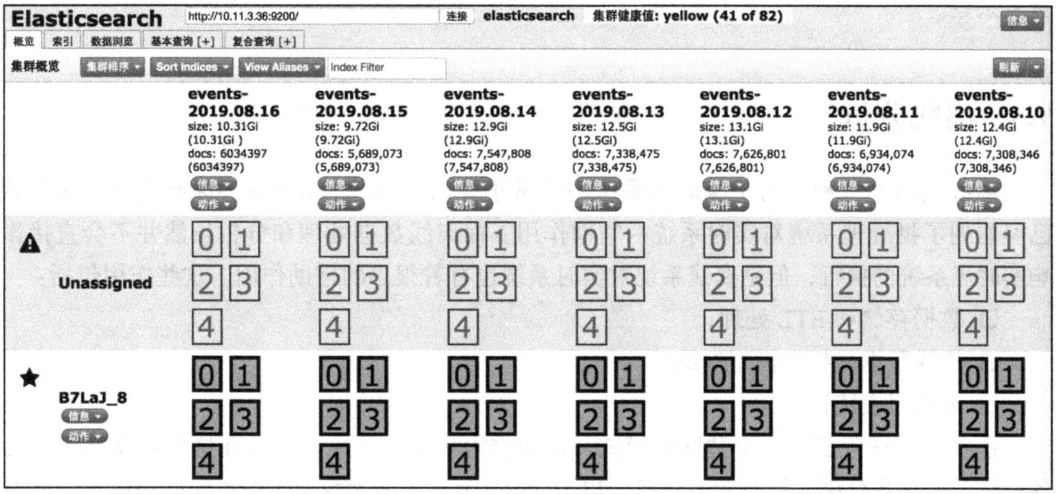

图 9-6　Elasticsearch 按日期分索引存储

对于不停往系统里追加新文档的场景来说，维护一个较小的索引是更加高效的。因此，对于数据不停追加、数据量与日俱增的场景来说，最好还是将大索引分成多个小索引。以笔者的经验来看，对于需要频繁追加数据的应用场景而言，在单台 4 核 8GB 的云主机上，单个索引控制在 20 ～ 30GB 比较合适。

ElasticSearch 分索引的方式可以分为 3 种：按时间分片、按数据量分片及同时按时间和数据量分片。

### 1. 按时间分片

按时间分片是指根据时间周期，在每个新的时间周期使用一个新的索引，如按天分片、按小时分片等。按时间分片的好处在于实现简单、数据时间范围清晰明确、容易实现 TTL。但是如果时间周期不好选择，或者数据流量在每个周期的变化比较大，就会造成每个索引内数据量的分布不均匀，索引数过多或者过少，从而给运维带来麻烦。

### 2. 按数据量分片

按数据量分片是指根据索引内记录的条数来决定是否使用新的索引。例如，如果平均每条记录是 1KB，每个索引存放两千万条记录，那么，当索引中记录的数量超过两千万条时，就创建一个新的索引来存放新的数据。按数据量分片的好处在于每个索引数据量比较均匀。如果非要说缺点的话，这种方式的缺点就是不能通过索引名直接确定里面数据的时间范围。

### 3. 同时按时间和数据量分片

同时按时间和数据量分片既可以保留每个索引内数据比较均匀的优点，还可以通过索引名直接确定里面数据的时间范围。这种方式是一个不错的选择，只是在代码实现时相对更复杂些。

## 9.4 离线分析

离线数据处理和分析是实时流系统中非常重要的一部分。在 Lambda 架构中，我们就已经看到了批处理系统对实时系统的辅助作用。而离线数据处理和分析虽然并不会直接影响实时流系统的执行，但是离线系统对实时系统也有着很多的辅助作用。这些作用包括：

- 数据存储和 ETL 处理；
- 离线数据分析和模型训练；
- 离线报表统计。

这些离线任务都有一个共同的模式，即数据需要存储下来，然后在这些数据基础上做各种数据处理和分析。针对此类任务，以 Hadoop 为基础的大数据生态为我们提供了非常好的解决方案。围绕 Hadoop 的一些列软件和相关资源都非常丰富，因此本书不深入展开，感兴趣的读者可以自行查阅相关内容。这里我们重点关注离线任务的 3 个方面：存储、处理和分析、调度。

### 9.4.1 存储

实时流数据经过处理和分析后，需要进行数据落地，也就是将数据存入持久化存储设备。为了将实时流处理和数据落地的逻辑分离开，最好先将实时流数据发送到 Kafka 消息队列，然后从 Kafka 消息队列拉取数据，最后将数据写入 HDFS(Hadoop 分布式文件系统)。从 Kafka 拉取消息写入 HDFS 的方法有很多种，Flume 就是一种常用的方案，如图 9-7 所示。

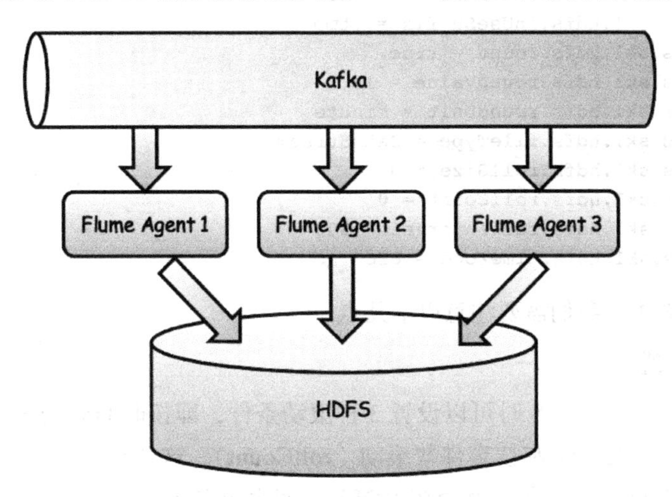


图 9-7　使用 Flume 将 Kafka 数据写入 HDFS

下面是使用 Flume 将 Kafka 数据写入 HDFS 的配置样例。

```
events.sources = src1
events.channels = ch1
events.sinks = sk1

events.sources.src1.type = org.apache.flume.source.kafka.KafkaSource
events.sources.src1.channels = ch1
events.sources.src1.zookeeperConnect = zookeeper1:2181,zookeeper2:2181,zookeep
                                     er3:2181/kafka
events.sources.src1.topic = events
events.sources.src1.groupId = flume
events.sources.src1.kafka.consumer.timeout.ms = 100

events.sources.src1.interceptors = json_interceptor
events.sources.src1.interceptors.json_interceptor.type = com.alain898.flume.
plugins.interceptors.JsonInterceptor$Builder
events.sources.src1.interceptors.json_interceptor.headers = timestamp
events.sources.src1.interceptors.json_interceptor.paths = $.timestamp

events.channels.ch1.type = file
events.channels.ch1.capacity = 10000
events.channels.ch1.transactionCapacity = 1000
events.channels.ch1.checkpointDir = ./checkpoint/events
```

```
events.channels.ch1.dataDirs = ./data/events

events.channels = ch1
events.sinks.sk1.type = hdfs
events.sinks.sk1.channel = ch1
events.sinks.sk1.hdfs.path = hdfs://nameservice1/flume/events/day=%Y%m%d/hour=%H
events.sinks.sk1.hdfs.filePrefix = events.
events.sinks.sk1.hdfs.fileSuffix = .json
events.sinks.sk1.hdfs.inUseSuffix = .tmp
events.sinks.sk1.hdfs.round = true
events.sinks.sk1.hdfs.roundValue = 10
events.sinks.sk1.hdfs.roundUnit = minute
events.sinks.sk1.hdfs.fileType = DataStream
events.sinks.sk1.hdfs.rollSize = 0
events.sinks.sk1.hdfs.rollCount = 0
events.sinks.sk1.hdfs.rollInterval = 300
events.sinks.sk1.hdfs.timeZone = UTC
```

在上面的配置中，我们需要注意以下几点。

### 1. 小文件问题

Flume 将数据写入 HDFS 时可以设置 3 种滚动条件，即按时间间隔滚动（rollInterval）、按文件大小滚动（rollSize）和按事件数滚动（rollCount）。这会造成一个问题，即如果两次滚动之间的事件数比较少，那么就会在 HDFS 上产生很多小文件。这虽然在功能上没什么问题，但是由于 HDFS 本身是针对大数据设计的文件系统，太多的小文件一方面会浪费大量的块节点，另一方面会降低 MapReduce、Hive 和 Spark 等程序的性能。所以，在设置滚动周期时，应该平衡文件大小和所能接收的时延。例如，如果 HDFS 的块大小是 128MB，那么文件大小最好为 128MB 的整数倍再小一点儿。如果实在既要求数据入库的时延小，又没太多数据从而造成产生很多小文件，那么使用额外的任务周期性地将小文件合并成大文件也是很有必要的。

### 2. 时间戳问题

Flume 使用事件头部的 timestamp 字段作为分区时间依据。大多数情况下，我们需要使用事件发生的时间而不是 Flume 接收到事件的时间作为分区时间依据，所以我们需要自行定义一个时间戳拦截器将事件时间写入事件头部。如在前面的代码中，我们使用 JsonInterceptor 将 JSON 格式事件中的 timestamp 字段写入事件头部。

### 3. HDFS 高可用问题

如果 HDFS 集群配置了高可用模式，那么 Flume 写入 HDFS 的路径就不能够直接使用具体的某台 namenode 服务器地址，而必须使用 nameservice 代替。否则当 HDFS 的 namenode 在 active 与 standby 两种状态之间切换时，Flume 就不能写入数据了。

在配置好 Flume 代理后，使用如下命令启动 Flume 代理即可。

```
nohup bin/flume-ng agent --name events --conf ./conf --conf-file conf/events.
conf -Dflume.log.file=events.log &
```

使用 Flume 搬运少数主题的数据到 HDFS 还是非常方便的。但是当主题较多时，需要启动非常多的 Flume 代理进程，分散地管理这些任务会变得比较麻烦。除了使用这种比较“底层”的方式外，第 8 章讲到的消息路由服务 Apache Camel 也会给我们非常大的启发。通过 Apache Camel，可以统一且方便地管理数据在不同端点之间的传递，这部分解决了数据入库任务的管理问题。但是 Apache Camel 对这种任务管理的支持还不是一步到位的，我们依旧需要自己开发诸如集群化、监控、管理和 UI 之类的功能，所以我们“得寸进尺”，有没有更佳“一站式”的方案呢？这个当然可以有。诸如 Apache NiFi、Apache Gobblin 之类的开源工具就提供了功能更佳强大的大数据集成方案。

以 Apache NiFi 为例，它是一款大数据集成平台。Apache NiFi 图形化界面如图 9-8 所示。

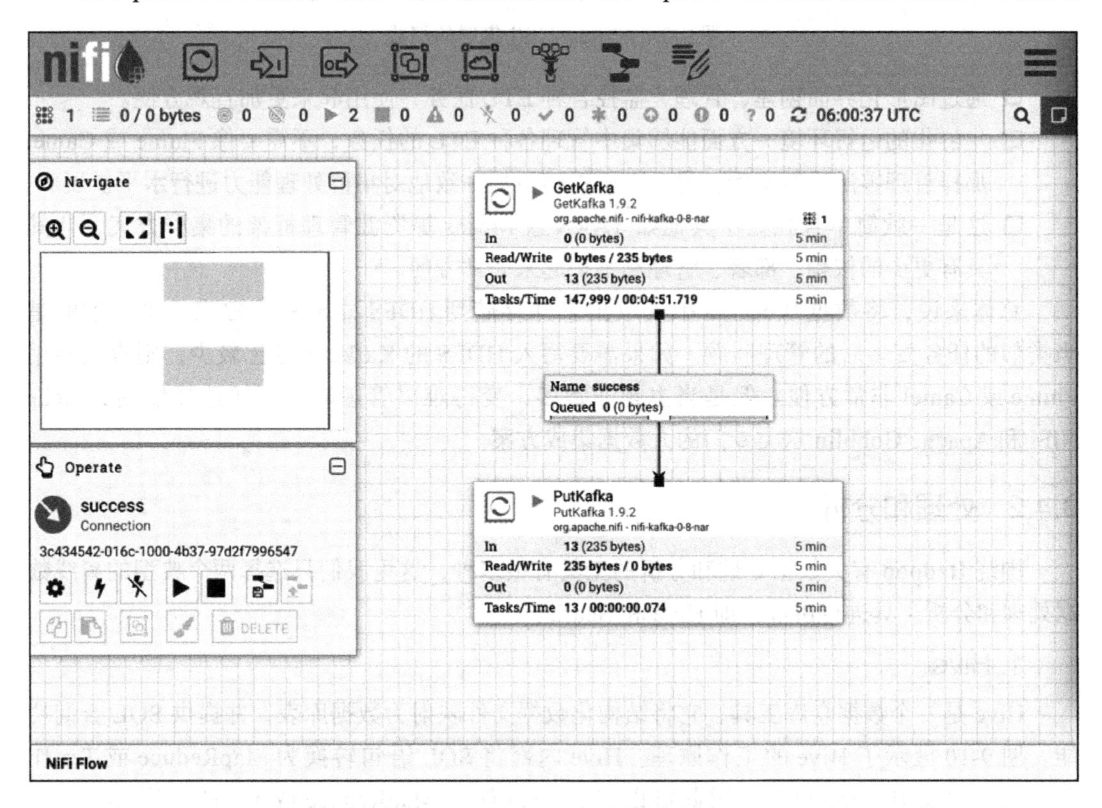


图 9-8 Apache NiFi 图形化界面

可以说，Apache NiFi 是我们理想中 Apache Camel 的模样，即支持可视化设计和分布式集群功能。图 9-9 展示了 Apache NiFi 集群的组成。可以看到，Apache NiFi 集群中的每个节点都是“平等”的，它们之间通过 Zookeeper 协调工作及共享状态。

Apache NiFi 的这种集群方案非常贴合大数据集成场景，这是因为它具备以下优良特性。

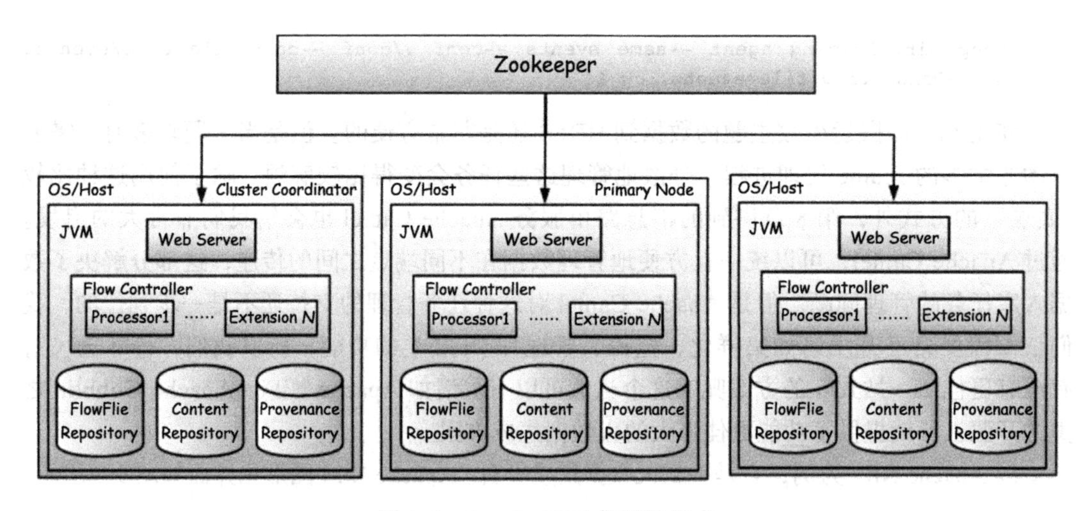


图 9-9 Apache NiFi 集群的组成

- 通过图形化界面创建、管理、监控各种 ETL 任务，使用起来更加直观方便。
- 集群化的运行环境一方面能够集中管理各种 ETL 的任务，不需要像 Flume 或 Camel 那样管理零散运行实例，另一方面能够更加一致地对集群处理能力进行水平扩展。
- 这是一款简单且独立于其他如 YARN 或 Mesos 等资源管理框架的集群方案，让其具有更少的依赖，部署、管理和维护起来非常方便。

总体来说，将数据从 Kafka 中读取出来并存储到 HDFS 并不是非常难的事，难的是当类似的任务变多后的管理问题。如果需要写入 HDFS 的 Kafka 主题比较少，则直接使用 Flume 或 Camel 非常方便。但是当主题非常多，变得难以管理时，不妨选择使用 Apache NiFi 和 Apache Gobblin 这类专门的大数据集成方案。

## 9.4.2 处理和分析

围绕 Hadoop 有关数据处理和分析的工具有很多种，这里我们只选择两个典型的离线数据处理和分析工具进行讲解，即 Hive 和 Spark。

### 1. Hive

Hive 是一个数据仓库工具，它将结构化数据文件映射为数据库表，并提供 SQL 查询功能。图 9-10 展示了 Hive 的工作原理。Hive 内部将 SQL 语句转换为 MapReduce 或 Tez 作业，然后提交 Hadoop 执行，因此可以将 Hive 理解为 MapReduce 或 Tez 的一层 SQL“皮肤”。使用 Hive 的好处在于其对 SQL 的支持，只要有 SQL 基础，就可以快速开始离线数据的统计分析。使用 Hive 时需要注意，在将数据与表绑定起来时，应该尽量使用外部表。只有在需要创建和使用临时表时，才使用内部表。另外，临时表在用完之后一定要删除，否则这些数据会留在 Hive 里成为垃圾数据，越积越多，从而影响未来 Hive 的正常使用。

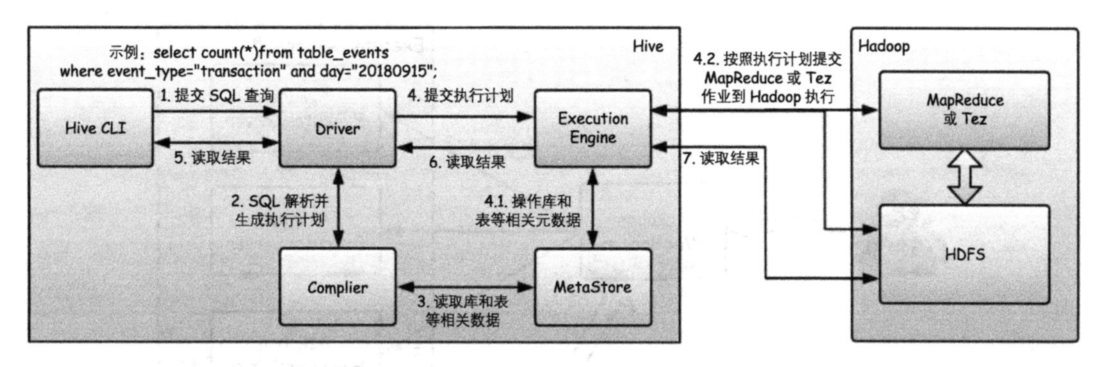


图 9-10　Hive 的工作原理

### 2. Spark

另一个更为数据分析人员所喜爱的大数据分析工具是 Spark。Spark 中的 RDD(Resilient Distributed Datasets，分布式弹性数据集）和 DataFrame 这两个核心概念都是对数据的矩阵表示，因此对于大数据分析人员而言，Spark 天生就是为他们量身定做的数学分析工具。Spark 以 RDD 抽象为核心，提供了一系列的 Transformation 操作和 Action 操作 API。通过这些操作组合，可以实现复杂的计算模式和分析功能。另外，Spark 充分使用内存来进行操作计算，相比 Hadoop 最初的 MapReduce，在性能表现上有了数量级的提升。时至今日，Spark 已经成为了大数据分析的主流工具，我们在做离线数据分析，特别是一些复杂的分析计算（如统计学习和机器学习相关的模型训练）时，Spark 都是不可多得的强有力工具。

## 9.4.3　调度

离线任务通常是周期性定时执行的，因此需要一个能够管理离线任务执行的调度系统。比较简单的调度系统是 Linux 操作系统下常用的定时执行工具 cron。cron 工具只是一个简单的调度工具，它只支持本地调度，并且没有用户友好的管理界面。当调度任务很多时，cron 任务难以管理，任务执行状态也不方便追踪。因此，我们需要功能更加强大的调度工具，如 Azkaban。

Azkaban 是由 LinkedIn 为调度 Hadoop 作业而开发的批处理工作流调度器，它解决了调度作业之间的相互依赖问题，并提供一个简单易用的 Web 用户界面来管理和追踪作业的调度和执行情况。图 9-11 展示了 Azkaban 的工作原理。WebServer 提供 Web 界面，用户可以通过它上传、调度、监控和管理作业。ExecutorServer 是作业执行的地方，当需要调度执行的任务非常多时，可以部署多台 ExecutorServer。另外，在 WebServer 和 ExecutorServer 之外，Azkaban 还需要用数据库来保存作业、调度和状态等各种元数据。

图 9-12 展示了 Azkaban 的作业执行历史页面。其中，event_report 和 add_partition 这两个每小时执行一次的作业每次都是执行成功的，而另外一个每天执行一次的作业 report_daily 则执行失败了。

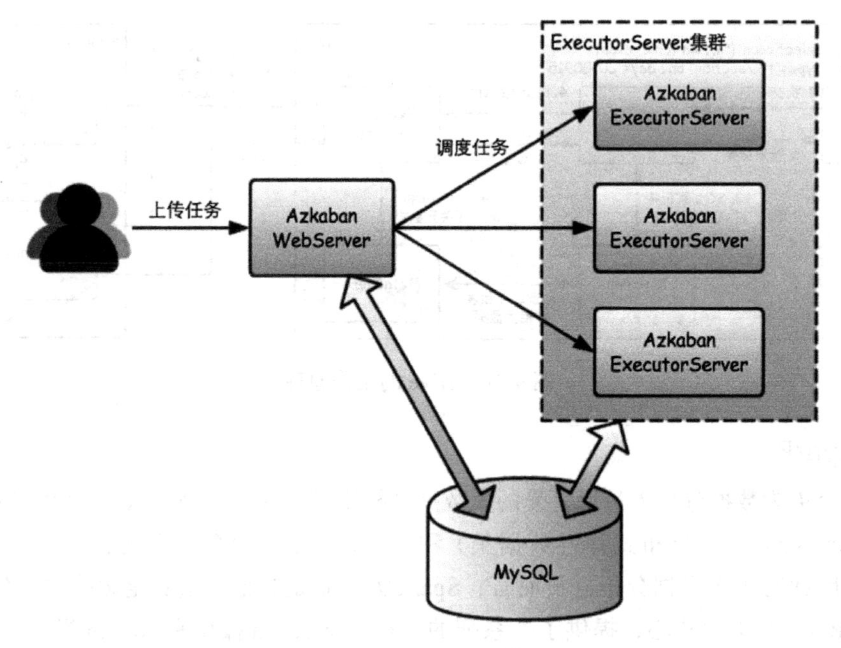


图 9-11　Azkaban 的工作原理

Azkaban maxent-azkaban My Local Azkaban　Projects　Scheduling　Executing　History　azkaban

History　flow name containing ...　Quick Search　Advanced Filter

| Execution Id | Flow | Project | User | Start Time | End Time | Elapsed | Status | Action |
|---|---|---|---|---|---|---|---|---|
| 34571 | all | event_report | azkaban | 2019-08-16 03:24:32 | 2019-08-16 03:26:30 | 1m 58s | Success | |
| 34570 | add_partition | add_partition | azkaban | 2019-08-16 03:02:32 | 2019-08-16 03:02:45 | 13 sec | Success | |
| 34569 | all | event_report | azkaban | 2019-08-16 02:24:32 | 2019-08-16 02:26:32 | 2m 0s | Success | |
| 34568 | add_partition | add_partition | azkaban | 2019-08-16 02:02:32 | 2019-08-16 02:02:46 | 13 sec | Success | |
| 34567 | all | event_report | azkaban | 2019-08-16 01:24:32 | 2019-08-16 01:26:33 | 2m 1s | Success | |
| 34566 | all | report_daily | azkaban | 2019-08-16 01:05:32 | 2019-08-16 01:17:50 | 12m 18s | Failed | |
| 34565 | add_partition | add_partition | azkaban | 2019-08-16 01:02:32 | 2019-08-16 01:02:46 | 14 sec | Success | |
| 34564 | all | event_report | azkaban | 2019-08-16 00:24:32 | 2019-08-16 00:26:40 | 2m 8s | Success | |
| 34563 | add_partition | add_partition | azkaban | 2019-08-16 00:02:32 | 2019-08-16 00:02:44 | 12 sec | Success | |
| 34562 | all | event_report | azkaban | 2019-08-15 23:24:32 | 2019-08-15 23:26:31 | 1m 59s | Success | |
| 34561 | add_partition | add_partition | azkaban | 2019-08-15 23:02:32 | 2019-08-15 23:02:46 | 13 sec | Success | |
| 34560 | all | event_report | azkaban | 2019-08-15 22:24:32 | 2019-08-15 22:26:34 | 2m 1s | Success | |
| 34559 | add_partition | add_partition | azkaban | 2019-08-15 22:02:32 | 2019-08-15 22:02:45 | 12 sec | Success | |
| 34558 | all | event_report | azkaban | 2019-08-15 21:24:32 | 2019-08-15 21:26:33 | 2m 1s | Success | |

图 9-12　Azkaban 的作业执行历史页面

在使用 Azkaban 时，需要严格控制被调度执行任务的内存。如果任务占用内存过大，则一台 16GB 内存的 ExecutorServer 也不能同时启动几个任务，容易造成系统内存不足，调度任务被操作系统随机杀死。

除了 Azkaban 外，还有一些其他工作流调度器，如 Oozie、Airflow 等。这里就不再一一展开介绍了，读者可以自行查阅相关资料。

## 9.5　关系型数据库查询

在实时流计算系统中，传统关系型数据库最主要的作用是存储各种元数据和业务实体数据。

说到元数据，笔者想起以前初入计算机领域时，遇到一个词“元数据”（metadata）。当时不甚明白，查资料给出的解释是“关于数据的数据”，顿时有了一种“道可道非常道”的云雾感。数据就是数据，怎么还有“关于数据的数据呢”？后来遇见的事情多了，学到的知识也多了，于是笔者明白了，原来除了类似于从传感器收集来的原始数据外，当我们对数据进行格式化、压缩、归档、存储、传输、管理等各种处理时，还需要用另外一部分数据对原始数据进行说明和描述，这部分数据就是所谓的“元数据”了。元数据在我们的系统中可谓是无所不在。Hive 里数据库和表相关的信息是元数据，Azkaban 里作业和调度相关的信息是元数据，Cloudera Manager 里集群部署和配置信息是元数据，GitLab 里项目和提交信息也是元数据。除了第三方系统使用的元数据以外，我们自己开发的业务系统也存在各种各样的元数据，如配置信息、模型参数等。保护元数据的完整性是非常重要的事情，极端情况下，当元数据被破坏时，系统就不能正常工作了。

相比元数据，我们可能更加关心的是各种业务实体数据，如用户账户、业务配置等。这些数据处置不当，如丢失了账户信息、混淆了不同版本业务配置，造成的后果就可能是与客户的纠纷，甚至是直接的经济损失了。所以，我们在为此类业务场景设计系统及实现软件时，一定要时刻注意数据安全的问题。

元数据和业务实体数据对数据的安全性（包括完整性和一致性等）有着非常高的要求，这时就是关系型数据库发挥作用的时候了。虽然传统关系型数据库在对事务的支持上已经非常成熟，但这是建立在单节点的基础上的。要想让数据真正安全、可靠，还必须针对传统关系型数据库做高可用方案设计。

以 MySQL 为例，常见的 MySQL 高可用方案是为主数据库配置一个从数据库，从数据库通过复制并重放主数据库的 binlog 文件，实现对主数据库的同步。很明显，这种简单的主从复制方案存在问题，即主从数据库之间的数据并非时刻保持一致，如果主从数据库之间的网络存在问题，或者从数据库自己宕机了，那么从数据库和主数据库至少在一段时间内的数据并不一致。鉴于此，MySQL 5.7 版本引入了全新的真正意义上的高可用关系型数据库方案，即 Group Replication。Group Replication 基于分布式一致性算法 Paxos 实现（非常有名的分布式一致性算法，大多数分布式强一致性数据系统使用该算法或其衍生算法实现），只要集群中有半数以上节点存活着，集群就能够正常提供数据库服务，因此这是一个真正意义上的高可用数据库集群方案。Group Replication 支持两种模式，即单主模式和多主模式。图 9-13 展示了 MySQL Group Replication 集群的单主模式。在单主模式下，集群先从各个节点中选举出一个主节点，之后只有主节点同时支持读写访问，而其他节点仅支持读访问。单主模式是 MySQL 官方推荐的 Group Replication 复制模式。

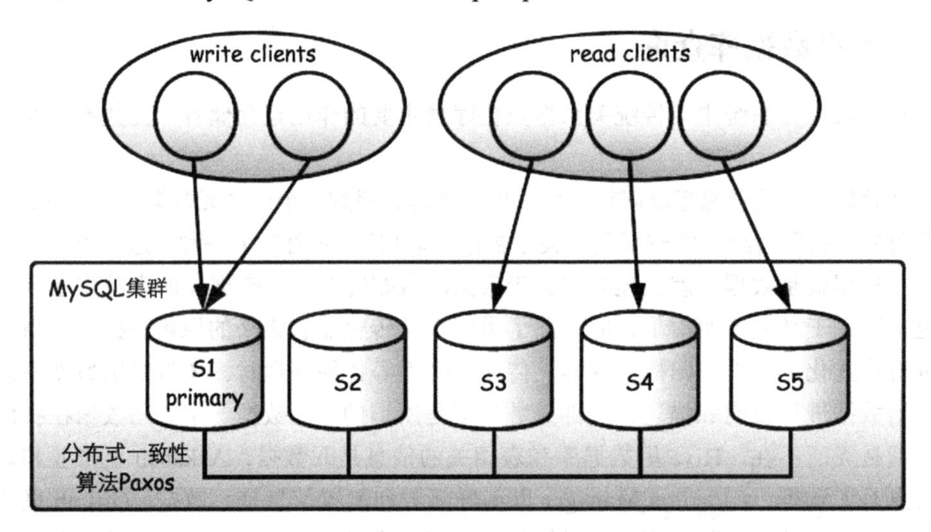


图 9-13　MySQL Group Replication 集群的单主模式

传统数据库终究不是为大数据时代设计的，它们有自己的缺陷，因此，现在越来越多的企业和开源软件组织开始实现真正属于大数据时代的关系型数据库。这类数据库不仅支持分布式数据的强一致性，而且支持分布式事务功能，除了支持 SQL，还支持 NoSQL。它们将传统数据库的各种优良特性在大数据环境中实现，真可谓是功勋卓著了。与 SQL 和 NoSQL 一样，这类数据库逐渐具有了自己的专属名字，即 NewSQL。目前比较有名的开源 NewSQL 数据库有 TiDB 和 CockroachDB 等。应该说，NewSQL 数据库在未来会发挥越来越大的作用，并成为大数据时代关系型数据库的主流。感兴趣的读者可以自行多了解相关知识，本书在此就不再展开叙述了。

## 9.6　本章小结

本章讨论了实时流计算系统涉及的各种数据存储问题。其实不仅仅在实时流计算系统中，几乎在任何相对复杂的系统中，数据存储方案的设计都是非常重要的事情。如果数据存储方案设计不当，当系统中的数据积累到一定量后，必然会造成服务时延增大，最终导致服务不可用。一般这个时候，由于系统已经具有了相当规模的数据和状态，任何修复和改动操作都将变得费时费力，甚至只能暂停业务，离线解决问题。

本章虽然讨论了不同使用场景下的数据存储方案，但还是稍有遗憾，有些场景没有讨论到，如时间序列数据库（如 InfluxDB）和图数据库（如 JanusGraph 和 DGraph）。不管使用什么数据库，我们都需要注意以下几点。

第一，根据计算类型选择最合适的存储方案。

第二，在实时流计算系统中，没有数据是永远有效的，必须设置超期时间。

第三，在设计之初合理预估将来的数据量规模，规划好集群规模并制订扩展计划。

第四，单表过大容易变成灾难，必要时对数据按时间分表存储。

# 第 10 章　服务治理和配置管理

如果系统比较简单，未来也不会再变动，那么服务治理和配置管理的问题就不会太突出，但“不变”或多或少地意味着系统在开发完成的那一刻就已经停止发展了，这是一件可悲的事情。当我们的业务在不断发展时，客户和产品的需求越来越多，系统也会变得越来越复杂。如果没有对服务治理和配置管理提前做整体规划，那么当系统日趋复杂时，系统就会逐渐变得失控，甚至最后我们彻底失去对原有系统做出改动的能力，不得不重新设计系统架构。所以，在设计系统和开发软件时，即便不能预见产品最终成熟时的模样，作为研发人员，我们还是要稍微有所远见并考虑得全面些。至少关于服务治理和配置管理的一些通用模式和准则，我们是可以掌握和遵守的。服务治理和配置管理并非实时流计算系统的核心问题，没有它们，我们也可以构建一个可用的系统。但作为辅助系统，如果将服务治理和配置管理的问题处理好了，它们有助于系统在随业务发展的过程中平稳演进，让我们少走很多弯路。本章就来讨论一下实时流计算系统中服务治理和配置管理的问题。

## 10.1　服务治理

在流计算系统中，流代表业务执行的过程。在流计算应用执行具体的计算逻辑时，可能会用到一些独立的服务。例如，使用 IP 分析服务将 IP 转化为省份和城市、使用地理位置解析服务将 GPS 坐标转化为省份和城市、使用第三方征信服务对个人信用风险做出评估等。这些独立的服务虽然与业务系统相关，但它们又明显不应该属于业务系统的主体执行流程。那我们应该如何在实时流计算应用中规划和组织业务的主体执行流程及它所依赖的其他独立服务呢？本节就来讨论这个问题。

### 10.1.1　流服务和微服务

当一个服务模块的输入和输出都是流的时候，我们称其为流服务。流服务的好处在于其可以直观地描述业务执行流程。流服务使用 DAG 来描述执行流程，DAG 的每个节点代表一个业务单元，每个业务单元负责一定的业务逻辑。

在业务单元中，经常会用到一些具有特定功能的辅助性服务，如 IP 分析、GPS 解析、第三方征信服务等。将实现这些辅助性功能的代码直接放入流计算应用的业务代码里，或许是一个好方法，特别是在我们非常在乎性能的时候。毕竟将这些辅助性功能的逻辑集成到流应用里，会减少相当多的 I/O 操作，确保了流应用的性能。但是这样做并不优雅。考虑下，如果流计算任务需要用到很多辅助性功能（这种情况其实相当常见），而且这些辅助性功能中的某些内部逻辑甚至相当复杂，那么将这些功能的实现代码全都放到业务流程的实现中，势必会造成业务逻辑和技术细节纵横交错、程序执行流程杂乱无章。

一种折中的方案是将辅助性功能抽取为独立的源码项目，将它们编译为库后再链接进流计算应用。这样一方面能够保证流计算应用的性能，另一方面避免了流计算应用的代码过于杂乱。这样做不失为一个比较好的办法，并且在性能优先的情况下可能是最优选择。但这样做也存在问题，即每次对辅助性功能服务做更改或升级时，流计算应用必须重新构建、测试和发布。

从服务治理的角度而言，我们还是应该将辅助性功能剥离出去，让它们成为单独的服务，对外提供 REST 或 RPC 的访问接口。图 10-1 描述了这种将辅助性功能剥离为单独微服务，由流服务调用接口访问的架构。这样，流计算应用负责整体的业务逻辑，而辅助性功能被封装在一个个独立的微服务内并对外提供友好的使用界面，整个流计算系统架构清晰，在将来需要调整时也更加灵活。

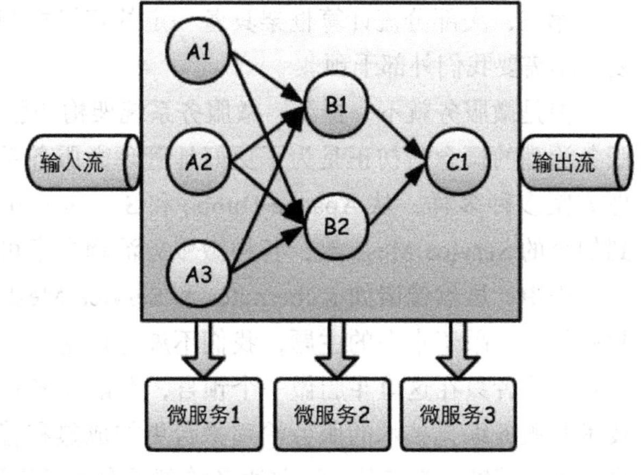


图 10-1　流服务和微服务关系

在流服务中调用外部的微服务也存在一个问题，即性能问题。在第 5 章讲解状态存储时，我们建议使用本地数据存储方案替代远程数据存储方案，原因在于远程数据存储方案可能会极大地降低流服务的性能。与此类似，在流服务中调用外部微服务时也涉及网络 I/O，这同样会比较显著地降低流服务的性能。所以，我们要针对微服务的调用过程做优化。一方面，要小心谨慎地设计微服务，确保微服务能够快速地返回，不管是成功还是失败，都必须在给定的时间内快速返回。另一方面，流服务在调用微服务时，可以采取异步 I/O 的方式，这样能够保证流服务在处理事件时不会让 CPU 阻塞在等待微服务请求返回，从而提升流服务的吞吐能力。

另外，必须强调的是，在流计算中使用微服务最好采用只读方式，或者至少应该是幂等的。因为，如果流服务访问微服务时造成了外部状态的改变，就有可能破坏流计算应用整体的可靠性保证机制。关于出现这个问题的原因，我们在第 6 章讨论各种开源流计算框架的消息传达可靠性保证机制时已有所分析，这里不再赘述。

相比流服务，微服务是一种更加为大众所知的服务组织架构。从形式上，微服务和流服务最大的区别在于，微服务是请求并响应的模式，而流服务则是事件驱动的模式。微服务系统架构将复杂软件系统按业务功能划分为一个个独立的服务模块，每个服务模块独立开发、独立部署、独立提供服务，各独立服务模块之间天然是一种松耦合的状态。

微服务确实有助于我们分解复杂的系统，但与之而来的问题是，它会让业务系统变得复杂。相比流服务有一个提纲挈领的DAG代表了完整的业务流程，微服务系统如果没有额外的设计文档进行解释，那么我们是很难一下就弄清楚业务系统的完整执行流程的。

相比微服务而言，流服务的服务治理方案是“与生俱来”的，原因有以下几点。

第一，大部分流计算框架是构建在诸如YARN这样的分布式操作系统上的，所以它们所运行的环境已经云化。这意味着基于这些流计算框架构建的应用是可以自由横向伸缩的。

第二，大部分流计算框架或多或少地提供了管理界面，这让我们能够非常方便地监测和追踪运行在系统中的应用的状况。

第三，大部分流计算框架具备一定的容错机制，并且可在服务失败时自动完成服务恢复，不需要我们外部干预。

但是微服务就不一样了。微服务系统架构和服务治理还是有较大距离的，甚至可以说，服务治理的概念最初正是为了更好地管理微服务系统而提出的。针对微服务系统的服务治理方案多种多样，从Apache Dubbo和Spring Cloud，到Docker Swarm和Kubernetes，再到如今的Service Mesh等，各种微服务治理方案可谓方兴未艾，它们正在快速地发展和演进过程中。虽然像诸如Kubernetes和Service Mesh等前沿、新颖的微服务治理方案确实非常有趣，但限于本书的主题，我们不展开讨论它们，强烈建议感兴趣的读者自行查阅相关资料。笔者只在这里斗胆做一个预言，在诸如Kubernetes和Service Mesh等基于资源云化技术和服务编排技术的服务治理平台更加成熟和普及时，未来微服务和流服务之间的边界将越来越模糊，直接基于这些服务治理平台开发流计算框架也未尝不是一件有趣的事。

接下来我们将通过Spring Cloud来讨论服务治理中的几个核心问题。

### 10.1.2 微服务框架Spring Cloud

Spring Cloud是Java领域较著名、较流行的微服务开发框架。Spring Cloud以Spring Boot为基础，围绕微服务提供了一系列服务治理功能，如服务注册及服务发现、负载均衡、容错保护、配置管理、链路追踪和服务网关等，如图10-2所示。Spring Cloud最大的作用不在于实现微服务，而在于更好地管理和监控整个微服务系统。系统提供了哪些微服务，哪个服务实例宕机了，服务是否中断，哪个服务性能不足，如何扩展或收缩服务的处理能力，系统整体的吞吐和时延如何，系统资源的使用效率怎样……方便快捷地给出所有这些问题的答案，让我们只需专注于业务逻辑的开发，这才是Spring Cloud（或者说服务治理）的价值所在。

#### 1. 服务注册及服务发现

当微服务系统因为业务功能的增加而逐渐变得复杂时，由于微服务架构松耦合的特点，微服务实例的组织会变得零散杂乱。这时我们就需要一个服务注册中心来统一管理这些微服务实例，否则我们将不得不手动管理大量的服务代理和服务实例IP，这一方面提高了服务和服务之间的耦合度，另一方面增加了运维的复杂性。服务注册用于服务提供者向服务注册中心注册自己所提供的服务，包括服务端点（endpoint）和服务内容等信息；而服务发现则是服务使用者从服务注册中心获取服务提供者信息的过程。当服务使用者从注册中心获取到提供服务的服务实例信息后，就可以向其发起服务请求了。

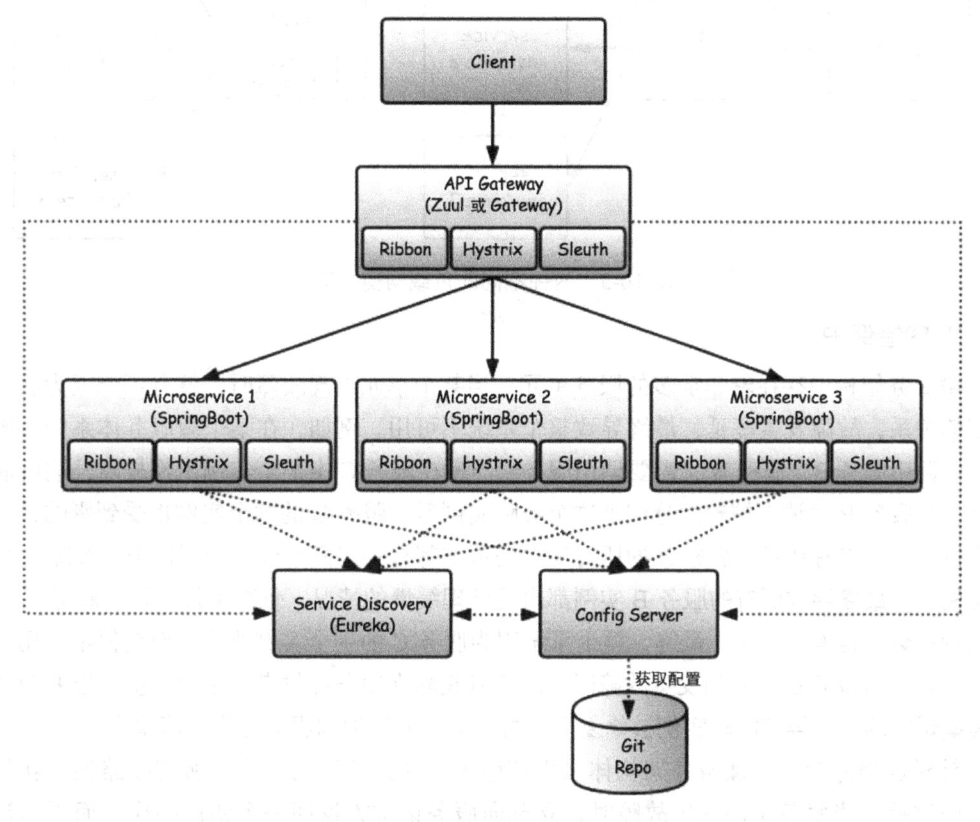


图 10-2　Spring Cloud 微服务系统

在 Spring Cloud 中，负责服务注册和服务发现的组件是 Spring Cloud Eureka，其中 Eureka 是“找到了，发现了”的意思。据说先贤阿基米德在一次洗澡时灵光乍现，发现了浮力的原理，当时他高兴坏了，手舞足蹈地叫喊着：“Eureka！”

### 2. 负载均衡

负载均衡的作用有两个，一是为服务提供横向扩展或收缩服务实例数量的能力，二是为服务提供高可用的能力。负载均衡的实现方案有两种，一种是使用类似于 Nginx 这样的负载均衡器，另一种是直接在客户端实现多个服务实例之间的负载均衡。图 10-3 展示了这两种不同的负载均衡方案。

Spring Cloud 采用的是第二种方案，即直接在客户端实现负载均衡。Spring Cloud 提供了一个名为 Ribbon 的 HTTP 负载均衡客户端工具。Ribbon 并非一个服务，而是一个工具类框架，因此只需集成在客户端使用即可，不需要另启额外的负载均衡器。

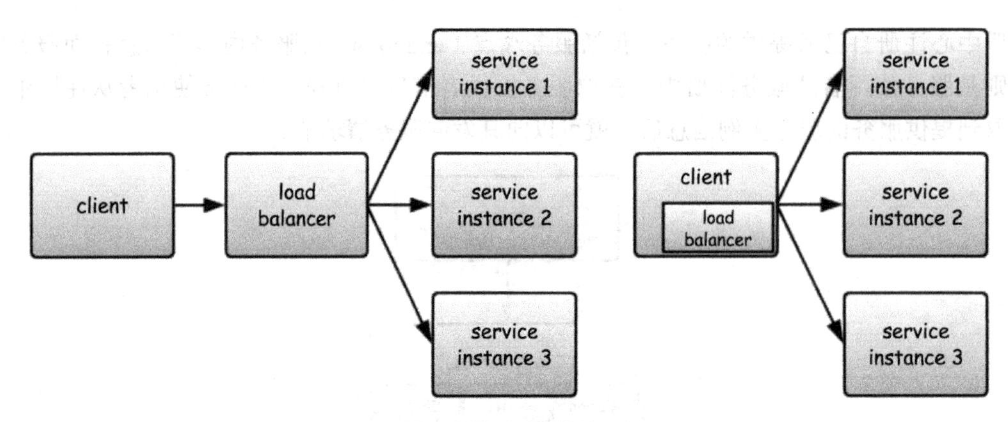


图 10-3　两种不同的负载均衡方案

### 3. 容错保护

微服务架构中存在着非常多的服务单元。当某个单元出现故障时，就有可能因为服务间的依赖关系，故障发生蔓延，最终导致整个系统不可用。例如，在某个微服务体系中，服务A需要调用服务B，服务B又需要调用服务C。现在服务C中某个实例出现故障，响应非常缓慢，当服务B的请求被轮询分配到这个故障实例后，服务B的这个实例也受到影响，服务也变得缓慢。更有甚者，服务B的所有实例的请求都有一定概率被分配到这个有故障的C服务实例上，最终导致所有的服务B实例都出现处理缓慢的情况。依次类推，最终服务A的所有实例也会变得响应缓慢。最终，整个系统因为服务C的一个实例故障，而变得不可用。如果一开始，当服务C的实例发生故障时，就将其剔除在服务提供者清单中，就可以避免这种故障蔓延的问题。等到故障实例被修复后，再重新将其添加到服务提供者清单中。

针对这类问题，在微服务架构体系中产生了“断路器”的概念。所谓断路器，就是通过故障监控，当服务实例发生故障时，立刻向服务请求方返回一个错误响应，而不是让服务请求方长时间等待回应，卡死在调用的地方。

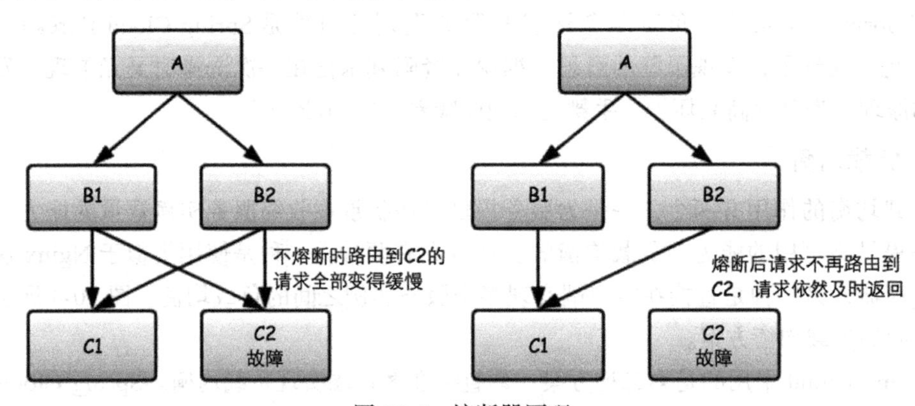


图 10-4　熔断器原理

Spring Cloud Hystrix 组件除了实现“断路器”的功能外，还提供了更全面的服务降级、线程隔离、请求缓存、请求合并、服务监控等一系列服务保护功能。应该说，Hystrix 提供的这些概念，对于我们构建高可用、高可靠系统是非常有启发性的，所以建议感兴趣的读者不妨自行研究下 Hystrix 的实现细节，分析它实现各种功能的思路和技巧。

### 4. 配置管理

配置是微服务系统非常重要的组成部分。特别是当系统中存在大量的微服务实例时，配置会变得复杂。而不同模块、不同环境（开发、测试和生产）、不同版本等因素的存在，更是极大地增加了配置管理的复杂度。这个时候，一个统一的配置管理中心就变得十分重要。

使用 Spring Cloud Config 可以轻松地实现配置中心的功能。Spring Cloud Config 默认使用 Git 来存储配置信息，天然支持了配置信息的版本控制。不过目前 Spring Cloud Config 对动态配置更新的支持不是非常友好。一方面，Spring Cloud Config 不支持配置变更后的自动通知配置刷新，必须手动刷新；另一方面，配置刷新时的粒度太粗，只有 refresh 命令可用于通知微服务刷新配置。这样，如果配置组织得不合理，如将系统配置和业务配置都放在动态配置的作用域内，系统配置和业务配置就容易存在全部更新的问题。或许这在最终服务功能上没什么不一样，但很明显这是比较危险的操作。考虑下，你本来只想修改业务的某个配置项，结果也刷新了另一个系统配置（如服务端口），无论服务端口是否真的修改了，这种做法都是风险比较高的事情，因为它产生了我们预期之外的副作用。所以，在使用 Spring Cloud Config 的动态刷新功能时，必须严格规划好动态配置的内容，以及它们的作用域，也就是用 @RefreshScope 注解严格限制动态配置刷新的内容和范围。当然话说回来，Spring 框架总是给我们留下了自由发挥的空间，如果结合 Spring Cloud Bus 进行二次开发，对动态配置进行更加精细的控制也是能够实现的。

### 5. 链路追踪

当业务变得复杂时，微服务间的调用关系势必会变得复杂。这时候，当一个客户请求过来时，如果一切正常，那么客户会即时得到响应。这种情况下一切都好。但是，如果系统某个环节发生故障，客户请求得不到正常响应，那我们该如何快速定位故障？这种情况下，对请求处理过程的完整链路追踪就变得非常重要。

Spring Cloud Sleuth 提供了全链路调用追踪功能。图 10-5 展示了链路追踪的原理。Sleuth 在进行链路追踪时使用了 3 个概念：trace、span 和 annotation。其中，trace 代表一次完整的请求处理链路，链路中的每一次请求及响应被表示为一次 span，而 annotation 用于标记每次 span 过程中具体的事件，如 CS（Client Sent）表示客户端发起请求，SR（Server Received）表示服务端收到请求，SS（Server Sent）表示服务端返回请求的响应，CR（Client Received）表示客户端收到请求的响应。

总体来说，使用链路追踪技术不仅有助于我们快速定位故障，而且有助于我们分析各环节处理时延，对系统进行性能优化。所以，链路追踪技术不愧是构建复杂业务系统必备之利器。另外，链路追踪技术除了可以用于微服务外，在流服务领域如果系统不能保证消息可靠传输，那么也可以借鉴这种技术手段来追踪消息的处理过程。

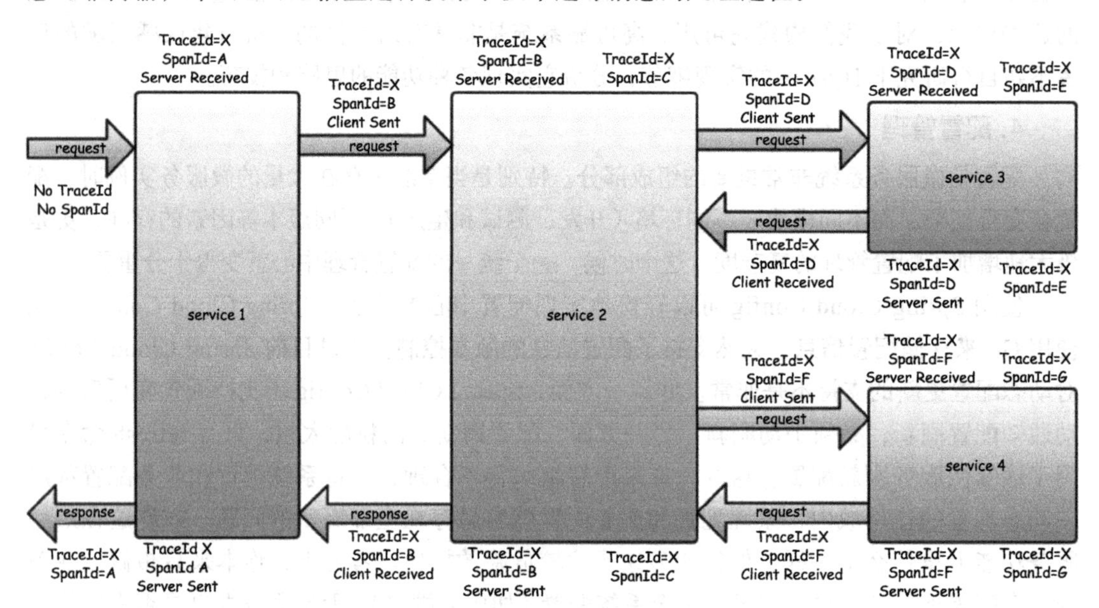

图 10-5 链路追踪的原理

## 6. 服务网关

大多数时候，当我们的业务系统最终提供给用户使用的时候，原本内网的一些服务端口需要暴露到互联网上，此时我们需要使用服务网关。服务网关最重要的功能是实现反向代理，以及对所有外网请求的认证和授权。

反向代理的作用在于将不同服务的请求路由到提供相应服务的服务器上去，这样可以将功能各不相同的独立服务汇聚为完整的业务界面，在相同的域名下对外提供服务。通过反向代理，即使在业务复杂、功能繁多、API 丰富的情况下，我们也能轻松实现对外接口的统一。

认证和授权是服务网关的另一个重要作用。如果暴露在公网上的服务没有认证和授权功能，你都不知道究竟是哪些人在访问你的服务，他们是好人还是坏人，是真人还是机器人，是善意的还是恶意的……当我们使用服务网关反向代理的功能将各个服务端口收纳到一起之后，就可以对所有外部请求进行统一的认证和授权了，从而不必让相同的代码和验证流程散布在系统各处。

当然，服务网关还有其他功能，如负载均衡、性能监控和流量控制等。可以说，我们希望通过 AOP（Aspect Oriented Programming，面向切面编程）实现的那些功能，大多能够使用在服务网关上。

Spring Cloud 提供了两个服务网关实现，即 Zuul 和 Gateway。其中，Gateway 采用了 Netty 框架实现，在高并发情况下比 Zuul 性能会好上不少，所以，对于新项目，不妨直接使用 Gateway 做服务网关。

# 10.2　面向配置编程

刚刚入行的程序员很容易忽视配置问题，甚至很多时候，直接将配置写死在程序中。随着工作经历的增加，不管是因为编程规范的强制，还是因为真的发现配置提取出来更加方便，大家还是学会了尽量将配置从程序中提取出来的做法，而不会再像刚入道时将配置直接写死在程序中。不管是将配置写死在代码中，还是将配置提取出来放入文件或 Git，对于很多人来说，配置都仅仅是程序的一个附属资源而已。

如果配置的内容仅仅是描述系统属性，那么以这种方式看待配置并无大碍。例如，数据库的连接、使用的线程数、分配的内存等，这些配置都是在设置程序运行时的系统属性，它们原本就属于程序的一部分，所以将它们当成程序的附属资源是合理的。

但还有另外一类配置，它们与业务系统联系得非常紧密，具有明显的业务含义和相应的组织结构，此时将这些配置视为附属资源就不合适了。例如，在风控场景中，用户会配置风控系统要提取哪些特征、计算哪些规则、使用哪种模型、如何哪种决策等，这些都是与风控场景的业务逻辑密切相关的。

## 10.2.1　面向配置编程思想

在业务场景下，从某种意义上来讲，配置才是程序的核心所在。就像在风控场景中，提取哪些特征、计算哪些规则、使用哪种模型、如何哪种决策，这才是用户关心的事情。我们希望的是只需要在配置文件中设置好这些参数，程序就能按照这些配置定义的逻辑执行：首先接收事件，然后提取特征，再根据模型评分，最终做出风控决策。整个过程自始至终，我们都并不关心程序本身怎样运行，而只关心配置是否被有效执行。这是不是有点儿像是“配置”反客为主为“程序”了呢？就像曾经 Spring 中的 XML 之于 Java 一样？

如图 10-6 所示，我们不妨思考两个问题。

- **脚本是配置**吗？当然是，如果将脚本解释器视为一个普通程序，那么脚本解释器读取脚本，按照脚本定义的过程和规则执行。从这个角度上讲，脚本就是解释器的配置文件。
- **配置是脚本**吗？当然是，如果我们将程序视为一个解释器，那么配置就是这个解释器的输入。从这个角度上讲，配置就是程序的脚本。

因此，在业务逻辑比较复杂的情况下，我们不妨以配置为核心来指导程序的开发，这就是面向配

```
1   package com.alain898.rule
2
3   import com.alain898.functions.*;
4
5   global Result res;
6
7   rule "检查贷款金额过大"
8   when
9       req : Event(amount > 10000)
10  then
11      res.setPassed(false);
12      res.addMessage("贷款金额过大");
13  end
14
15  rule "检查年龄过小"
16  when
17      req : Event(age < 18)
18  then
19      res.setPassed(false);
20      res.addMessage("年龄过小" );
21  end
22
23  rule "检查年龄过大"
24  when
25      req : Event(age > 60)
26  then
27      res.setPassed(false);
28      res.addMessage("年龄过大");
29  end
30
```

图 10-6　规则引擎 Drools 的 DRL 文件：是配置还是脚本？

置编程。当按照面向配置编程的思路来设计程序时，我们就好像在开发一个脚本解释器。众所周知，相比普通专用程序而言，解释器的灵活性更好，因为当解释器开发好后，开发业务逻辑只需要编写脚本即可，而不再需要修改解释器本身。

与脚本解释器的结构非常类似，面向配置编程包含两个部分。

1）**配置**。当涉及业务逻辑时，配置才是描述系统执行逻辑的核心所在。因此，针对具体业务场景设计合适的配置项目和配置组织结构，是配置设计的核心所在。

2）**引擎**。引擎的开发应该围绕着配置来进行。当配置设计好后，应按照配置表达的业务逻辑，开发对应的执行引擎。

面向配置编程有以下好处。

1）**灵活和轻便**。当面向配置编程的引擎在开发完成后，只要整体逻辑不变，调整业务只需要编写或修改对应的配置文件就可以了，而不需要再修改程序并重新构建测试和部署上线，极大地缩短了业务上线周期。

2）**简洁和透明**。在使用面向配置编程时，编写配置文件相比程序开发简单和透明很多，因为配置编写的过程直接是实现业务逻辑的过程。

3）**抽象和泛化**。面向配置编程开发的引擎相当于一个脚本解释器，它是对业务执行流程的终极抽象。配置的灵活性，使得只要是在这个业务执行流程的框架下，我们可以任意地设置业务流程的各种指标或参数，可以说是对业务执行流程的终极泛化。

### 10.2.2 更高级的配置：领域特定语言

面向配置编程的一种更高级形式是 DSL（Domain Specified Languag，领域特定语言）。

DSL 是一种针对特定领域而设计和开发的专用计算机程序语言。相比通用语言而言，DSL 具有有限的表达能力，或者说，DSL 不是图灵完备的。

DSL 特别适合用于实现业务逻辑。那 DSL 相比前面说到的一般配置，又“高级”了哪些内容呢？其实，如果我们用 JSON 来表示配置，那 JSON 就是一种 DSL。通常的配置可以表达配置项清单及各配置项间的层次和依赖关系，但是不能表达符号和计算逻辑，如变量、操作符和函数等。DSL 能够表达的内容更丰富些。既然 DSL 号称语言，那就或多或少具有计算机语言的某些特性，如它能够支持变量、操作符和函数等。相比通用编程语言，DSL 又不是图灵完备的。换言之，你不能用 DSL 实现 C 语言，但是能够用 C 语言实现 DSL。

虽然相比普通配置，DSL 的功能会更加强大，但是这是有代价的。功能越强的 DSL，开发的难度和复杂度也越高。在本书第 11 章中，我们将以风控场景下常用的特征提取引擎为例，展示如何设计并实现一个针对流数据特征提取的 DSL。

## 10.3 动态配置

当将配置从代码中抽离出来的那刻起，它就是给人修改的。那从何谈起配置的静态和动态之分呢？这里我们做一个简单的划分，如果配置在程序启动后不再需要修改，那它就属于静态配置；而如果程序启动后，配置还会因为某些原因发生变更并重新生效，那它属于动态配置。

静态配置在程序启动前确定，在程序启动后就不再变化了。例如，程序使用的内存大小、数据库连接等配置在开发、测试、生产环境下各不相同。这些配置由构建或部署工具管理，如 SaltStack 的 Pillar 文件。静态配置由于其在程序启动后不变的特点，管理起来相对更简单，一般使用运维工具配合版本控制器即可。例如，使用 SaltStack 配合 Git 就可以很好地实现静态配置的管理。

动态配置则在程序运行过程中可以发生变更并重新生效，如调整日志级别、更新评分模型、修改决策规则等。

### 1. 动态配置的复杂性

动态配置因为涉及改变程序运行时的行为，因此相比静态配置会复杂很多，主要体现在以下方面。

1）**分布式系统环境**。在分布式环境下，一个配置可能会被多个服务、多个实例使用。配置的变更如何通知到具体相关服务和实例？不同的服务和实例刷新配置的时间也可能并不一致。如果需要刷新的实例很多，那么系统在配置变更后多久能够稳定下来？在配置不稳定的过程中，业务流程的执行会受到什么影响？

2）**安全性**。动态配置因为改变了程序的运行时行为，有可能导致程序运行发生错误。如果程序真发生运行错误了，该怎样处理？如果回滚配置，也可能因为程序运行发生致命错误，导致回滚失败，又该怎样处理？

3）**版本控制**。动态配置时常在变化。如果线上客户发现配置变化后有问题需要回溯，那么该怎样跟踪配置的变更历史？

4）**监控**。动态配置在变更时可能引起各种各样的问题，安全性、程序重新稳定等问题。这些问题或许发生的概率不大，但如果它们真的发生了，实际上解决起来是比较棘手的。例如，动态配置下发成功，到底是服务实例收到新配置就算成功，还是服务实例收到新配置后运行成功才算成功？即使当时运行成功了，错误也可能是在运行一段时间后才出现。针对这一系列问题，即使实现了分布式事务，也是无济于事的。鉴于以上原因，对各个服务实例当前使用的配置进行监控和检查是非常重要的事情。

当然，虽然有这么多考虑，但必须强调的是，动态配置系统的责任边界限定在相关服务实例正确接收新配置并替换本地配置即可，而不能将范围扩散太大，否则就真的会出现“到底什么时候才算配置更新成功”这种没完没了的问题了。例如，如果我们用 ConfigBean 类的一个对象来持有配置项，那么当用代表新配置的 ConfigBean 对象来替换代表旧配置的 ConfigBean 对象时，就已经算配置刷新成功了。至于后续程序是否能够正确运行，那是程序是否支持新配置的问题，与动态配置刷新的机制并无关系。在澄清动态配置系统的责任边界后，我们就能更加清晰地设计和实现动态配置过程了。

### 2. 动态配置的实现方式

动态配置的实现方式有很多种，这里我们主要介绍 3 种：控制流方式、共享存储方式及配置服务方式。

（1）控制流方式

在通信领域，除了用于数据传输的数据通道外，通常还会有一条用于传输控制信令的控制通道。在流计算领域，我们可以借鉴这种思路。在数据流之外，我们可以新增一条控制流。通过控制流与数据流的关联（union 或 join）操作，就可以将控制信息作用到数据流上。而流本身又是动态的，所以通过控制流的方式来实现动态配置是一种水到渠成的方法。控制流与数据流的关系如图 10-7 所示。

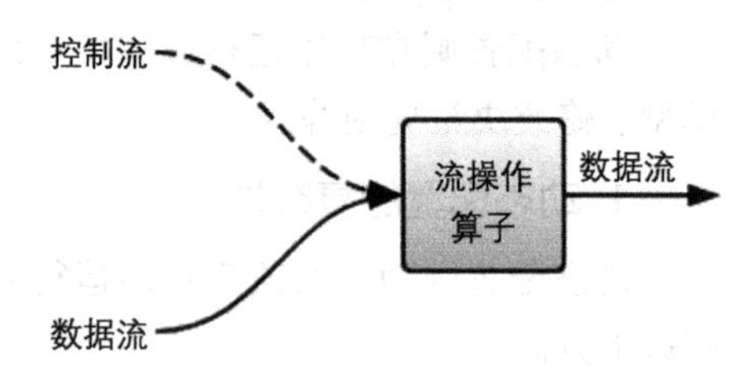

图 10-7　控制流与数据流关系

下面我们按照这个原理来演示在 Flink 中如何实现控制流对数据流的控制。

```
public static void testFlinkControlStream() throws Exception {
        StreamExecutionEnvironment env =
                StreamExecutionEnvironment.getExecutionEnvironment().
                setParallelism(3);

        // 控制流
        List<Tuple1<String>> control = new ArrayList<>();
        control.add(new Tuple1<>("BLUE"));
        control.add(new Tuple1<>("YELLOW"));
        DataStream<Tuple1<String>> controlStream = env.fromCollection(control);

        // 数据流
        List<Tuple1<String>> data = new ArrayList<>();
        for (int i = 0; i < 1000; i++) {
            data.add(new Tuple1<>("BLUE"));
            data.add(new Tuple1<>("YELLOW"));
            data.add(new Tuple1<>("WHITE"));
            data.add(new Tuple1<>("RED"));
            data.add(new Tuple1<>("BLUE"));
            data.add(new Tuple1<>("YELLOW"));
            data.add(new Tuple1<>("RED"));
        }
        DataStream<Tuple1<String>> dataStream = env.fromCollection(data).
        keyBy(0);

        DataStream<String> result = controlStream
                .broadcast()
                .connect(dataStream)
                .flatMap(new ColorCoFlatMap());
        result.print();
```

```
        env.execute();
    }

    private static final class ColorCoFlatMap
            implements CoFlatMapFunction<Tuple1<String>, Tuple1<String>,
            String> {
        HashSet blacklist = new HashSet();

        @Override
        public void flatMap1(Tuple1<String> control_value, Collector<String>
        out) {
            blacklist.add(control_value);
        }

        @Override
        public void flatMap2(Tuple1<String> data_value, Collector<String> out) {
            if (blacklist.contains(data_value)) {
                out.collect("invalid color " + data_value);
            } else {
                out.collect("valid color " + data_value);
            }
        }
    }
```

在上面的代码中，testFlinkControlStream 函数创建了两个流，即控制流 controlStream 和数据流 dataStream，然后将 controlStream 广播（broadcast）后与 dataStream 连接（connect）起来。在 ColorCoFlatMap 中，如果接收到的是控制事件，就将其保存到黑名单；如果接收到的是颜色事件，就检查其是否在黑名单中。这样，控制流动态配置黑名单清单，而数据流使用这个黑名单清单，所以我们通过控制流的方式对数据流的行为进行动态配置。另外，在 Flink 中，为了方便实现动态配置，引入可以直接使用的广播状态（broadcast state）。广播状态的使用方式与广播类似，这里不再展开叙述了。

（2）共享存储方式

共享存储是一种实现动态配置的方法，即将配置存放在共享数据库中，当配置发生变更时，先将配置写入共享数据库，然后通过配置使用方轮询或者通知配置使用者配置变更的方式，配置使用者即可重新读取更新后的配置。

图 10-8 展示了用 MongoDB 结合 ZooKeeper 来实现动态配置的方案。

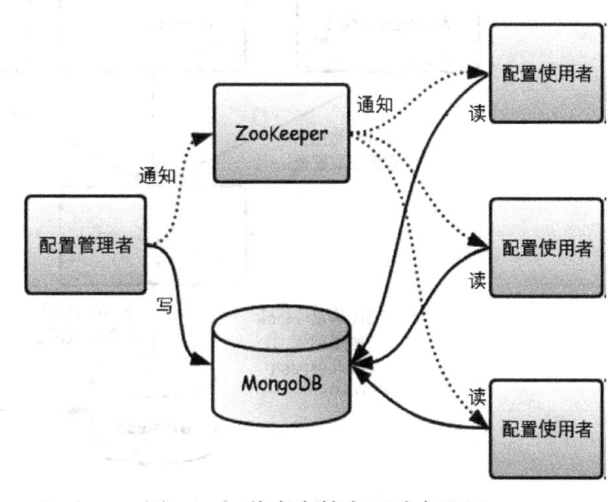


图 10-8　共享存储实现动态配置

在图 10-8 的解决方案中，当配置管理者需要修改配置时，首先将配置写入 MongoDB，然后变更 Zookeeper 的某个节点。当配置使用者监听到 Zookeeper 的这个节点变更时，就知道配置已经发生变更，从而从 MongoDB 重新读取新的配置。这样，就完成了动态配置的功能。

ZooKeeper 本身具备存储数据的能力，如果配置很简单，直接使用 ZooKeeper 存储即可。但是，在复杂的业务场景下，可能配置也非常复杂，并具有丰富的层次组织结构。在这种情况下，尽量将配置本身从 ZooKeeper 中剥离出来，并存储到专门的数据库（如 MongoDB 或 MySQL 中），ZooKeeper 只用于全局配置变更时的协调。毕竟，ZooKeeper 的设计目的是做分布式协调，而不是一个文件系统。

（3）配置服务方式

还有一种动态配置实现的方式是在微服务系统中经常使用的，这就是使用专门的配置服务中心。在前面讨论服务治理的配置管理功能时，我们已经介绍了 Spring Cloud Config 的配置服务中心的功能。当结合 Spring Cloud Bus 后，就能够实现分布式动态配置刷新功能了。

图 10-9 就是 Spring Cloud Config 实现动态配置的过程。当用户更新配置时，可以手动或自动（通过 Git Hooks）向 Config Server 发送 /bus/refresh 请求，Config Server 接收到配置刷新请求后，再通过 RabbitMQ 将配置刷新命令发布到每一个服务实例。当服务实例收到配置刷新命令后，从 Config Server 重新加载配置，最终完成配置的动态更新。

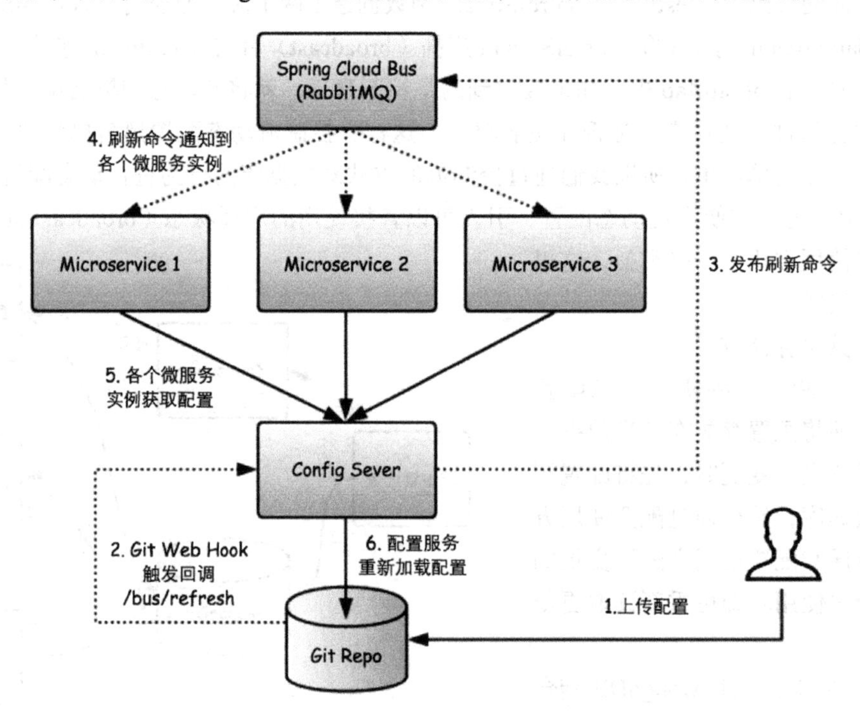


图 10-9　Spring Cloud Config 实现动态配置的过程

## 10.4　将前端配置与后端服务配置隔离开

动态配置的一种使用场景是由用户在前端 UI 上修改配置，然后让更新后的配置在生效，从而按照用户的期望改变业务执行逻辑。针对这种场景，我们很容易设计出图 10-10 所示的设计方案。

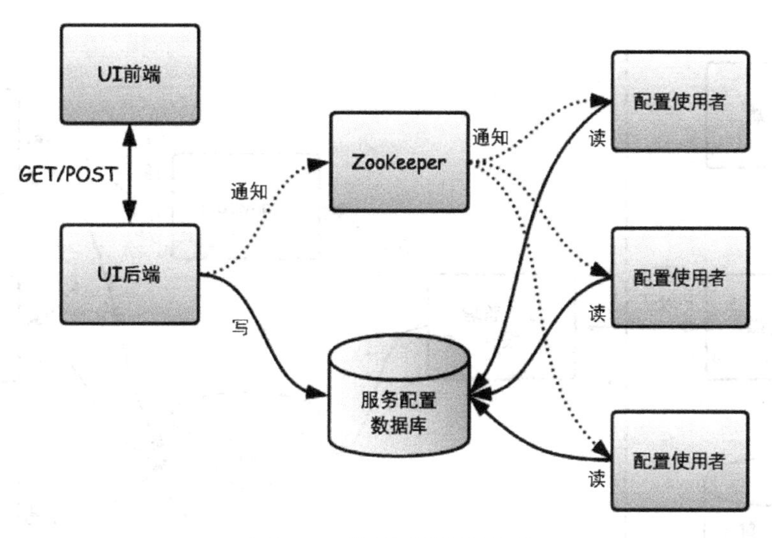


图 10-10　前后端配置不分离

在图 10-10 所示的设计方案中，当 UI 前端修改配置后，向 UI 后端发送配置变更请求，UI 后端在收到配置变更请求后，就直接修改服务配置，然后通知配置使用者刷新配置。这种设计方案简单明了，实现起来也很简单，但是这种设计方案在许多场景下存在一些比较麻烦的问题。考虑以下几种情况。

- 用户在界面上需要修改 A、B、C 这 3 个配置项，3 个配置项在 3 个不同的页面上，只有当这 3 个配置同时修改好后才能使配置生效。
- 用户在界面上修改了一个模型，但是他并不想让这个新模型立刻生效，而是想保存下来过一段时间再使用。
- 用户修改了配置，但是配置尚未生效，用户想将配置保存下来，以免修改丢失后下次修改时又得重填。

真实的场景可能会比上面描述的 3 种情况更加复杂，用户操作 UI 更改配置的方式可以说是千变万化，或许只有我们想不到，没有他们做不到。

此时，这种将前端用户行为与后端服务配置变更两者耦合起来的设计方案就非常不灵活了，它会让我们在面对许多真实场景下的问题时显得束手束脚，非常尴尬。以修改 A、B、C 配置项的情况为例，只有在用户将 A、B、C 配置项都变更完成后，所形成的配置才是用户所期待的完整配置。如果在用户刚修改完 A 后，系统就将配置变更的命令发布给使用配置的各个服务，那么存在一段时间，生效的配置是由新 A 和旧 B、旧 C 构成的配置。显然，这破坏了配置的完整性，在很多情况下，这是非常危险的事情。

或许诸如此类的问题可以直接在前端解决掉，但这里只列举了少数几个例子而已，我们最好还是设计一种更加通用的方案，彻底将前端用户的配置行为和后端服务的配置隔离开。图 10-11 就是基于这种思路的设计方案架构图。

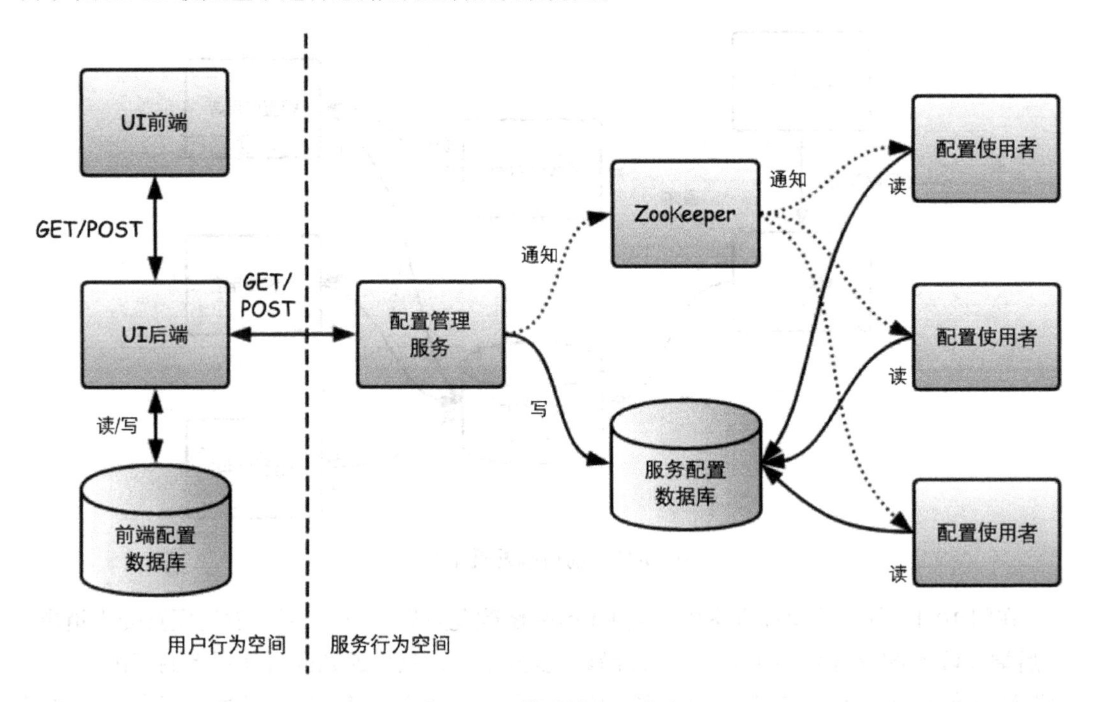


图 10-11　前后端配置分离

在图 10-11 所示的解决方案中，我们给 UI 后端单独配备了一个数据库。所有与用户行为相关的中间配置信息都存储在这个配置里面。当用户在 UI 上修改配置时，配置的变化只体现在这个数据库中。只有当用户在 UI 上单击生效功能按钮时，再由 UI 后端取出应该生效的配置信息，然后调用配置管理服务提供的接口。配置管理服务在收到配置变更请求后，对配置进行解析，生成配置使用者方能够识别的格式，然后写入服务配置数据库，并通知配置使用者更新配置。

通过这种将前段配置和后端服务配置隔离的设计方案，我们可以给予前端 UI 设计充分的发挥空间，同时使整个系统配置状态完整、统一，服务运行更加安全。

## 10.5　本章小结

本章主要讨论了服务治理和动态配置的问题。之所以要讨论这两个流计算系统主体之外的问题，是因为我们为解决具体业务问题而构建的系统是一个有机的整体，而绝非只有一个流计算应用。即使以实时流计算应用为核心，如果其与周边系统集成得不好，这也会让我们后续的开发、运维及产品迭代变得困难重重。

我们可以使用集成库和调用微服务这两种方式来使用其他独立的功能模块，其中前者以性能优先，后者以服务治理优先。随着技术发展，微服务和流服务这两种服务模式之间的界限也逐渐变得模糊，本质上它们都采用了资源云化及服务编排的方式来构建系统，只是服务调用的方式不同而已。因此，微服务和流服务之间的很多技术点是可以相互借鉴的，如链路追踪对于构建流服务来说也是有非常有用的。

面向配置编程的思想则是为了让我们更好地分析、理解并拆解业务系统，让我们开发的程序能更加灵活、健壮地支持业务变化。动态配置是实现面向配置编程的重要基础，所以本章讨论了 3 种常用的动态配置方案，读者可以根据自己的使用场景选择最合适的动态配置方案。

# 第 11 章　实时流计算应用案例

在前面 10 章中，我们讨论了实时流计算系统的方方面面。在本章中，我们将其中部分知识点整合起来，以展示两个完整的实时流计算应用案例。其中，第一个是以 CompletableFuture 框架实现的实时流数据特征提取引擎；第二个是基于当前主流的流计算框架 Flink，实现一个具备特征提取和规则模型功能的风控引擎。

## 11.1　实时流数据特征提取引擎

特征提取是大多数在线决策系统必须经过的步骤。不管是在风控、监控、预警等各种场景下，也不管我们使用的是最简单的规则系统，还是复杂的统计模型或机器学习模型，它们的输入都一定是已经量化的各种数据，我们把这种数据称为特征。由此可见，大多数场景需要提取各种特征，因此我们准备设计一个通用的实时流数据特征提取引擎。为了方便特征引擎的使用，我们还需要在这个引擎上面提供一层 DSL 语言，这一方面能够让特征引擎更加通用、灵活，另一方面也会简化特征引擎的使用。

我们在第 3 章中分别使用两种方式实现了实时流计算应用，其中一种是完全从零开发，而另一种则是基于 Java 8 异步编程框架 CompletableFuture 实现的。由于 CompletableFuture 框架的灵活性和便利性，所以在本节中，我们将使用它来实现实时流数据特征提取引擎。我们还可以通过 Kafka 对流数据的分区功能，以及 Apache Ignite 或 Redis 集群对状态的分布式管理功能，将这个实时流数据特征提取引擎扩展为集群。

### 11.1.1　流数据特征提取引擎 DSL 定义

我们在这里采取自顶向下的设计方式，首先定义特征提取引擎使用的 DSL。设计的 DSL 包含 7 个主要概念：输入流（source）、输出流（sink）、字段（filed）、算子（operator）、函数（function）、宏函数（macro）和操作模式（mode）。

#### 1. 输入流

输入流定义了事件的输入流。我们的实时流计算特征提取引擎以 Kafka 等消息中间件作为事件的输入流。例如，下面定义了一个从 Kafka 的 event-input 主题读取数据的输入流。

```
set-source --source '{"zookeeper": "127.0.0.1:2181", "topic": "event-input",
"group": "test-group", "offset": "largest"}'
```

### 2. 输出流

输出流定义了事件的输出流。与输入源对应，当特征提取引擎对事件提取完特征后，将特征附加（append）到事件上，再将附加了特征的事件输出到 Kafka 等消息中间中。例如，下面定义了一个将特征提取结果输出到 Kafka 的 event-output 主题的输出流。

```
set-sink --sink '{"broker": "127.0.0.1:9092", "topic": "event-output"}'
```

### 3. 字段

我们以 JSON 的方式表示一个事件。由于并非事件中的每一个字段都会参与特征提取，并且原始事件中字段的名字并不一定与我们所预想的一致，所以需要通过字段映射功能来设定特征引擎感兴趣的字段与原始事件字段之间的对应关系。

下面代码定义了两个字段的映射关系，其中，c_timestamp 对应原始消息中的 $.event.timestamp 字段，user_id 对应原始消息中的 $.event. user_id 字段，另外两个与此类似。这里使用 JsonPath 的方式来表达原始事件中字段的位置。

```
add-field --event-type transaction --field-name c_timestamp --field-path $.event.
timestamp
add-field --event-type transaction --field-name user_id --field-path $.event.
user_id
add-field --event-type transaction --field-name device_id --field-path $.event.
device_id
add-field --event-type transaction --field-name amount --field-path $.event.
amount
```

### 4. 算子

我们的特征引擎所处理的是流数据，流数据是一种时间序列，因此我们针对时间序列定义了算子概念。

```
OPERATOR(window, event_type, target[=value], on1[=value], on2[=value], ...)
```

说明：

- OPERATOR 表示要统计的类型，如计数（COUNT/COUNT_DISTINCT）、求和（SUM）、最大（MAX）、最小（MIN）、均值（AVG）、方差（VARIANCE）、集合（SET）、列表（LIST）等。
- window 表示统计的窗口。例如，“1d”表示过去一天，“5m”表示过去 5 分钟，“2h”表示过去 2 小时等。
- event_type 表示事件类型。例如，“ transaction”表示交易事件，“ loan_application”表示贷款申请等。可以根据具体业务场景设置事件类型。
- target 表示统计的目标变量，on1、on2 等则是对 target 进行划分的维度。例如，“过去一天同一用户的总交易金额”中，target 为“交易金额”，on 为“用户”。而在“过去一周同一用户在同一 IP C 段的总交易金额”中，target 为“交易金额”，on 为“用户”和“IP C 段”。

另外，target 和 on 后面可以通过等号指定一个值，用于指定变量为特定值进行计算。target 和 on 还可以递归地定义为算子或函数。

下面是几个算子的例子：

```
# 过去一周内在同一个设备上交易次数
COUNT(7d, transaction, device_id)

# 过去一周内在设备 "d000001" 上交易次数
COUNT(7d, transaction, device_id=d000001)

# 过去一天同一用户的总交易金额
SUM(1d, transaction, amount, userid)

# 过去一天用户 "ud000001" 的总交易金额
SUM(1d, transaction, amount, userid=ud000001)

# 过去一周内在同一个设备上注册的用户登录过的设备数
FLAT_COUNT_DISTINCT(7d, login, device_id, SET(7d, create_account, userid,
device_id))

# 过去一周内在设备 "d000001" 上注册的用户登录过的设备数
FLAT_COUNT_DISTINCT(7d, login, device_id, SET(7d, create_account, userid,
device_id=d000001))
```

### 5. 函数

相比算子是对时间序列的操作，函数则用于对事件的字段进行转换操作。其定义如下：

```
F_FUNCTION(on1[=value], on2[=value], ...)
```

说明：

- F_FUNCTION 表示函数的名字，必须以“F_”作为前缀，如加（F_ADD)、减（F_MINUS)、乘（F_MULTIPLY)、除（F_DIVIDE)、求和 (F_SUM)、指数（F_EXP)、对数（F_LOG）等。
- on1、on2 等用于指定作为函数输入的字段。on 后面可以通过等号指定一个值，表示指定输入参数为指定值。on 也可以递归地定义为算子或函数。

下面是几个函数的例子：

```
# 将事件中的 amount1 字段和 amount2 字段的值相加
F_ADD(amount1, amount)

# 将事件中的 amount 字段的值开方
F_POW(amount, n=0.5)
```

### 6. 宏函数

与 C 语言中宏函数的作用类似，宏函数可以用一个更简单的式子替换一段具有更复杂功能的代码片段。其定义如下：

```
M_MACRO(arg1, arg2, ...)
```

说明：

- M_MACRO 表示函数的名字，必须以“M_”作为前缀。
- arg1、arg2 等用于指定宏函数的参数，在使用宏展开时，这些参数会被实际变量替换掉。

下面是几个宏函数的例子。

```
# 定义宏 M_CORRELATION 用于计算 on 的 a 和 b 变量之间相关系数
add-macro --name "M_CORRELATION(time, type, a, b, on)" --replace "F_DIVIDE(F_
    MINUS(AVG(time, type, F_MULTIPLY(a, b), on), F_MULTIPLY(AVG(time, type, a,
    on), AVG(time, type, b, on))), F_SQRT(F_MULTIPLY(VARIANCE(time, type, a,
    on),VARIANCE(time, type, b, on))))"
# 定义宏 M_DEVICE_ON_USER_ONE_DAY 用于计算一天内同一个 user 使用的不同 device 数
add-macro --name "M_DEVICE_ON_USER_ONE_DAY(device, user)" --replace "COUNT_
    DISTINCT(1d, transaction, device, user)"
```

定义好后，宏函数的用法与算子和函数相同。另外，算子、函数、宏之间可以相互嵌套使用。

### 7. 操作模式

我们特意将更新操作与查询操作分开，因此设定了 3 种计算模式：update、get 和 upget。update 模式和 get 模式分别对应更新模式和查询模式。其中，update 模式会更新状态，get 模式不会更新状态。upget 模式同时包含了 update 模式和 get 模式，从而在一些更新并查询的场景下，减少调用特征引擎的次数。

将前面的各个 DSL 概念汇集起来，可以得到一个完整的流数据特征提取引擎所需要的配置，或者说是脚本。下面就是一个完整的流数据特征提取引擎 DSL 脚本示例。

```
// 指定应用的名称
config-application app001
// 定义流数据特征提取引擎的输入流
set-source --source '{"zookeeper": "127.0.0.1:2181", "topic": "app001-input",
    "group": "test-group", "offset": "largest"}'
// 定义流数据特征提取引擎的输出流
set-sink --sink '{"broker": "127.0.0.1:9092", "topic": "app001-output"}'
// 定义流数据特征提取引擎需要使用的字段，以及这些字段对应在原始消息中的位置
add-field --event-type transaction --field-name c_timestamp --field-path $.event.
timestamp
add-field --event-type transaction --field-name user_id --field-path $.event.
user_id
add-field --event-type transaction --field-name device_id --field-path $.event.
device_id
add-field --event-type transaction --field-name amount --field-path $.event.
amount
```

```
// 定义一个宏函数
add-macro --name "M_DEVICE_ON_USER_ONE_DAY(device, user)" --replace "COUNT_
    DISTINCT(1d, transaction, device, user)"
// 定义流数据特征提取引擎需要计算的特征列表
add-feature --event-type transaction --feature "COUNT(1d, transaction, user_id)"
    --mode upget
add-feature --event-type transaction --feature "M_DEVICE_ON_USER_ONE_DAY(device_
    id, user_id)" --mode upget
add-feature --event-type transaction --feature "SUM(1h, transaction, amount,
    user_id)" --mode upget
// 激活前面的设置
activate
// 启动流数据特征提取引擎
start
```

## 11.1.2 实现原理

图 11-1 展示了实时流数据特征提取引擎的工作原理，就像大多数的数据库系统由 SQL 解析层、执行计划执行层和存储引擎层构成一样，我们的特征引擎也包含 3 层：DSL 解析层、执行计划执行层和状态存储层。接下来我们具体讨论各层的实现原理。

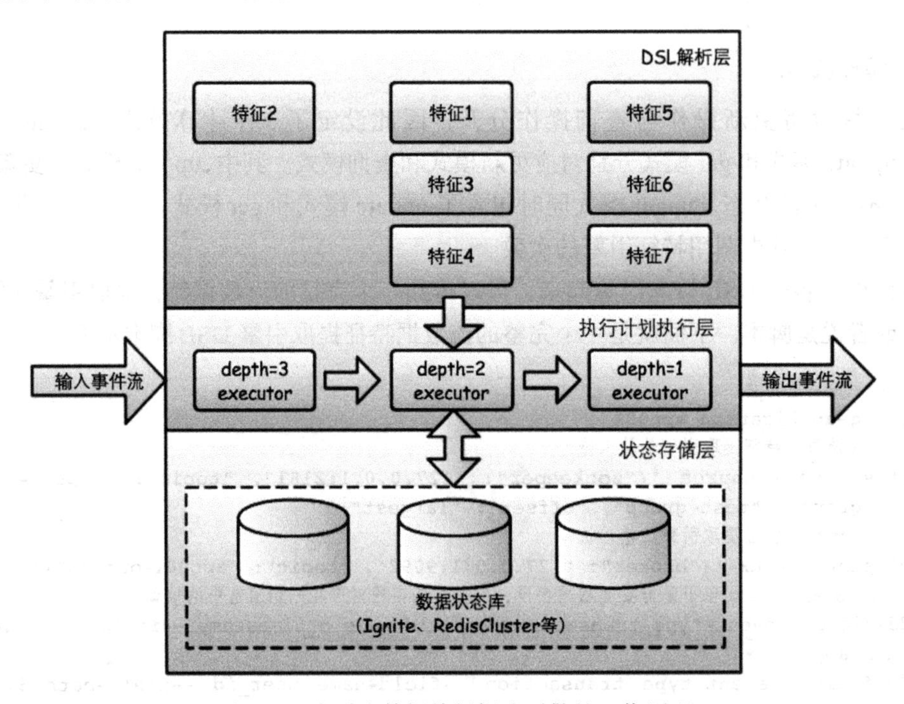


图 11-1　实时流数据特征提取引擎的工作原理

### 1. DSL 解析层

DSL 解析层将 DSL 解析为执行计划。其中，每个特征被解析为一棵单独的树，因此多个特征被解析为多棵单独的树。每棵树的节点代表一个特征，树上节点之间的父子关系表示特征计算时的依赖关系。

执行计划最初由多棵独立的树构成，每个特征定义语句都会生成一棵树。为了避免重复计算相同的特征，需要将所有这些树中的特征按照对应节点在各自树中的深度分组。相同深度的特征被划分到相同的组。如果同一个特征在不同的树中有不同的深度，就将该特征的深度设定为最大的那个深度值。这样，我们最终得到一个按照深度分组，每组有若干特征的执行计划。之后，我们就可以按照深度由大到小的顺序执行这个执行计划了。

以图 11-2 展示的特征依赖关系为例，其中定义了 4 个特征：特征 4、特征 5、特征 6 和特征 7。它们分别如下：

```
特征 4( 特征 2)
特征 5( 特征 2, 特征 3)
特征 6( 特征 3)
特征 7( 特征 1, 特征 4( 特征 2))
其中，括号代表了依赖关系。例如，" 特征 4( 特征 2)" 表示特征 4 的计算依赖于先计算出特征 2。
```

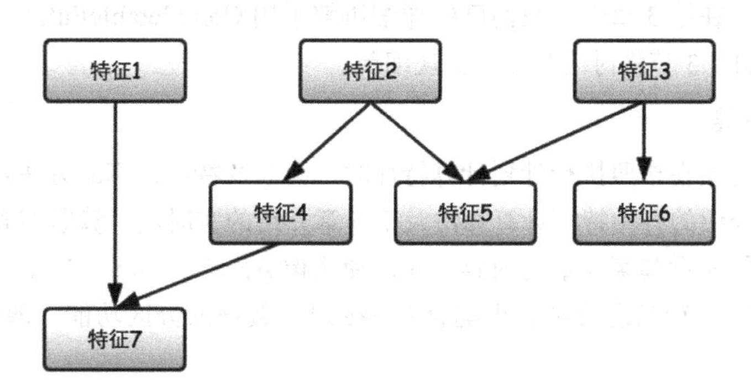


图 11-2　特征依赖关系

这样会生成 4 个单独的特征依赖树：

```
特征 4: depth=1, 特征 2: depth=2
特征 5: depth=1, 特征 2: depth=2, 特征 3: depth=2
特征 6: depth=1, 特征 3: depth=2
特征 7: depth=1, 特征 1: depth=2, 特征 4: depth=2, 特征 2: depth=3
```

接下来根据深度分组：

```
depth=1: 特征 5、特征 6、特征 7
depth=2: 特征 1、特征 3、特征 4
depth=3: 特征 2
其中，特征 2 由于被特征 7 依赖的深度为 3，比被特征 5 依赖的深度（2）更大，故最终设定其深度为 3。特征 4 由于被特征 7 依赖的深度为 2，比其自身的深度（1）更大，故最终设定其深度为 2。
```

至此，我们得到了最终的执行计划。接下来进入执行计划执行层按照这个执行计划计算各个特征的过程。

### 2. 执行计划执行层

执行计划是一个按深度分组的特征集合。执行计划的执行过程是按照深度由大到小依次计算各个分组中的所有特征的。很明显，我们完全可以将这个过程与流计算对应起来。换句话说，这个执行计划不就是一个结构简单的 DAG 吗？

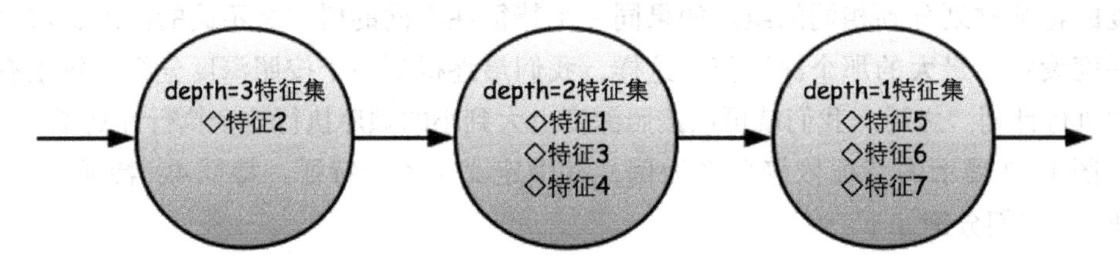


图 11-3　执行计划对应的 DAG

接下来就是实时流计算发挥作用的时刻了。只需要将每个深度特征集的计算过程设置为流计算过程的一个步骤，就可以用 CompletableFuture 框架构建基于实时流计算技术的执行计划执行层了。在第 3 章中，我们已经详细讲解了用 CompletableFuture 实现实时流计算的原理和方法，11.1.3 节将讨论具体的实现细节。

### 3. 状态存储层

执行计划执行层在按照执行计划计算特征时，会涉及特征计算的方法及对状态的管理。这里用到第 4 章介绍的各种特征计算算法及第 5 章介绍的实时流计算状态管理相关知识了，读者可以回顾下第 4 章和第 5 章的内容。我们使用像 Apache Ignite 或 Redis Cluster 这样的分布式内存数据库进行状态管理，再配合 Kafka 对流数据的分区功能，即可实现特征提取引擎集群。

## 11.1.3　具体实现

整个特征提取引擎的实现过程是比较复杂的，在本书中展示全部代码不太可能，所以这里只对主要执行流程进行说明，并略去了许多支线代码。完整的代码参见本书配套源代码。

首先对特征提取引擎 DSL 的解析，其中最主要的部分是对特征定义语句的解析。特征定义语句是指由算子、函数和宏组成的用于描述一个特征的语句。例如：

```
COUNT(7d, transaction, device_id)
FLAT_COUNT_DISTINCT(7d, login, device_id, SET(7d, create_account, userid,
device_id))
```

我们从特征定义语句解析出分词，具体如下：

```
private static final String TOKEN_SPLIT_PATTERN = "(\\s+)|(\\s*,\\s*)";
public List<String> parseTokens(String dsl, boolean dslNormalized) {
    String normDSL = dsl; // 步骤 a
```

```
        // 步骤 b。步骤 a 和步骤 b 主要是对特征定义字符串 dsl 进行规整化，如去掉多余的空格
        String parserDSL = genDSL4Parser(normDSL);
        // 步骤 c。进行分词
        Scanner s = new Scanner(parserDSL).useDelimiter(TOKEN_SPLIT_PATTERN);
        List<String> tokens = new LinkedList<>();
        while (s.hasNext()) {
            tokens.add(s.next());
        }
        tokens = tokens.stream().filter(StringUtils::isNotBlank).collect(Collectors.
        toList());
        return tokens;
    }
```

经过 parseTokens 后，一个特征定义语句被解析为一组分词。接下来将分词解析为执行树。

```
    public String parseFromTokens(
                JSONObject globalSetting,
                List<String> tokens,
                Map<String, List<String>> functionTokens,
                Map<String, StreamFQL> featureDSLMap,
                Map<StreamFQL, Integer> functions) {
            List<Tuple2<StreamFQL, Integer>> functionList = new LinkedList<>();
            Stack<String> stack = new Stack<>();  // 步骤 a。使用栈进行语法解析
            int depth = 0;
            for (String token : tokens) {
                // 步骤 b。当遇到反括号时，说明某个特征（可以是嵌套特征）的定义结束
                if (")".equals(token)) {
                    List<String> newFunctionTokens = new LinkedList<>();
                    while (true) {
                        String lastToken = stack.pop(); // 步骤 c。取出该特征的所有分词
                        if ("(".equals(lastToken)) {
                            break;
                        }
                        newFunctionTokens.add(lastToken);
                    }
                    newFunctionTokens.add(stack.pop());

                    // 步骤 d。得到某个特征的全部分词
    newFunctionTokens = Lists.reverse(newFunctionTokens);
    // 步骤 e。通过分词解析出单个特征的语法结构对象 StreamFQL
                    StreamFQL newFunction = genFunctionDSL(globalSetting,
                    newFunctionTokens);
                    // 步骤 f。记录解析出的单个特征的语法结构对象，以及它被最外层特征依赖的深度
                    functionList.add(new Tuple2<>(newFunction, depth));
                    newFunctionTokens.add(1, "(");
                    newFunctionTokens.add(")");
                    functionTokens.put(newFunction.getName(), newFunctionTokens);
                    // 步骤 g。输出解析出的单个特征语法结构对象
                    featureDSLMap.put(newFunction.getName(), newFunction);
```

```
                stack.push(newFunction.getName());
                depth -= 1; // 步骤h。当遇到正括号时depth加1，当遇到反括号时depth减1
            } else {
                stack.push(token);
                if ("(".equals(token)) {
                    depth += 1; // 步骤i。当遇到正括号时depth加1，当遇到反括号时
                    depth减1
                }
            }
        }
        String topFunctionName = stack.pop();
        // ……
        for (Tuple2<StreamFQL, Integer> tuple : functionList) {
            Integer fDepth = functions.get(tuple._1());
            //步骤j。如果一个特征被最外层特征多次使用，就将该特征的深度设置为最大的深度值
            if (fDepth == null || tuple._2() > fDepth) {
                functions.put(tuple._1(), tuple._2());
            }
        }
        return topFunctionName;
    }

private StreamFQL genFunctionDSL(JSONObject globalSetting, List<String>
 newFunctionTokens) {
    StreamFQL fql = new StreamFQL();
    fql.setOp(op);
    if (op.startsWith("M_")) { // 步骤a。解析宏函数
        // ......
    } else if (op.startsWith("F_")) { // 步骤b。解析函数
        // ......
    }
// 步骤c。 解析算子。newFunctionTokens是除去括号后的分词列表。第0个分词是函数名
else if (newFunctionTokens.size() >= 4) {
    // 步骤d。根据算子定义，第1个分词time是时间窗口
        fql.setWindow(newFunctionTokens.get(1));
        // 步骤e。根据算子定义，第2个分词是事件类型
        fql.setEvent_type(newFunctionTokens.get(2));
        // 步骤f。根据算子定义，第3个分词是target字段
        fql.setTarget(parseField(newFunctionTokens.get(3)));
        List<Field> onList = new ArrayList<>();
        // 步骤g。根据算子定义，target之后接下来是一个或多个on字段
        for (int i = 4; i < newFunctionTokens.size(); i++) {
            Field newField = parseField(newFunctionTokens.get(i));
            onList.add(newField);
        }
        // 步骤h。允许设置一些全局默认的on字段
        List<Field> onDefaults = getOnDefault(globalSetting);
        for (Field onDefault : onDefaults) {
            onList.add(onDefault);
        }
```

```
        fql.setOn(onList);
    } else {
        // ......
    }

    // 步骤 i。将分词连接起来进行 Base64 编码，再加上前缀和后缀，即形成这个特征的名称，供内部使用
    String name = String.format("___B___%s___F___",
            BaseEncoder.encodeBase64(Joiner.on("&").join(newFunctionTokens)));
    fql.setName(name);
    List<String> tokens = newFunctionTokens.stream().map(this::decode).
        collect(Collectors.toList());
    // 步骤 j。将分词按字面连接起来，也就是这个特征的完整字面表达式，供阅读使用
    String textName = String.format("%s(%s)", tokens.get(0),
                    Joiner.on(",").join(tokens.subList(1, tokens.size())));
    fql.setText_name(textName);
    return fql;
}
```

然后，将多个执行树合并起来，形成最后的执行计划。

```
public Map<String, Set<StreamFQL>> parseExecutionTree(JSONObject globalSetting,
                                               List<String> dsls,
                                               boolean dslNormalized) {
    Map<Macro, Macro> macros = new HashMap<>();
    // …… 步骤 a。解析宏函数。

    // parse dsl
    Map<StreamFQL, Tuple2<StreamFQL, Integer>> allFunctions = new HashMap<>();
    for (String elem : dsls) {
        PreParseInfo preParseInfo = preParse(macros, elem, dslNormalized);
        Map<StreamFQL, Integer> functions = new HashMap<>();
        Map<String, StreamFQL> featureDSLMap = new HashMap<>();
        String topFunction = parseFromTokens( // 步骤 b。将特征定义语句解析为特征语法结
        构对象
                globalSetting, preParseInfo.tokens, null, featureDSLMap,
                functions);

        for (Map.Entry<StreamFQL, Integer> entry : functions.entrySet()) {
            Tuple2<StreamFQL, Integer> oldFeatureDSL = allFunctions.get(entry.
            getKey());
            if (oldFeatureDSL == null) {
                // 步骤 c。将所有特征定义语句解析出来的特征语法结构对象合并起来
                allFunctions.put(entry.getKey(), new Tuple2<>(entry.getKey(),
                        entry.getValue()));
            } else {
                // 步骤 d。如果某个特征被多次依赖，就将其 depth 设置为最大的那个 depth 值
                if (entry.getValue() > oldFeatureDSL._2()) {
                    allFunctions.put(entry.getKey(), new Tuple2<>(entry.
                            getKey(), entry.getValue()));
                }
            }
```

```
        }
    }
    // 步骤 e。将所有特征语法结构对象按照 depth 分组，至此形成最后的执行计划
    Map<String, Set<StreamFQL>> result = new HashMap<>();
    for (Tuple2<StreamFQL, Integer> entry : allFunctions.values()) {
        result.putIfAbsent(String.valueOf(entry._2()), new HashSet<>());
        result.get(String.valueOf(entry._2())).add(entry._1());
    }
    return result; // 步骤 f。result 就是最后的执行计划
}
```

至此，我们得到了由 DSL 解析出来的执行计划。为了方便理解，下面用具体的例子来说明 DSL 解析过程中各个阶段的输入和输出。

```
特征定义语句：COUNT(7d, transaction, device_id)
parseTokens 输出分词数组：[COUNT, (, 7d, transaction, device_id, )]
parseFromTokens 输出：{COUNT:1} // 键为特征，值为特征被依赖的深度

特征定义语句：FLAT_COUNT_DISTINCT(7d, login, device_id, SET(7d, create_account,
           userid, device_id))
parseTokens 输出分词数组：[FLAT_COUNT_DISTINCT, (, 7d, login, device_id, SET,
                        (, 7d, create_account, userid, device_id, ), )]
parseFromTokens 输出：{FLAT_COUNT_DISTINCT:1, SET:2}  // 键为特征，值为特征被依赖的深度

parseExecutionTree 输出执行计划：{2:[SET], 1:[COUNT, FLAT_COUNT_DISTINCT]}
                               // 键为深度，值为属于该深度组的特征集合
```

接下来实现执行计划执行层。我们使用 CompletableFuture 框架构建一个实时流计算过程来执行上面得到的执行树。

```
private CompletableFuture<JSONObject> executeAsync(Map<String, Set<StreamFQL>>
dslTree,
                                                  JSONObject event,
                                                  Map<String, Object> helper,
                                                  String mode,
                                                  String depth,
                                                  Map<StreamFQL,
CompletableFuture<Map<String, Object>>> functionFuturesContainer) {
    Map<StreamFQL, CompletableFuture<Map<String, Object>>> currentDepthFunction
       Futures = new HashMap<>();
    // 步骤 a。将属于同一 depth 的特征提取任务都提交给专门负责该 depth 特征计算的执行器执行
    for (StreamFQL function : dslTree.get(depth)) {
        CompletableFuture<Map<String, Object>> future = CompletableFuture.
        supplyAsync(() -> {
                    try {
                        // 步骤 b。在此调用具体的特征计算方法
                        return execute(function, event, helper, mode);
                    } catch (Exception e) {
                        return new HashMap<>();
                    }
```

```
            },
            // 步骤 c。根据 depth 创建或获取负责该 depth 特征计算的执行器
            ServiceExecutorHolder.getExtracExecutorService(depth));
        currentDepthFunctionFutures.put(function, future);
        functionFuturesContainer.put(function, future);
    }
    // 步骤 d。相当于 fork/join 模式中的 join 部分，将多个并行特征提取任务的结果合并起来
    CompletableFuture<Void> allFutures = CompletableFuture.allOf(
            currentDepthFunctionFutures.values().toArray(new CompletableFuture[0]));

    // 步骤 e。FIXED_CONTENT 字段用于存储特征提取的结果
    CompletableFuture<JSONObject> result = allFutures.thenApply(v -> {
        event.putIfAbsent(FIXED_CONTENT, new JSONObject());

        for (Map.Entry<StreamFQL, CompletableFuture<Map<String, Object>>>
        entry :
                currentDepthFunctionFutures.entrySet()) {
            StreamFQL function = entry.getKey();
            // 步骤 f。获取特征提取的结果
            Map<String, Object> functionResult = entry.getValue().join();
            event.getJSONObject(FIXED_CONTENT).put(function.getName(),
                functionResult.get("value")); // 步骤 g。将特征提取结果附加到消息上
        }
        return event;
    });

    if ("1".equals(depth)) {
        return result; // 步骤 h。如果 depth 为 1，说明这就是 DAG 中最后一步了
    } else {
        // 步骤 i。如果 depth 不为 1，说明这还不是 DAG 的最后一步，继续递归下去
// 继续构建 DAG 的后续步骤，直至最终 depth 为 1 为止
        return result.thenCompose(v -> {
            String newDepth = String.valueOf(Integer.parseInt(depth) - 1);
            return executeAsync(dslTree, event, helper, mode, newDepth,
                    functionFuturesContainer);
        });
    }
}
```

如果结合执行计划执行层代码对图 11-3 中的 DAG 做更加精细的描述，那么执行计划执行层实现的是图 11-4 所示的实时流计算过程。

在执行计划执行层流计算过程的每一个步骤中，我们都使用了带反向压力功能的执行器，从而避免了不同深度的特征在计算速度不一致时造成的 OOM 问题。

```
private static final Map<String, ExecutorService> EXECUTOR_SERVICE_MAP = new
   ConcurrentHashMap<>();
public static ExecutorService getExtracExecutorService(String depth) {
        if (EXECUTOR_SERVICE_MAP.get(depth) != null) {
            return EXECUTOR_SERVICE_MAP.get(depth);
```

```
        }
        synchronized (ServiceExecutorHolder.class) {
            if (EXECUTOR_SERVICE_MAP.get(depth) != null) {
                return EXECUTOR_SERVICE_MAP.get(depth);
            }
            EXECUTOR_SERVICE_MAP.put(depth, ExecutorHolder.createMultiQueue
            ThreadPool(
                    String.format("extract_service_depth_%s", depth),
                    getInt("extract_service.executor_number"),
                    getInt("extract_service.coreSize"),
                    getInt("extract_service.maxSize"),
                    getInt("extract_service.executor_queue_capacity"),
                    getLong("extract_service.reject_sleep_mills")));
            return EXECUTOR_SERVICE_MAP.get(depth);
        }
    }
```

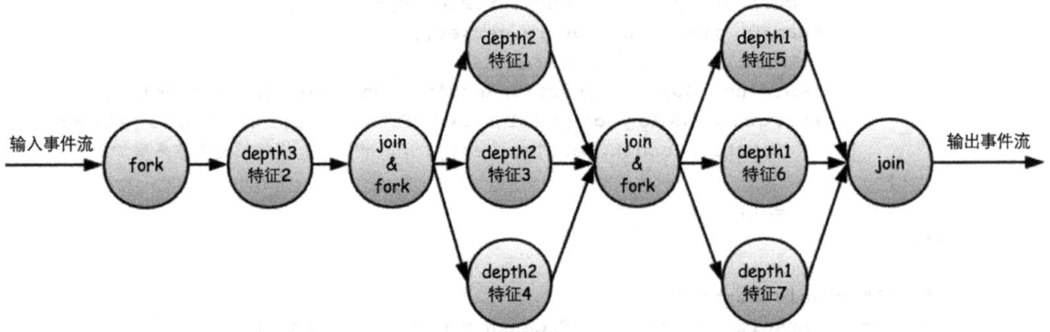

图 11-4　特征提取执行层

最后，对于特征的具体计算，以及计算过程涉及的状态管理，我们已经在第 4 章和第 5 章中分别讲解了其原理，并以伪代码的方式演示了部分特征的实现方法，这里不再赘述。对于更详细的有关各种算子和函数的实现细节，读者可以参考本书配套代码。

## 11.2　使用 Flink 实现风控引擎

在第 2 章中，我们介绍了一般的风控系统架构，在本章中，我们就用 Flink 来实现风控系统的核心，即特征提取及风险评分这两个模块。

考虑这么一种场景。有一天，Bob 窃取了 Alice 的手机银行账号和密码等信息，并准备将 Alice 手机银行上的钱全部转移到他提前准备好的“骡子账户”（mule account，帮助转移资产的中转账户）上去。出于安全的原因，手机银行每次只允许最多转账 1000 元。于是，Bob 就准备每次转账 1000 元，分多次将 Alice 的钱转完。

作为风控系统，该怎样及时检测并阻止这种异常交易呢？我们需要针对这种异常交易行为构建一个规则或模型。不管规则还是模型，它们的输入都是特征，所以我们必须先设定要提取的特征。经过简单思考，我们立刻想到了如下几个有利于异常检测的特征。

- 最近（如过去 1h）支付账户交易次数。
- 最近（如过去 1h）接收账户接收的总金额。
- 最近（如过去 1h）交易的不同接收账户数。

确定了提取的特征后，接下来通过设定规则或模型来决定交易是否异常。假设我们决定使用规则系统来判定交易是否异常，当输入的特征满足以下条件时，即判定交易是异常的。

- 在过去 1h 支付账户交易次数超过 5 次。
- 在过去 1h 接收账户接收的总金额超过 5000 元。
- 在过去 1h 交易的不同接收账户数不超过 2。

现在风控系统要提取的特征及用于判定异常的规则都已经确定了，接下来就是具体实现这个风控系统的过程了。

### 11.2.1　实现原理

我们使用 Flink 来实现风控引擎，并依旧采用 Kafka 作为事件的输入流。风控引擎总体上分为两部分，即特征提取部分和风险评分部分。

在特征提取部分，为了减少特征计算的整体耗时，需要并行计算各个特征。那怎样并行化特征计算呢？ Flink 中的 KeyedStream 非常贴心地提供了对流进行逻辑分区的功能。使用 KeyedStream，我们能够将事件流分成多个独立的流，从而实现并行计算，这正好满足我们对特征进行并行计算的需求。但问题又来了，我们应该怎样选择对流进行分区的主键呢？或许我们觉得随机分配就好了。但这是不行的，因为特征计算的过程会涉及流信息状态的读写，如果特征被不受控制地随机分配到 Flink 的各个节点上去，那么就不能保证读取到与该特征相关的完整流信息状态（也就是历史信息）。所以，必须按照特征用到的字段对流进行分区。

图 11-4 所展示了使用 Flink 实现风控系统的原理。当接收到事件时，我们给该事件分配一个随机生成的事件 ID，这个事件 ID 在之后会帮助我们将分散的特征计算结果合并起来。通过 flatMap 操作，将事件分解（split）为多个“事件分身”，每个“事件分身”代表一个或多个关键信息字段。然后，使用这些关键信息字段（key）作为分区键将事件流划分为 KeyedStream。这样，属于同一 key 的“事件分身”会被路由相同的存储该 key 状态的节点上去。状态节点对 key 的历史信息进行更新，并将历史信息附加到“事件分身”上。之后，就可以根据这些历史信息计算特征了。

当特征计算完成时，计算结果是分散在各个节点上的，我们还需要将这些“事件分身”合并起来，所以这一次根据原始事件的事件 ID 对事件进行路由。由于使用的是事件 ID，所以先前被分解为多个部分的“事件分身”会被路由到相同的节点上。这样，就能将分开的特征计算结果重新合并起来，从而得到完整的特征集合。之后，将特征集合输入基于规则的风险评分系统，就可以判定本次转账事件是否异常了。至此，我们实现了一个风控引擎的核心功能。

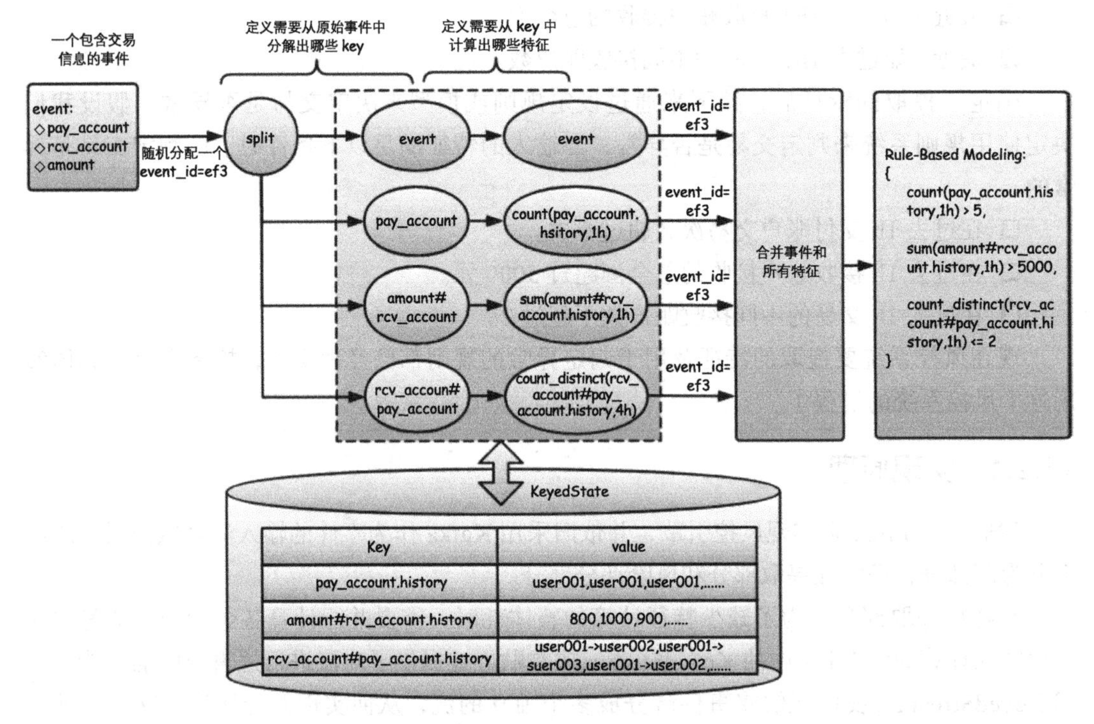


图 11-5　使用 Flink 实现风控系统的原理

## 11.2.2　具体实现

我们按照图 11-5 所示的原理实现基于 Flink 的风控引擎。具体实现如下：

```
public class FlinkRiskEngine {
    // 定义风控模型需要使用的特征
    private static final List<String[]> features = Arrays.asList(
            parseDSL("count(pay_account.history,1h)"),
            parseDSL("sum(amount#rcv_account.history,1h)"),
            parseDSL("count_distinct(rcv_account#pay_account.history,1h)")
    );
    private static String[] parseDSL(String dsl) {
        return Arrays.stream(dsl.split("[(,)]")).map(String::trim)
                .collect(Collectors.toList()).toArray(new String[0]);
    }

    // 不同的特征使用不同的键，我们先需要获取这些键的值
    private static final Set<String> keys = features.stream().map(x -> x[1]).
                                             collect(Collectors.toSet());
```

```
// Flink风控引擎的完整流程
public static void main(String[] args) throws Exception {
    final StreamExecutionEnvironment env = StreamExecutionEnvironment.
    getExecutionEnvironment();
    env.setStreamTimeCharacteristic(TimeCharacteristic.EventTime);
    env.enableCheckpointing(5000);

    // 创建从Kafka读取消息的流
    FlinkKafkaConsumer010<String> myConsumer = createKafkaConsumer();
    DataStream<String> stream = env.addSource(myConsumer);

    DataStream counts = stream
            // 从Kafka中读取的消息是JSON字符串，我们首先将其解码为JSON对象
            .map(new MapFunction<String, JSONObject>() {
                @Override
                public JSONObject map(String s) throws Exception {
                    if (StringUtils.isEmpty(s)) {
                        return new JSONObject();
                    }
                    return JSONObject.parseObject(s);
                }
            })
            // 将事件根据特征计算所基于的键分解为多个部分，这样可以实现键状态的分布存储
            .flatMap(new EventSplitFunction())
            // 根据键划分为KeyedStream
            .keyBy(new KeySelector<JSONObject, String>() {
                @Override
                public String getKey(JSONObject value) throws Exception {
                    return value.getString("KEY_VALUE");
                }
            })
            // 将键的历史信息添加到事件上，键的历史信息就是所谓的流信息状态
            .map(new KeyEnrichFunction())
            // 基于键的历史信息计算出特征，将计算得到的特征添加到事件上
            .map(new FeatureEnrichFunction())
            // 根据事件ID将原本属于同一个事件的不同特征部分路由到相同的逻辑流中
            .keyBy(new KeySelector<JSONObject, String>() {
                @Override
                public String getKey(JSONObject value) throws Exception {
                    return value.getString("EVENT_ID");
                }
            })
            // 将原本属于同一个事件的特征合并起来，形成包含原始内容和特征计算结果的事件
            .flatMap(new FeatureReduceFunction())
            // 已经有了所有特征的计算结果，于是可以根据基于规则的模型进行判定了
            .map(new RuleBasedModeling());

    counts.print().setParallelism(1);
    env.execute("FlinkRiskEngine");
}
```

上面是 Flink 风控引擎的整体流程。在上面的代码中，开始从 Kafka 读取的消息是 JSON 字符串，因此需要先将其解析为 JSON 对象。将事件根据计算特征所需要的键分解为多个“分身事件”，具有相同键的“分身事件”被路由到相同的状态节点，完成对该键历史信息的更新和增强。基于历史信息计算出特征，并将计算结果添加到“分身事件”上。之后，根据事件 ID 将原本属于同一事件的“分身事件”路由到相同的状态节点上合并起来，得到完整的特征集合。最后就可以根据基于规则的模型进行风险判定了。当然，上面的代码描述的是整体流程，其中的几个关键类实现还需要进一步详细说明。

首先是 EventSplitFunction 类。在消息解析为 JSON 对象后，我们使用 EventSplitFunction 类将其按照特征计算需要的键进行分解，从而原本的一个事件被分解为多个“事件分身”，其中除了一个“分身”代表原始事件外，其他“分身”各自代表一个计算特征时所需要的键。

```
public static class EventSplitFunction implements FlatMapFunction<JSONObject,
JSONObject> {
    private static final Set<String> keys = FlinkRiskEngine.keys;

    @Override
    public void flatMap(JSONObject value, Collector<JSONObject> out) throws
    Exception {
        // 分解之前生成一个事件 ID，用于标记分解后的事件原本属于同一次事件
        String eventId = UUID.randomUUID().toString();
        long timestamp = value.getLongValue("timestamp");
        JSONObject event = new JSONObject();
        event.put("KEY_NAME", "event");
        event.put("KEY_VALUE", eventId);
        event.put("EVENT_ID", eventId);
        event.putAll(value);
        out.collect(event);
        // 上面是将事件的原始内容作为一个部分，下面是将每一个键各自作为一个部分
        keys.forEach(key -> {
            JSONObject json = new JSONObject();
            json.put("timestamp", timestamp);
            json.put("KEY_NAME", key);
            json.put("KEY_VALUE", genKeyValue(value, key));
            json.put("EVENT_ID", eventId);
            genKeyFields(key).forEach(f -> json.put(f, value.get(f)));
            out.collect(json);
        });
    }

    // 用于划分 KeyedStream 时所使用的键
    private String genKeyValue(JSONObject event, String key) {
        // 只支持"历史记录"这种键类型，读者可以根据实际需要在此增加新的键类型
        if (!key.endsWith(".history")) {
            throw new UnsupportedOperationException("unsupported key type");
        }
```

```
        String[] splits = key.replace(".history", "").split("#");
        String keyValue;
        if (splits.length == 1) {
            // 如果没有条件字段，就将目标字段当作条件字段。主要根据条件字段的值生成分区键
            String target = splits[0];
            keyValue = String.format("%s#%s.history", target, String.valueOf
                    (event.get(target)));
        } else if (splits.length == 2) {
            // “#”符号后的字段为条件字段，主要根据条件字段的值生成分区键
            String target = splits[0];
            String on = splits[1];
            keyValue  =  String.format("%s#%s.history",  target,  String.
            valueOf(event.get(on)));
        } else {
            throw new UnsupportedOperationException("unsupported key type");
        }
        return keyValue;
    }

    private Set<String> genKeyFields(String key) {
        if (!key.endsWith(".history")) {
            throw new UnsupportedOperationException("unsupported key type");
        }
        // 将键所涉及的原始消息字段提取出来，之后添加到分解后的事件里
        String[] splits = key.replace(".history", "").split("#");
        return new HashSet<>(Arrays.asList(splits));
    }
}
```

接下来是 KeyEnrichFunction 类。在 KeyEnrichFunction 中，使用 ValueState 这一 KeyedState 实现了流信息状态的分布式存储。我们将每个 key 的最近 100 个历史记录保存在了 ValueState 中，之后的特征计算都是基于各个 key 的历史记录。

```
public  static  class  KeyEnrichFunction  extends  RichMapFunction<JSONObject,
JSONObject> {

        private ValueState<Serializable> keyState;

        @Override
        public void open(Configuration config) {
            keyState = getRuntimeContext().getState(new ValueStateDescriptor<>("saved
                    keyState", Serializable.class));
        }

        private <T> T getState(Class<T> tClass) throws IOException {
            return tClass.cast(keyState.value());
        }

        private void setState(Serializable v) throws IOException {
            keyState.update(v);
```

```
        }

        @Override
        public JSONObject map(JSONObject event) throws Exception {
            String keyName = event.getString("KEY_NAME");

            if (keyName.equals("event")) {
                return event;
            }

            if (keyName.endsWith(".history")) {
                JSONArray history = getState(JSONArray.class);
                if (history == null) {
                    history = new JSONArray();
                }
                history.add(event);
                // 我们只保存每个 key 的最近 100 个历史记录
                if (history.size() > 100) {
                    history.remove(0);
                }
                setState(history);
                JSONObject newEvent = new JSONObject();
                newEvent.putAll(event);
                newEvent.put("HISTORY", history);
                return newEvent;
            } else {
                throw new UnsupportedOperationException("unsupported key type");
            }
        }
    }
```

在获得每个 key 的历史记录后，接下来基于这些历史信息来计算各个特征。具体实现在 FeatureEnrichFunction 类中。

```
public static class FeatureEnrichFunction extends RichMapFunction<JSONObject,
JSONObject> {
        private static final List<String[]> features = FlinkRiskEngine.features;

        @Override
        public JSONObject map(JSONObject value) throws Exception {
            String keyName = value.getString("KEY_NAME");
            if (keyName.equals("event")) {
                return value;
            }

            // 这里简单通过遍历的方式，找到 keyName 所能计算的所有特征，然后进行特征计算
            // 更好的方式是直接通过映射表 map 的方式获取每个 keyName 能够计算的特征列表
            for (String[] feature : features) {
                // 特征定义的第二个值是计算该特征的键
                String key = feature[1];
                if (!StringUtils.equals(key, keyName)) {
```

```
                continue;
            }
            // 特征定义的第一个值是计算方法
            String function = feature[0];
            // 特征定义的第三个值是计算窗口
            long window = parseTimestamp(feature[2]);
            JSONArray history = value.getJSONArray("HISTORY");
            String target = key.replace(".history", "").split("#")[0];
            Object featureResult;
            // 下面根据特征计算方法选择具体实现函数，这里的实现方法比较简陋，就是if-
            else;
            // 更好的方法是通过映射表map来选择实现函数
            if ("sum".equalsIgnoreCase(function)) {
                featureResult = doSum(history, target, window);
            } else if ("count".equalsIgnoreCase(function)) {
                featureResult = doCount(history, target, window);
            } else if ("count_distinct".equalsIgnoreCase(function)) {
                featureResult = doCountDistinct(history, target, window);
            } else {
                throw new UnsupportedOperationException(String.format
                    ("unsupported function[%s]", function));
            }
            value.putIfAbsent("features", new JSONObject());
            String featureName = String.format("%s(%s,%s)", feature[0],
                                      feature[1], feature[2]);
            value.getJSONObject("features").put(featureName, featureResult);
        }
        return value;
    }
}
```

在特征计算完毕后，各个计算结果尚且分布在各个计算节点上，我们需要将这些分散的特征计算结果收集并合并起来。这个过程具体实现在FeatureReduceFunction类中。

```
public static class FeatureReduceFunction extends RichFlatMapFunction<JSONObject,
JSONObject> {

        private ValueState<JSONObject> merged;

        private static final List<String[]> features = FlinkRiskEngine.features;

        @Override
        public void open(Configuration config) {
            merged = getRuntimeContext().getState(new ValueStateDescriptor<>
                    ("saved reduceJson", JSONObject.class));
        }

        @Override
        public void flatMap(JSONObject value, Collector<JSONObject> out) throws
        Exception {
```

```
            JSONObject mergedValue = merged.value();
            if (mergedValue == null) {
                mergedValue = new JSONObject();
            }

            String keyName = value.getString("KEY_NAME");
            if (keyName.equals("event")) {
                // 将代表原始事件的"分身"合并到结果中
                mergedValue.put("event", value);
            } else {
                // 将代表各个特征计算结果的"分身"合并到结果中
                mergedValue.putIfAbsent("features", new JSONObject());
                if (value.containsKey("features")) {
                    mergedValue.getJSONObject("features").putAll(value.
                    getJSONObject("features"));
                }
            }

            if (mergedValue.containsKey("event") && mergedValue.
            containsKey("features")
                    && mergedValue.getJSONObject("features").size() == features.
                    size()) {
                // 如果属于同一个事件ID的事件及所有特征结果都已经收集齐全了,
                // 就可以将该合并结果输出了,同时需要将状态清掉,以避免资源泄漏
                out.collect(mergedValue);
                merged.clear();
            } else {
                // 如果属于同一事件ID的各个"事件分身"尚未收集齐全,就更新下合并状态,不做
                任何输出
                merged.update(mergedValue);
            }
        }
    }
```

在合并了所有特征计算结果后，即可得到完整的特征集合，接下来通过基于规则的模型来判定本次转账事件是否异常。具体实现在RuleBasedModeling类中。

```
public static class RuleBasedModeling implements MapFunction<JSONObject,
JSONObject> {

    @Override
    public JSONObject map(JSONObject value) throws Exception {
        // 按照前面我们设定的交易异常规则,判定交易是否异常
        boolean isAnomaly = (
                                value.getJSONObject("features").getDouble
                                ("count(pay_account.history,1h)") > 5 && value.
                                getJSONObject("features").getDouble
                                ("sum(amount#rcv_account.history,1h)") > 5000 &&
                                value.getJSONObject("features").getDouble
                                ("count_distinct(rcv_account#pay_account.history,1h)")
```

```
                    <= 2 );
        // 将风险判定结果添加到事件上
        value.put("isAnomaly", isAnomaly);
        return value;
    }
}
```

至此，一个基于 Flink 的风控引擎就实现了。完整代码可以参见本书配套代码。

## 11.3　本章小结

本章使用两个实时流计算应用案例对前面章节中的零碎知识点进行了汇总，目的是让读者能够在这两个案例中更加清晰地了解这些知识点在流计算系统中扮演的角色及所处的位置。我们使用 CompletableFuture 框架实现的带 DSL 使用界面的特征引擎，是一个针对数据流进行特征提取的通用工具。虽然这个工具还比较简陋，但是它代表了构建一个特征引擎的通用组成模式。例如，我们可以将执行计划执行层用 Flink 来替换自己实现的流计算框架，那么就可以弥补自己构建的这个轮子的诸多缺陷，如事件处理顺序的保证、对故障恢复后状态一致性的保障、更灵活的资源调度和更方便的分布式状态管理等。

在 Flink 实现的风控引擎中，我们充分使用 Flink 对流的逻辑划分功能及状态管理功能。从整个实现来看，这就是一个很典型的 Flink 流计算应用。如果对比我们自己实现的流计算应用，不难发现，Flink 的计算模式非常像把单 JVM 进程内的流计算过程扩展到了分布式集群。如果我们不强调“流”这种计算模式，那么完全可以将 Flink 理解为一个分布式 JVM，各个任务分配的线程相当于 CPU，而 State 则相当于内存。由于 Flink 的 State 可以用磁盘存储，而机器可以水平扩展，所以理论上，Flink 这个分布式 JVM 的“CPU”和“内存”都是“无限”的。按照分布式 JVM 理解 Flink 框架，可以大大扩展 Flink 的使用场景，而不仅仅将其视为一个专门用于处理流数据的工具而已。当然反过来，当我们用 Flink 来解决问题时，又会发现，很多业务场景其实是可以直接或间接转化为流计算应用场景来解决的。所以，不得不说，就像 UNIX 哲学“万物皆文件”一样，这种“万物皆流”的思想确实会帮我们打开一扇解决问题的新大门。

# 推荐阅读

Big Data Governance and Security From Theory to Implementation
大数据治理与安全
从理论到开源实践

Hadoop and Big Data Mining
Hadoop与大数据挖掘

An In-Depth Guide to Hadoop HDFS
深度剖析
Hadoop HDFS

Apache Kylin
权威指南

The Source Code Analysis of Ceph
Ceph源码分析

Kafka源码解析与实战

Learning Spark Step By Step
循序渐进学Spark

分布式实时处理系统
原理、架构与实现

Using Big Data to Build Your Business
大数据架构商业之路
从业务需求到技术方案